Sandee Cohen

DESIGN & DRUCK

Grafiken und Text für den
professionellen Druck

ADDISON-WESLEY

Bibliografische Information der Deutschen Nationalbibliothek

Die Deutsche Nationalbibliothek verzeichnet diese Publikation in der Deutschen Nationalbibliographie; detaillierte bibliografische Daten sind im Internet über http://dnb.d-nb.de abrufbar.

Umwelthinweis:
Dieses Buch wurde auf chlorfrei gebleichtem Papier gedruckt.

10 9 8 7 6 5 4 3 2 1

11 10

ISBN 978-3-8273-2905-9

© der deutschen Ausgabe 2010 Addison-Wesley Verlag,
ein Imprint der PEARSON EDUCATION DEUTSCHAND GmbH,
Martin-Kollar-Str. 10-12, 81829 München/Germany
Alle Rechte vorbehalten

Übersetzung: Isolde Kommer, Großerlach und Christoph Kommer, Dresden
Lektorat: Kristine Kamm, kkamm@pearson.de, Natalie Paszczella, npaszczella@pearson.de
Korrektorat: Sabine Müthing, Recklinghausen
Herstellung: Claudia Bäurle, cbaeurle@pearson.de
Satz: Isolde Kommer und Tilly Mersin, Großerlach
Einbandgestaltung: Marco Lindenbeck, webwo GmbH, mlindenbeck@webwo.de
Druck und Verarbeitung: Kösel, Altusried (www.Koeselbuch.de)
Printed in Germany

▶ VORWORT

Dieses Buch hätte ich vor zwanzig Jahren gerne gehabt. Damals begann ich, mit Computergrafiken zu arbeiten und merkte recht bald, dass ich nicht nur als Designer oder Layouter, sondern auch als Hersteller fungieren musste. Schon bei der Definition einer Farbe musste ich die Anforderungen für Farbseparation verstehen. Wenn ich ein Foto verwenden wollte, musste ich ein seltsames Konzept mit dem Namen „Auflösung" begreifen. Und dann all diese Fragen bezüglich des Unterschieds zwischen RGB- und CMYK-Farben!

Während meiner Jahre in der Werbung hatte ich ein Buch namens *Pocket Pal, A Graphic Arts Production Handbook* von der *International Paper Corporation*. Die Vertreter der *International Paper* gaben das Buch kostenlos aus, wenn sie die Agenturen aufsuchten. Es behandelte alle Bereiche von Druckvorstufe und Druck und enthielt sogar eine Seite über Korrekturzeichen. Ich blätterte unglaublich gerne durch die Seiten und las über Raster, Ausschießen, Separationen und andere Techniken.

Damals kamen im *Pocket Pal* jedoch fast keine digitalen oder Computergrafiken vor. Digitalkameras, Scanner und Computergrafiken fehlten ganz. Deshalb fand ich, dass es ein Buch geben müsste, das dieselben Themen wie *Pocket Pal* abdeckte, aber aus der Sicht des digitalen Künstlers oder Designers geschrieben war. Und es sollte in einem freundlicheren, witzigeren Stil verfasst sein.

Wie dieses Buch gelesen werden sollte

Anders als bei anderen Computergrafikbüchern müssen Sie nicht am Computer sitzen, wenn Sie dieses Buch lesen. Es gibt keine Schritt-für-Schritt-Anleitungen. Sie müssen keine Bedenken haben, ob das Buch Ihre aktuelle Software-Version behandelt. Sie können sich einfach unter einen Baum setzen, in der Badewanne liegen oder im Auto entspannen und lesen. (Sie dürfen das Buch jedoch nicht lesen, während Sie Ihr Auto *fahren*. Das ist sehr gefährlich!) Sie benötigen für die einzelnen Kapitel keine Softwarekenntnisse. Mithilfe dieses Buchs sollen Sie einfach verstehen, was beim Druck Ihrer Dateien vor sich geht.

Die Reihenfolge der Kapitel ist in gewisser Weise wichtig. Die ersten Kapitel erläutern Konzepte, die Sie verstehen sollten, bevor Sie die späteren Kapitel lesen. Trotzdem macht es nichts, wenn Sie das Buch querlesen.

Ich mache keine Software-Empfehlungen. Ich sage Ihnen zwar, welche Art Software für bestimmte Projekte gut geeignet ist, aber ich versteige mich nicht in eine Diskussion über die Vor- und Nachteile von QuarkXPress gegenüber Adobe InDesign. Genausowenig empfehle ich Ihnen eine bestimmte Plattform. Für mich spielt es keine Rolle, ob Sie am Mac oder am Windows-PC arbeiten.

Es hat mir viel Freude gemacht, die Bilder und Abbildungen in den Kapiteln zu gestalten. Die meisten Bilder erläutern Konzepte im Text. In der Marginalspalte neben dem Text sehen Sie aber auch kleine Illustrationen. Manche davon sind alberne kleine Cartoons oder Bilder, die einfach nur dazu da sind, dass die Seiten nicht so langweilig aussehen. Ich hoffe, sie gefallen Ihnen.

Quizfragen und Projekte

Am Ende vieler Kapitel gibt es einfache kleine Quizfragen und Projekte, die zum Verständnis der im jeweiligen Kapitel behandelten Konzepte beitragen sollen.

Nehmen Sie sie bitte nicht zu ernst. Ich beurteile Sie nicht nach Ihren Antworten und die Quizfragen und Projekte sollten auch nicht für Tests in Seminaren verwendet werden.

Ich möchte Ihnen damit nur helfen, gedruckte Dokumente auf eine neue Weise zu betrachten. Und hoffentlich sind Sie danach in der Lage, ausgefeilte Layouts und Designs zu erstellen. Vielleicht möchten Sie auch Ihre eigenen Quizfragen und Projekte für sich selbst und Ihre Freunde erstellen?

Dank

Ich möchte einer Reihe von Menschen danken, die mir mit dem vorliegenden Buch geholfen haben.

An erster Stelle möchte ich **Robin Williams** nennen. Ohne Robins Hilfe und Beratung hätte ich die erste Version dieses Buchs niemals fertigstellen können. Robin hat eine bemerkenswerte Fähigkeit, den Design-Einsteiger direkt anzusprechen und ihm seine Ängste bei der Arbeit mit Computern und Software zu nehmen. Ich hoffe sehr, dass auch ich ihren ruhigen und amüsanten Ton getroffen habe.

Weiterhin möchte ich meinen beiden Lektoren **Nancy Davis** und **Becky Morgan** von Peachpit Press danken. Nancy hat mir bei der ersten Auflage den Weg gezeigt und Becky hat mich durch die vorliegende zweite geführt. Es ist für einen Autor nicht leicht, kritische Kommentare zu lesen; es wird aber viel leichter, wenn jeder Kommentar auf den Punkt trifft. Und es ist viel einfacher, solche Kommentare zu korrigieren. Ich muss auch **Pam Pfiffner** danken, die mir half, die erste Version in die zweite zu übertragen.

Ich danke auch **Nancy Ruenzel** und dem Rest des Peachpit-Teams.

Hilal Sala, der Hersteller des Buchs, prüfte, ob die Bilder gedruckt werden konnten und ob die Kapitel die richtige Reihenfolge hatten.

Mimi Heft von Peachpit Press gestaltete das Cover und die Innenseiten.

Mein guter Freund und Lektor **Dave Awl**. Dave hat mich schon bei ein paar Büchern begleitet. Und seit dieser Zeit ist er vom Korrektor zum Lektor und dann zum Autor seines eigenen Buchs geworden. Er fand nicht nur alle fehlenden Kommas und Umbruchfehler, sondern seine Kommentare über das Gelesene sind sehr witzig. Dank ihm ist es eine spaßige Beschäftigung, ein Buch durchzugehen und Fehler zu korrigieren.

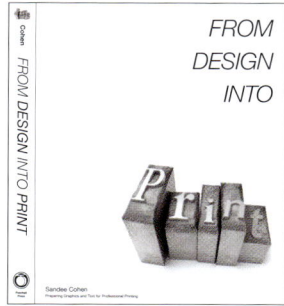

Meine Praktikantin **Sunny**, eine Studentin an der School of Visual Arts, erledigte die Fleißarbeit beim Bearbeiten von Texten und Korrigieren von Absatzumbrüchen. Sie wählte auch Fotos und Grafiken für die Illustrationen im Buch aus. Sie entwarf sogar Vorschläge für das Buch-Cover. Der Produktionsprozess war zwar so weit fortgeschritten, dass ihre Entwürfe nicht mehr berücksichtigt werden konnten, aber ich finde sie großartig. Deshalb zeige ich sie hier, so dass sie eine veröffentlichte Arbeit als Referenz zeigen kann. Ich freue mich darauf, ihre künftigen Werke zu sehen.

Mein Fachlektor **Jean-Claude Trembley** in Montreal kennt die meisten Details der Adobe-Anwendungen, vor allem von InDesign und Illustrator. Und er hat langjährige Erfahrung bei der Ausgabe von Dokumenten. Ich möchte auch dem Adobe Certified Instructor und Adobe Certified Expert of Sells Printing **James Wamsur** danken. James lektorierte das Kapitel 18, um sicherzustellen, dass alle Informationen aktuell sind.

Valerie Haynes Perry leistete beim Indizieren des Buchs blitzschnelle Arbeit. Wir haben hier zum ersten Mal zusammengearbeitet und ich war sehr angetan davon.

Mary Gay Marchese von Markzware (Markzware.com) gab mir die Erlaubnis, das Glossar aus dem FlightCheck Professional-Benutzerhandbuch abzudrucken.

Die Leute von PhotoSpin.com gestatteten mir großzügig, ihre Fotos und Illustrationen in diesem Buch zu verwenden. Es hat mir viel Freude gemacht, sie einzusetzen. Andere Fotos und Illustrationen sind von iStockPhoto.com oder meine eigenen Scans und Grafiken.

The Neat Company steuerte das Foto des NeatDesk bei. Die Firma **Viprofix Systems for Publishing** stellte das Foto des Howtek-Trommelscanners zur Verfügung.

Brad Neal gab mir das Interview über die Vorteile von fotorealistischen Vektorgrafiken.

Ich möchte auch den folgenden Leuten danken, die mir spontan Antworten auf technische F ragen gaben: **Dov Issacs** von Adobe Systems für Informationen über PDF, **Steve Werner**, **Chuck Weger**, **Jim Birkenseer**, **Peter Truskier** und **David Zwang**.

Bob Levine von TheInDesignGuy.com kennt nicht nur alle Feinheiten von InDesign, er kennt sie sowohl für Windows als auch für den Mac.

Danke, Bob, für die nächtliche Arbeit an den Screenshots auf der Windows-Plattform.

Jay Nelson von Design-Tools Monthly.com unterstützte mich bei einigen der QuarkXPress-Funktionen.

Jeff Gamet von Design-Tools Monthly.com half mir, die Website From-DesignIntoPrint und den Podcast aufzusetzen.

Meine Schwester **Bonnie Cohen Gallet** erstellte Screenshots von Anwendungen auf der Windows-Plattform. Bonnie versteht vielleicht nicht alles, was ich mit Computergrafiken tue, aber sie weiß viel mehr darüber, als ich über Rechtsfragen. Ich hoffe, dass dieses Buch ihr bei ihren eigenen Projekten helfen wird.

Und auch den folgenden Freunden, Schülern und Kollegen aus einem weltweiten Netzwerk von Informationen, Beratung und Schultern zum Anlehnen möchte ich danken:**Terry DuPrât**, **Marcia Kagan**, **Diane Burns**, **Sharon Steuer**, **Mordy Golding**, **Scott Citron**, **David Blatner**, **Anne-Marie Concepcion**, **Gabriel Powell**, **Noha Edell**, **Russell Brown**, **Martinho da Gloria** und **Barry Anderson**.

Ein besonderer Dank geht an meine Katze **Pixel**, die mir eine immerwährende Quelle bedingungsloser Liebe ist.

Und – passen Sie auf sich auf!

Sandee Cohen
sandee@FromDesignIntoPrint.com

Widmung

Meinen Schülern.
Ihr stellt die richtigen Fragen, so dass ich die Antworten besser
verstehen kann.

Inhaltsverzeichnis

TEIL I: VORWORT . . . . **V**

    Wie dieses Buch gelesen werden sollte vi
    Quizfragen und Projekte vi
    Dank vii

TEIL II: BEGINNEN SIE AM SCHLUSS **1**

Kapitel 1: Wissen, wo's langgeht 2
    Wie lauten die Fragen? 2
    Um was für eine Aufgabe handelt es sich? 4
    Wer erledigt den Druck? 4
    Welches Papierformat? 5
    Wie viele Bögen Papier? 6
    Wie viele Falze? 9
    Wie viele Exemplare? 10
    Wie viele Farben? 10
    Grafiken verwenden? 11
    Welche Papiersorte? 12
    Wie wird Ihr Werk zusammengehalten? 16
    Liste zur Projektvorbereitung 19

Kapitel 2: Desktop-Druck **22**

Allgemeine Überlegungen zum Drucker 23

Druckertypen 27

Zusammenfassung 28

Drucker-Quiz 28

Antworten zum Drucker-Quiz 30

Kapitel 3: Professioneller Druck **33**

Druckereien, Copyshops und Online-Druck. 34

Kopieren oder drucken? 36

Unterschiedliche Drucktechniken 37

So finden Sie eine Druckerei 43

Preiswerte Drucke 44

Druckprojekte 45

TEIL III: WAS MACHT DER COMPUTER? **48**

Kapitel 4: Die unterschiedlichen Anwendungen verstehen. **49**

Treffen Sie Ihre Softwareauswahl 50

Textverarbeitungsprogramme 50

Tabellenkalkulationen 53

Präsentationssoftware 54

Bildbearbeitungsprogramme 56

Vektorgrafikprogramme 58

Seitenlayout-Programme 61

Schriften installieren und verwalten 65

Zusammenfassung der Anwendungen 67

Kapitel 5: Farbmodi von Computern **68**

    Bittiefe 68

    Bitmap-Farbmodus 69

    Graustufenmodus 71

    RGB-Modus 72

    CMYK-Modus 75

    Welche Modi zum Fotografieren und Scannen? 78

    Farbe in Graustufen umwandeln 79

    Farbmodus und Bittiefe in Tabellenform 80

Kapitel 6: Rastergrafiken und Auflösung **81**

    Bildschirmauflösung 82

    Bildauflösung 83

    Ausgabeauflösung 85

    Druckauflösung für Graustufen- oder Farbbilder 86

    Auflösung für Spezialdrucker 91

    Auflösung für 1-Bit-Rasterbilder 91

    Auflösung ändern 92

    Fehlende Pixel finden und ausbessern 96

    Kann die Auflösung jemals zu groß sein? 97

Kapitel 7: Vektorgrafiken **98**

    Vektorgrafiktypen 98

    Vorteile von Vektorgrafiken 99

    Herausforderungen der Vektorgrafik 101

    Transparente und undurchsichtige Formen in Vektorgrafiken 103

    Vektorgrafiken in Layouts platzieren 104

    Vektor/Pixel-Quiz 105

    Antworten zum Vektor/Pixel-Quiz 108

Kapitel 8: Dateiformate **110**

Programmspezifische Dateiformate 111

Anwendungsübergreifende Dateiformate 112

TIFF-Dateien 114

EPS-Dateien (Vektor). 115

DCS-Dateien 116

PICT-Dateien (Macintosh) 116

BMP-Dateien (Windows) .116

WMF-Dateien (Windows) .117

GIF-Dateien 117

PNG-Dateien 117

JPEG-Dateien 118

PDF-Dateien. 120

PostScript-Dateien. 120

Welches Format sollten Sie wählen? 121

Format-Quiz. 121

Antworten zum Format-Quiz. 123

TEIL IV: DIE WELT DER FARBEN **124**

Kapitel 9: Vierfarbdruck. **125**

Was sind Prozessfarben? .125

Was sind Farbauszüge? 128

Rasterwinkel auswählen .132

Farbtöne von Prozessfarben 133

Vierfarbiges Schwarz und andere Farben 134

Prozessfarbprojekte 137

Farb-Quiz 138

Antworten zum Farb-Quiz 138

Kapitel 10: Volltonfarben und Duplex **139**

Warum Volltonfarben verwenden? 139

Farbmusterbücher für Volltonfarben verwenden 143

Effekte mit Volltonfarben 144

Fotos einfärben 145

Volltonfarben erkennen 146

Duplex 146

Volltonfarbprojekte 148

Kapitel 11: Wie viele Farben drucken? **150**

Anzahl der Farben auf einer Druckmaschine 150

Farbauszüge 154

Farbzähl-Projekte 156

TEIL V: MATERIALIEN IN DEN COMPUTER ÜBERNEHMEN **158**

Kapitel 12: Digitalkameras. **159**

Wie Digitalkameras funktionieren 159

Digitalkameratypen 160

Auflösung von Digitalkameras 164

Sensortypen 165

Dateigröße und Komprimierung 166

Digitalfotos betrachten und sortieren 167

Digitalkamera-Projekte 169

Kapitel 13: Scanner und Scannen **171**

Scannergrundlagen 172

Scannertypen 174

Scanvorbereitungen 178

Scannersoftware 179

Gedruckte Vorlagen einscannen 183

Gedruckte Bilder entrastern 186

Ein rechtlicher Hinweis zum Scannen. 187

Scan-Projekte 188

Kapitel 14: Agenturfotos und Cliparts 189

Geschichte der Agenturfotos und Cliparts 190

Wie man sie bekommt. 191

Agenturfoto-Formate 192

Cliparts 194

Rechtliche Gesichtspunkte. 195

Agenturfoto- und Clipart-Projekte 197

Kapitel 15: Schriften, Pfade und Konturen 200

Schriftformate. 201

Schriftformatierung 203

Farbiger Text 205

Text in Pfade konvertieren 205

Haarlinien. 207

Vektorlinien skalieren 208

Schrift- und Pfad-Projekte 209

TEIL VI: DRUCK UND VERÖFFENTLICHUNG IHRER ARBEIT. 210

Kapitel 16: Hochaufgelöste Ausgabe 211

Was ist ein Druckdienstleister? 212

Was sollen Sie an die Druckerei liefern?. 213

Überfüllen 216

Dokumente ausschießen .217

Acrobat-Dateien (PDF) für die Ausgabe liefern 217

Ausgabe-Quiz. 219

Antworten zum Ausgabe-Quiz 220

Kapitel 17: Acrobat und PDF-Dateien **221**

Acrobat-Glossar 222

Ein wenig Hintergrundwissen 222

Vorteile der Erstellung von PDF-Dateien 223

Möglichkeiten zum Erstellen von PDF-Dateien 224

Die PDF-Einstellungen für den Druck treffen 227

Nicht druckbare PDF-Elemente. 233

Kapitel 18: Überfüllung **234**

Was ist Überfüllung und wozu dient sie? 235

Blitzer. 235

Die Farbe überfüllen 236

Überfüllungsprobleme vermeiden 236

Sollten *Sie* überfüllen? 238

Überfüllungs-Quiz. 239

Anworten zum Überfüllungs-Quiz 240

Kapitel 19: Ausgabespezifikationen **242**

Das Formular ausfüllen 243

Informationen über den Kunden 244

Details zum Job 244

Anlieferung 245

Seiteninformationen. 246

Ausgabedetails 246

Detailangaben zu den Separationen (Farben) 247

Produktionsdetails. 249

Proof-Details 251

Details zur Lieferung. 251

Ausgabe-Projekt. 251

Kapitel 20: Preflight und Proof **252**

Rechtschreibung, Preise und Korrekturlesen 253

Preflight. 254

Proofs am Bildschirm durchführen 255

Text proofen 255

Separationen proofen 256

Digitale Farb-Proofs 256

Overlay-Proofs 257

Blaupausen 258

Laminat-Proofs 258

Andruck und Probelauf 259

Computer-to-plate-Proof 260

Film und Platten korrigieren 260

Und nach dem Druck? .261

Anhang A: Preflight-Checkliste **262**

Ihre Preflight-Checkliste 262

Zu liefernde Materialien 263

Seitenlayoutdatei 263

Farben 264

Verknüpfte oder eingefügte Bilder 264

Text und Konturen. 265

Anhang B: Glossar **266**

Index **285**

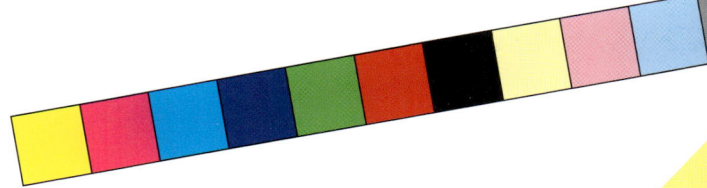

▶ BEGINNEN SIE
AM SCHLUSS

Sie können keine Reise planen, ohne zu wissen, wohin sie führen soll. Hier finden Sie heraus, was Sie erreichen möchten.

*„So ist das, wenn man
rückwärts lebt,"
sagte die Königin freundlich,
„man wird davon anfangs etwas schwindelig."*

LEWIS CARROLL
ALICE HINTER DEN SPIEGELN

Wissen, wo's langgeht

1

Bevor Sie anfangen, an Ihrem Druckprojekt zu arbeiten – bevor Sie eine Überschrift tippen, eine Illustration skizzieren oder ein Foto aufnehmen, ja sogar bevor Sie Ihren Computer einschalten –, müssen Sie das angestrebte Ziel kennen.

In diesem Kapitel besprechen wir die Fragen, die Sie sich vor der Arbeit an Ihrem Projekt stellen müssen, und wie die sich daraus ergebenden Antworten zu verstehen sind.

Wie lauten die Fragen?

Vor der Arbeit an einem neuen Druckprojekt müssen Sie sich drei wichtige Fragen stellen:

1. Um welche Art von Projekt handelt es sich?
2. Wie viel Geld habe ich zur Verfügung?
3. Wann muss es fertig sein?

Die Art des Projekts gibt die physikalischen Eigenschaften der Arbeit vor, etwa die äußeren Abmessungen, voraussichtliche Seitenzahl, Anzahl der Farben und so weiter. Handelt es sich um ein Buch? Eine Broschüre? Einen Jahresbericht? Einen einseitigen Flyer? Wie werden die Seiten zusammengehalten? Von den physikalischen Eigenschaften hängen zahlreiche Faktoren während der Produktion und dem Druck Ihrer Arbeit ab.

Wie viel Geld steht Ihnen zur Verfügung? Aus dieser Frage ergibt sich Ihr Budget für das Projekt. Mit einem kleinen Budget können Sie keine berühmte Fotografin engagieren oder komplett in Farbe drucken.

(Natürlich kann ein Budget, das dem einen „klein" erscheint, dem anderen wie ein Vermögen vorkommen.) Ob das Budget groß oder klein ist – Sie müssen Ihre finanziellen Grenzen kennen, damit Sie die Ausgaben planen können. (Das ist auch im Supermarkt oder beim Autokauf hilfreich.)

Am Abgabetermin beziehungsweise der Deadline können Sie ablesen, wann das Projekt fertig sein muss. Der Abgabetermin kann in einem Jahr, einem Monat oder einer Woche sein – oder er lautet: „Wir brauchen es sofort!" Manche Termine sind flexibel, andere sind sehr starr. „Wir brauchen es im dritten Quartal" ist ein flexibler Termin; „Wir brauchen es als Informationsblatt für die Besprechung um 15 Uhr" ist ein starrer Termin. Sobald Sie den endgültigen Abgabetermin haben, können Sie Termine für einzelne Projektteile festlegen. So wird alles zur rechten Zeit fertig. Wenn etwa die erwähnte berühmte Fotografin Bilder für Ihr Werk machen soll, dann müssen Sie ihr sagen, wann Sie die Fotos benötigen, damit Sie diese noch in das Projekt einarbeiten können; die Deadline der Fotografin liegt vor Ihrem endgültigen Abgabetermin.

Beispiel für einen Zeitplan

Nachfolgend sehen Sie ein Beispiel für einen Zeitplan zur Erstellung einer einseitigen Anzeige im Kundenauftrag.

POSTEN	WO 1	WO 2	WO 3	WO 4
Treffen mit Kunden zum Besprechen der Anzeige. Kunde bringt frühere Anzeigen und Werbematerial mit.	X			
Kunde liefert Anzeigentext.	X			
Gestalter beginnt mit zwei Entwürfen für die Anzeige. (Anmerkung: Falls erforderlich, werden dem Kunden drei Versionen vorgelegt.)		X		
Dem Kunden PDF-Dateien der Entwürfe zusenden. Empfehlungen und Einwilligung zu einer Version am Telefon besprechen.		X		
Entwürfe im Bedarfsfall überarbeiten und für endgültige Zustimmung nochmals dem Kunden senden.		X		
Fototermin ansetzen.		X		
Ein erstes Layout mit Platzhaltergrafiken geht zum Proofen an den Kunden.		X		
Fototermin.			X	
Foto auswählen und mit Nachbearbeitung beginnen.			X	
Fotos ins Layout einbinden und dem Kunden als PDF schicken.			X	
Kunde schickt kommentiertes PDF; Korrekturen durchführen.			X	
Korrigierte PDF-Datei zur Freigabe an Kunden senden.			X	
Fertige PDF-Datei an die Druckerei übermitteln.				X

Wann Sie Fragen stellen sollten

Wenn Sie für jemand anderen arbeiten, scheuen Sie sich nicht, Fragen zu stellen. Sie wirken dadurch nicht wie ein Anfänger, sondern eher ziemlich aufgeweckt.

Vor der Arbeit an einem Projekt müssen Sie neben den drei oben angesprochenen Hauptfragen auch folgende Fragen stellen – und beantworten. Manche Antworten wird Ihnen Ihr Kunde geben. Andere Antworten müssen Sie selbst finden und manche werden Ihnen auch andere Leute, etwa der Chef einer Druckerei oder der Artdirector eines Projekts, geben.

Um was für eine Aufgabe handelt es sich?

Die meisten Auftraggeber sagen Ihnen, wie das Projekt geartet sein soll. Sie sagen etwa: „Wir brauchen eine Zeitungsanzeige für einen Ausverkauf." Oder: „Könnten Sie eine Karte für mein neues Café gestalten?" Wenn Sie für sich selbst arbeiten, sagen Sie zum Beispiel: „Ich sollte einen Flyer zur Verteilung im Einkaufszentrum entwerfen, damit die Leute wissen, dass ich Aufträge entgegennehme." In diesen Fällen wissen Sie sofort, woran Sie arbeiten.

Manchmal sind die Aussagen zur benötigten Projektart etwas diffus. Sie hören vielleicht: „Ich brauche was, um irgendwie mein Gästehaus anzupreisen." Oder Sie denken sich: „Ich würde schon gerne bekannt geben, dass wir nächste Woche Betriebsurlaub machen." In diesen Fällen müssen Sie ausgiebig mit Ihrem Kunden sprechen und herausfinden, um welche Art Job es sich handelt. Bevor Sie die Antwort auf diese Frage kennen, können sie keine weiteren Entscheidungen treffen.

Wer erledigt den Druck?

Es gibt zahlreiche Möglichkeiten zur Vervielfältigung Ihrer Drucksache, angefangen von Ihrem Tintenstrahldrucker über einen Copyshop oder eine kleine Druckerei bis hin zur großen Vierfarb-Offsetdruckmaschine. Es hängt von Ihrem Projekt ab, für welchen Weg Sie sich entscheiden. Es ist günstig, die Vor- und Nachteile der einzelnen Drucktechniken zu kennen, damit Sie sich zu gegebener Zeit genau für die richtige Technik entscheiden können. Dieses Thema behandeln wir daher eingehend in den Kapiteln 2 und 3. Sie sollten auch Prozessfarben (Kapitel 9) und den Druck mit Volltonfarben (Kapitel 10) verstehen, bevor Sie sich auf ein Druckverfahren für einen großen Auftrag festlegen.

Jobs an Verlage schicken

Was, wenn Sie selbst den Job überhaupt nicht drucken? Statt eines Druckprojekts erstellen Sie vielleicht eine Anzeige für eine Zeitschrift oder Broschüre. Oder Sie übermitteln eine Seite, die der Kunde selbst drucken möchte. In diesen Fällen müssen Sie den Verlag oder die Druckerei des Kunden anrufen und nach den Projektdetails fragen.

Welches Papierformat?

Diese Frage scheint einfach, kann aber in Wirklichkeit etwas verzwickt sein. Holen Sie mal Ihre Morgenzeitung und messen Sie das Format einer einzelnen Seite aus. Wahrscheinlich ist sie etwa 30,5 cm breit und 56 cm hoch. (So groß ist zumindest die *New York Times*, die ich jeden Morgen bekomme. Andere Zeitungen haben ein kleineres Format.)

Falten Sie die Zeitung jetzt auf und messen Sie erneut. Bei dieser zweiten Messung erfassen Sie das tatsächliche *Papierformat*. Für die *Times* beträgt es 61 cm x 56 cm. Die erste Messung bezog sich auf das *Seitenformat*.

Wenn Sie eine Broschüre oder einen Flyer mit Falz entwerfen, müssen Sie die Größe des Papiers *vor* der Falzung kennen. Dann können Sie die Größe der einzelnen Seiten *nach* der Falzung ermitteln. (Es kommt häufig vor, dass der bedruckte Bereich mit dem Format des Papiers verwechselt wird.

Wie viele Bögen Papier?

Wenn Sie die Art des Jobs vor Augen haben und die Papiergröße kennen, müssen Sie wissen, wie viele Bögen Papier für das Projekt benötigt werden. Wenn das Projekt auf einem Laserdrucker ausgegeben werden soll, können Sie das Papier beidseitig bedrucken. Ein Bericht mit 20 DIN-A4-Seiten (also 210 x 297 mm) erfordert also nur 10 gefalzte A3-Bögen (297 x 420 mm, entsprechend zwei A4-Seiten). Wenn Sie beide Seiten des Papiers bedrucken, genügen demnach fünf Bögen. Lassen Sie Ihren Job drucken, müssen Sie die Anzahl der tatsächlich benötigten Bögen mit der Druckerei absprechen.

Mit Bögen arbeiten

Wenn Sie ein mehrseitiges Dokument für die Ausgabe in der Druckerei planen, etwa eine Broschüre, einen Newsletter oder ein Buch, müssen Sie die Gesamtzahl der Seiten mit der Druckerei abklären. Projekte wie Bücher und umfangreiche Newsletter werden auf Bögen gedruckt. Wenn Sie nicht sorgfältig planen, erhalten Sie deshalb am Ende Ihres Werks möglicherweise leere Seiten.

In professioneller Umgebung auf großformatigen Druckmaschinen ausgegebene Bücher und Newsletter werden nicht etwa auf einzelnen Papierseiten mit demselben Format wie das fertige Produkt gedruckt. Vielmehr werden solche mehrseitigen Dokumente auf großen Papierbögen oder -rollen gedruckt. Dabei passen beispielsweise acht Seiten auf die Vorder- und acht Seiten auf die Rückseite. Das ergibt eine Lage mit 16 Seiten, denn wenn das Papier gefalzt und beschnitten wird, ergeben sich 16 an der Falzkante zusammenhängende Buchseiten. Diese gefalzte Papierlage von Seiten nennt man **Bogen**.

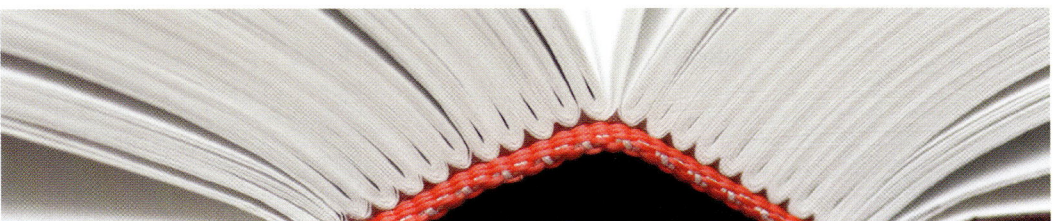

Bögen sind für die Bindung von Büchern, Zeitschriften und anderen umfangreichen Dokumenten zusammengefasste Bündel von Papierseiten. Bei vielen fest gebundenen Büchern können Sie die Lagen erkennen.

Sie müssen in **Bögen** denken. Wenn ein Bogen 16 Seiten umfasst, dann kann Ihr Projekt 16, 32, 48, 64, 80 Seiten lang werden und so weiter – jedes Vielfache von 16 ist möglich. Umfasst ein Bogen 8 Seiten, sind Seitenzahlen von 8, 16, 24, 32, 40, 48 und so weiter möglich.

Was passiert dann, wenn Ihr fertiges Projekt nur 67 Seiten hat? Mit einem 16er-Bogen sind entweder 64 Seiten möglich – nicht ausreichend – oder 80 Seiten. In diesem Fall hätten Sie 13 Leerseiten am Ende des Buchs, was für die meisten Verlage inakzeptabel ist.

Es gibt verschiedene Möglichkeiten, das Problem zu lösen. Sie können 13 Seiten Text und Abbildungen *hinzufügen*, um die leeren Seiten zu füllen. Sie können das Buch um 3 Seiten *kürzen*, damit es mit 64 Seiten auskommt. Wenn Sie für einen großen Verlag arbeiten, können Sie eventuell auch die *Druckerei darum bitten*, zu einem 8er-Bogen zu wechseln. Dann brauchen Sie nur fünf Extraseiten zu füllen (der nächste 8-seitige Druckbogen nach 67 ist 72).

Sie müssen wissen, welche Art Bogen verwendet wird, bevor Sie intensiv an einem für die Ausgabe in der Druckerei bestimmten Projekt arbeiten. Es wäre sehr unangenehm, fünf Leerseiten am Ende eines umfangreichen Berichts vorzuweisen – besonders, wenn Sie dem Kunden zuvor gesagt hatten, dass das Grußwort des Vorstandsvorsitzenden aus Platzgründen gekürzt werden müsse.

Ausschießen

In einer Zeitschrift oder Broschüre lesen Sie zuerst Seite 1, dann Seite 2, dann Seite 3 und so weiter. So werden die Seiten auch in Layoutprogrammen wie InDesign oder QuarkXPress dargestellt. Diese Anzeigemethode wird **Druckbögen** genannt.

Druckwerke werden jedoch nicht immer in derselben Reihenfolge gedruckt, in der sie auch gelesen werden. Ihre Druckerei gibt Ihnen für einen Job möglicherweise eine bestimmte Seitenreihenfolge vor. Angenommen, Sie erstellen eine 8-seitige A4-Broschüre. Die Druckerei druckt dann zwei Seiten nebeneinander auf einen A3-Bogen. Auf die andere Seite des Papiers druckt sie dann nochmals zwei andere Seiten der Broschüre.

Beim Ausschießen hängt die Seitenreihenfolge von der in einem einzelnen Bogen enthaltenen Seitenanzahl ab. Hier werden die Seiten einer achtseitigen Lage zusammengesetzt.

Auf dem Druckbogen für eine achtseitige Broschüre liegt Seite 8 neben Seite 1.

Auf der anderen Seite des Druckbogens liegt Seite 2 neben Seite 7.

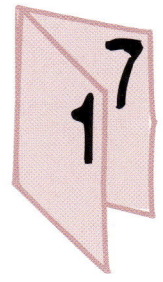

Beim Falzen des Papiers bilden die Seiten die Außenseite der Broschüre.

Zur Fertigstellung der Broschüre werden zusätzliche Seiten eingelegt und gebunden.

Damit diese Seiten nach dem Drucken und Falzen richtig aufeinanderfolgen, ordnet die Druckerei sie in einer bestimmten Reihenfolge als sogenannten **Bogen** an. Bei einer typischen achtseitigen Broschüre wird beispielsweise auf einem großen querformatigen Bogen Seite 1 rechts von Seite 8 gedruckt. Auf der anderen Seite dieses Papiers liegt Seite 2 neben Seite 7. Seite 3 wird neben Seite 6 gedruckt, der Druckbogen auf der anderen Seite besteht aus den Seiten 4 und 5. Nach dem Binden der Broschüre haben die Seiten die richtige Lesereihenfolge. (Wenn Sie Druckbögen untersuchen wollen, nehmen Sie einen Katalog auseinander. Sie sehen dann, wie die Seiten nebeneinander angeordnet sind. Oder fertigen Sie sich den oben gezeigten Bogen aus durchnummerierten Blättern an.) Die endgültige Platzierung der Seiten auf Druckbögen wird als **Ausschießen** bezeichnet. (Weitere Informationen dazu finden Sie in Kapitel 16.)

Wie viele Falze?

Werfen Sie einen Blick auf Ihre Zeitung: Wie Sie schon bemerkt haben, verändert sich beim Falzen des *Papiers* die Größe der einzelnen *Seiten*. Mit jedem neuen Falz erhöht sich die Seitenanzahl des Jobs.

Nehmen wir an, Sie wollten eine in einen Briefumschlag passende gefalzte Broschüre erstellen. Es empfiehlt sich, ein Stück Papier zur Hand zu nehmen und es so zu falten, wie das fertige Produkt aussehen soll. (Sie können darauf dann die Überschriften, Bild- und Textpositionen skizzieren.)

Wenn Sie den Job außer Haus drucken lassen, etwa in der Druckerei in Ihrer Nähe, bringen Sie dieses „Modell" dort vorbei. Fragen Sie nach, ob die Broschüre so gedruckt werden kann. Manche Falzungen sind kompliziert und lassen sich nicht maschinell erledigen – sie müssen von Hand gefalzt werden, was sehr teuer werden kann. Sie wollen ja kein böses Erwachen erleben, wenn Sie die Rechnung öffnen. Abhängig von den Vorschlägen Ihrer Druckerei müssen Sie die Falze gegebenenfalls neu überdenken.

Wie viele Exemplare?

Die Antwort auf die Frage „Wie viele Exemplare?" ist ziemlich einfach – es geht darum, wie viele fertige Ausgaben Ihres Projekts Sie am Ende in den Händen halten. Die Anzahl fertiger Exemplare wird auch als **Druckauflage** bezeichnet. Anhand der Druckauflage entscheidet sich häufig auch die Frage nach dem Druckverfahren.

Wenn Sie zum Beispiel nur 500 vollfarbig bedruckte Seiten benötigen, dann kostet Sie das in einer Offsetdruckerei beispielsweise 700 €. Jede Seite kostet dann etwa 1,40 €. 500 Seiten lassen sich jedoch auch auf einem Farbkopierer herstellen. Bei einem Seitenpreis von 30 ct kommen Sie dann auf Gesamtkosten von 150 €. Rechnen Sie selbst nach – der Copyshop hat hier die Nase vorn!

Was aber, wenn Sie 10.000 Exemplare dieser Seite benötigen? Im Copyshop kann man Ihnen nun eventuell einen Seitenpreis von 20 ct anbieten, was zu einer Gesamtrechnung von 2.000 € führt. In der Druckerei kosten die 10.000 Seiten insgesamt aber vielleicht nur 750 €. Wenn ein Job erstmal auf einer kommerziellen Druckmaschine gedruckt wird, gibt es kaum noch einen Unterschied zwischen 500 oder 10.000 Seiten. Je höher die Druckauflage, desto geringer wird also der Stückpreis für jedes fertige Exemplar. Die Druckerei bietet nun plötzlich die deutlich besseren Konditionen.

Copyshops sind für Auflagen unter 500 Stück zumeist die günstigere Alternative, ab 10.000 Exemplaren rechnet es sich, den Auftrag an die Druckerei zu vergeben. Was ist aber mit Druckauflagen, die dazwischen liegen? Das kommt auf den Job an. Lassen Sie sich in Ihrer örtlichen Druckerei ein Angebot machen. In Kapitel 3 erfahren Sie mehr zum Abschätzen der Kosten.

Wie viele Farben?

Die Farbfrage ist mitunter verzwickt. Es geht nicht darum, wie viele Farben auf der Seite zu sehen sind, sondern wie viele Druckfarben für deren Darstellung erforderlich sind. Betrachten Sie zum Beispiel die Seiten einer Zeitschrift wie *Focus* oder *Stern*. Eine einzige Seite kann rote, blaue, grüne, gelbe, orangene, violette, braune, schwarze und rosa-

farbene Elemente enthalten. Das heißt nicht, dass die Zeitschrift mit all diesen Farben gedruckt wurde. Die Farben wurden beim Druck lediglich aus vier verschiedenen Druckfarben erzeugt (Cyan, Magenta, Gelb und Schwarz), sie ergeben durch Mischung all die anderen Farben. Dieser so genannte **Vierfarbdruck** wird in Kapitel 9 behandelt.

Manchmal wollen Sie aber nur eine einzelne weitere Farbe einsetzen, etwa Gold oder helles Orange neben der schwarzen Druckfarbe. Dieser **Volltonfarbdruck** wird in Kapitel 10 behandelt.

Wenn Sie die Anzahl der Farben für einen Job festlegen, dann betrifft Ihre Entscheidung tatsächlich die Anzahl der Druckfarben. Je mehr Druckfarben, desto teurer wird es.

Die Papierfarbe zählt nicht als Farbe! Wenn Sie mit schwarzer Druckfarbe auf rosafarbenes Papier drucken, dann zählt das immer noch als eine Farbe. Die Druckerei verwendet ja schließlich auf der Druckmaschine nur eine Druckfarbe (Schwarz) . Für die zweite Farbe sorgt das Papier selbst.

Grafiken verwenden?

Grafik ist alles, was kein Text ist. Die hübschen kleinen Linien zwischen Textabschnitten oder die kleinen, in einer Schrift eingebetteten typographischen Symbole gehören nicht dazu. Die hier verwendete Schrift enthält zum Beispiel diese niedlichen kleinen Symbol-Glyphen:

Diese rechne ich nicht zu den Grafiken, weil sie Bestandteil der Schrift sind. Ich kann sie durch einen einfachen Druck auf die Tastatur in mein Layout übernehmen. Ich füge also ein Zeichen ein, keine Grafik.

Eine richtige Grafik ist zum Beispiel ein Foto, etwa eine Aufnahme der Unternehmenszentrale, oder eine Zeichnung, etwa eine Karte mit der besten Anfahrtroute zu einer Party, oder eine externe Datei wie ein Balkendiagramm aus einem Tabellenkalkulationsprogramm. Alle diese Beispiele werden Sie in einer Schriftart vergeblich suchen.

Eine Grafik kann auf einem kleinen Bereich der Seite auftauchen oder als Textur die gesamte Seite bedecken.

Ein **Foto** kann in den Computer eingescannt oder von einer Digitalkamera übertragen werden.

Eine **Illustration** kann mit einem Illustrationsprogramm wie Adobe Illustrator oder einem Layoutprogramm wie Adobe InDesign erstellt werden.

Ein **Schaubild oder Kreisdiagramm** kann aus einer Tabellenkalkulation oder einem Illustrationsprogramm stammen.

Mögliche Beispiele für Grafiktypen in einem Projekt

Sobald Ihnen klar ist, dass in Ihrem Projekt Grafiken zum Einsatz kommen, müssen Sie einige Fragen aus diesem Kapitel eventuell neu überdenken. Wenn zum Beispiel Bilder von den in einem Restaurant angebotenen Gerichten gezeigt werden sollen, dann wollen Sie diese bestimmt nicht nur mit schwarzer Druckfarbe wiedergeben. Sie möchten dann wahrscheinlich verschiedene Druckfarben einsetzen, damit das Essen so delikat wie möglich aussieht.

Wenn Sie ein Foto des Vorstandsvorsitzenden zeigen möchten, ist die für den Text verwendete grüne Druckfarbe wahrscheinlich nicht so angemessen – Schwarz oder Braun wären vielleicht eine bessere Wahl.

Zudem erfordern verschiedene Grafiktypen möglicherweise unterschiedliche Druckverfahren. Wahrscheinlich ist Ihnen schon aufgefallen, dass im Offsetdruck wiedergegebene Farbgrafiken und Fotos viel besser aussehen als solche, die auf einem Desktop-Drucker oder Kopierer vervielfältigt wurden. Eine einfache Strichzeichnung kann von einem gewöhnlichen Desktop-Drucker jedoch ziemlich gut reproduziert werden.

Welche Papiersorte?

Wenn Sie Ihren Job auf einem normalen Laserdrucker oder in einem kleinen Copyshop drucken, dann lassen sich viele Fragen zur Papiersorte leicht beantworten, weil in diesen Druckern oder Kopierern nur bestimmte Papiersorten verwendet werden können. Sie erhalten diese bei Ihrem Schreibwaren- oder Bürobedarfshändler, oder Sie bestellen aus speziellen Papierkatalogen. Sobald Sie Ihren Druckjob an eine Offset-druckerei übergeben, sind beim Papier noch weitere Dinge zu beachten. Einige davon müssen Sie gegebenenfalls mit der Druckerei abklären.

Papierfarbe

Papier ist meist weiß. Es gibt jedoch hunderte verschiedener Weißtöne. Manche sind sehr warm, fast gelb. Andere sind sehr kühl, fast blau oder grau. In Ihrer Druckerei sollten Proben der verschiedenen Papierfarben erhältlich sein.

Auch beim Einsatz eines Desktop-Druckers oder eines Kopierers können Sie zwischen diesen verschiedenen Weißvarianten wählen. Viele Unternehmen verwenden ein einfacheres Papier mit geringerem Weißgrad für gewöhnliche Druckjobs, weil dies meist etwas billiger ist. Für besondere Veröffentlichungen wird teureres Papier mit höherem Weißgrad eingesetzt.

Natürlich ist auch farbiges Papier erhältlich. Die meisten Copyshops und Druckereien bieten eine große Auswahl an Farben an, mit denen sich Flyer, Einladungen und Verkaufsplakate auffälliger gestalten lassen. Bedenken Sie jedoch, dass die meisten Fotos auf farbigem Papier nicht so gut wirken – unsere Augen sind es einfach nicht gewöhnt, die „weißen" Teile eines Fotos als Blau oder Rosa zu sehen.

Im Offsetdruck wird meist weißes Papier verwendet. Manchmal wird das gesamte Papier mit Druckfarbe bedruckt, so dass es aussieht, als hätte das Papier selbst eine gewisse Farbe. Eine Möglichkeit zur Bestimmung der ursprünglichen Papierfarbe ist es, irgendwo auf der Seite oder in einem Foto nach Weiß zu suchen. Wenn es einen weißen Bereich gibt, ist das fast sicher die ursprüngliche Farbe des Papiers.

Es kommt aber auch vor, dass Sie auf eine Oberfläche (technisch als **Substrat** bezeichnet) drucken, die nicht weiß ist. Meine Lieblingsknabberei ist zum Beispiel in kleine Beutel verpackt, deren silbernes Substrat farbig bedruckt ist. Alles Weiß auf diesem Beutel wurde mit einer eigenen Druckfarbe erzeugt, die dem Dokument als Sonderfarbe hinzugefügt werden muss.

Gestrichenes Papier

Papiere sind gestrichen oder ungestrichen. Davon hängt es ab, wie glatt sich die Oberfläche des Papiers anfühlt. Die unterschiedlichen Glättegrade stellen sich bei der Papierherstellung ein.

Ungestrichene Papiere sind rauer und meist poröser (sie saugen mehr Druckfarbe auf). Für Zeitungen und billige Kataloge wird ungestrichenes Papier eingesetzt. Gestrichene Papiere sind glatt, der Strich reicht von eher matt bis hin zu sehr glänzend. Der Strich kann einseitig oder beidseitig sein. Auf gestrichenen Papieren wirken Fotos und Illustrationen scharf und knackig, weil die Druckfarbe nicht vom Papier aufgesaugt wird.

Verwechseln Sie gestrichenes nicht mit lackiertem oder laminiertem Papier. Lackierung oder Laminierung ist ein Teil des Druckvorgangs, bei dem klare Lackfarbe oder Kunststoff aufgebracht wird, damit das Papier noch stärker glänzt. Betrachten Sie Seifenverpackungen – ihre Oberfläche ist meist lackiert, um Feuchtigkeit vom Produkt fernzuhalten.

Oberflächenveredelung

Die Oberflächenveredelung, das so genannte Finish, ist die Struktur oder Glätte des Papiers. Ein Antik-Finish ist eine raue Struktur. Ein Pergament-Finish ist glatter. Es gibt auch spezielle Finishes, die Textiloberflächen wie Leinen oder Tweed simulieren sollen. Beachten Sie, dass Ihr Text bei der Verwendung von Strukturpapier möglicherweise weniger sauber wirkt und die Abbildungen etwas gröber werden, weil die Druckfarbe sich in den Hervorhebungen und Vertiefungen der Oberflächenstruktur verteilen muss.

Papiergewicht

Papier wird in Gewichtsklassen eingeteilt. Das Gewicht – die Grammatur – des Papiers wird in Gramm pro Quadratmeter angegeben.

Das typische Papier für einen Laserdrucker oder Kopierer hat 80 Gramm, das dünnere Schreibmaschinenpapier hat 70 Gramm.

Werkdruckpapier ist entweder gestrichen oder ungestrichen. Sein Gewicht kann zwischen 80 und 90 Gramm liegen. Es kann für Bücher,

Zeitschriften, Plakate, Flyer oder alle anderen Drucksachen verwendet werden, für die keine herausragende Qualität notwendig ist.

Für Drucke von besserer Qualität wird normalerweise das gestrichene Bilderdruckpapier verwendet. Jahresberichte, Zeitschriftenbeilagen und hochwertige Film- und Theaterprogramme werden auf Bilderdruckpapier gedruckt. Das Gewicht dieser Papierart beträgt 70 bis 170 Gramm.

Vorsatzpapier ist ein schwereres Papier, das normalerweise der Farbe bestimmter Werkdruckpapiere entspricht. Vorsatzpapier kann für Buchumschläge, Visitenkarten, Postkarten oder Einbände von Präsentationsmappen verwendet werden. Das übliche Gewicht beträgt 100 g.

Ganz allgemein steigt der Preis für ein Papier mit seinem Gewicht. Wenn Sie Ihre Drucksache mit der Post versenden möchten, sollten Sie auf das Papiergewicht achten, weil dieses möglicherweise das Porto beeinflusst.

Weitere Überlegungen zum Papier

Im Zusammenhang mit Papier gibt es noch ein paar weitere Eigenschaften zu beachten.

Zugfestigkeit: Bestimmt, wie viel Zugspannung ein Papier aushält. Papiertüten und Umschläge brauchen eine hohe Festigkeit.

Dicke: Bestimmt, wie dick das Papier ist. Dicke Papiere müssen nicht viel wiegen. Manche Bücher sind auf sehr dickem, leichtem Papier gedruckt. Dadurch sehen sie aus, als hätten sie mehr Seiten.

Helligkeit: Bestimmt das Reflexionsverhalten des Papiers. Manche Papiere enthalten fluoreszierende Bestandteile und wirken dadurch heller. Farbig gedruckte Bilder können jedoch beeinträchtigt werden.

Deckfähigkeit: Bestimmt, wie stark der auf die Rückseite gedruckte Inhalt durchscheint. Wenn Sie ein Buch mit viel Text und Illustrationen gestalten, achten Sie auf eine ausreichende Deckfähigkeit, damit die Leser nicht von durchscheinenden Texten und Grafiken von der Rückseite irritiert werden.

Eventuell möchten Sie auch ein Recyclingpapier verwenden, das aus mindestens 30% Altpapier besteht.

Wie wird Ihr Werk zusammengehalten?

Bei jedem Druckprojekt mit mehr als einem Blatt Papier müssen Sie die Bindung für den Job festlegen. *Bindung* bezeichnet einfach die Technik, mit der die Seiten zusammengehalten werden.

Bürobindungen

Wenn Sie Ihr Projekt auf einen Desktop-Drucker oder Kopierer vervielfältigen, werden Sie wahrscheinlich eine der in Büros gängigen Bindemethoden verwenden. Einige dieser Bindungen können Sie selbst im Büro durchführen, andere müssen Sie eventuell im nächsten Copyshop machen lassen.

Ringbindung: Hierbei werden Löcher in das Papier gestanzt, die Bindung erfolgt über Ringe. Der Hauptvorteil liegt darin, dass sich leicht Seiten hinzufügen oder entfernen lassen. Leider erinnern Ringbindungen viele Menschen an ihre Schulzeit und sie wirken amateurhaft.

Plastikkammbindung: Ein gezahnter Plastikeinsatz wird in rechteckig vorgestanzte Löcher im Papier geführt. Es gibt preiswerte Geräte zum Stanzen der Löcher, die gleichzeitig auch die Zähne aufspreizen. Damit arbeitet es sich einfacher, als wenn Sie von Hand Seiten entfernen oder hinzufügen. Die Grenze für Plastikkammbindungen liegt in der Regel bei 5 cm Dicke. Alles, was darüber liegt, fällt gerne auseinander.

Spiralbindung: Bei der Spiralbindung wird eine Spirale aus Metall oder Plastik durch zahlreiche kleine Löcher an der Papierkante gefädelt. Anders als beim Plastikkamm können Sie nach einmal erfolgter Bindung nur sehr schwer neue Seiten hinzufügen. (Das Herausreißen von Seiten ist recht einfach, sie müssen jedoch anschließend die verbleibenden kleinen Papierschnipsel aus der Spirale entfernen.)

Wire-O-Bindung bzw. Drahtkammbindung: Diese Bindung ähnelt der Spiralbindung. Statt einer einfachen Spirale befinden sich zwei Drahtzähne in den rechteckigen Löchern des Papiers. Die Drahtkammbindung ist robuster als die Spiralbindung, aber auch hier lassen sich nur schwer weitere Dokumentseiten hinzufügen.

Strip-Bindung: Dieses Verfahren verwendet auf jeder Seite des Dokuments einen Plastikstreifen. Die beiden Streifen werden mit Plastikstiften zusammengehalten und durch Hitze miteinander verbunden. Diese Bindung kann nicht mehr gelöst werden, ohne dabei die Plastikstreifen und -stifte zu beschädigen.

Thermobindung: Ein Stoff- oder Papierstreifen wird um den Rücken des Dokuments gelegt und festgeklebt. Die Thermobindung erscheint von allen im Bürobereich eingesetzten Bindungen am professionellsten. Die Seiten können sich jedoch lösen, wenn das Heft häufig genutzt wird.

Rückstichheftung: Mindestens zwei Metallklammern halten das Papier direkt am Falz zusammen. Die Dokumentseiten müssen auf beiden Seiten des Papiers in der für die abschließende Bindung korrekten Position gedruckt werden. Das Ausschießen wird am besten von einem professionellen Copyshop oder Bürodienstleister übernommen.

Professionelle Bindungen

In der Druckerei werden Sie nach der gewünschten Bindung gefragt. Je nach zu bindender Seitenanzahl werden Sie vielleicht auch Vorschläge erhalten. Unten sind die üblicherweise von der Druckerei verwendeten Bindeverfahren beschrieben. (Manche dieser Bindungen entsprechen den zuvor besprochenen Bürobindungen.) Manche Druckereien kümmern sich selbst um Bindearbeiten, viele beauftragen damit nach dem Druck ein externes Unternehmen.

Spiralbindung: Eine Spirale aus Plastik oder Metall wird durch die gelochte Papierkante gewunden.

Drahtkammbindung: Ähnlich wie die Spiralbindung, aber stabiler.

Rückstichheftung: Mindestens zwei Metallklammern halten sowohl Einband als auch Papier direkt am Falz zusammen.

Blockheftung: Alle Bögen und der Einband werden zusammengefasst und von außen mit Metallklammern fixiert.

Klebebindung: Alle Bögen werden zusammengefasst. Der Rücken wird flach zu einer sauberen Kante abgeschliffen, und der Papiereinband wird um diesen Rücken herum geklebt. Viele Zeitschriften sind so gebunden.

Deckenband: Die einzelnen Bögen werden in Fadenheftung zusammengenäht und mit einem Gazestreifen verklebt, die Abschlussseiten werden dann mit einem festen Einband verklebt. Die meisten fest gebundenen Bücher entstehen auf diese Weise.

Lay-flat-Broschur: Alle Bögen werden zusammengefasst und der Rücken wie bei der Klebebindung plangeschliffen. Der Einband wird dann auf beiden Seiten des Rückens am Buch festgeklebt. Beim Aufschlagen des Buchs liegen die Seiten also flach. Bei dieser Bindung können sich jedoch Seiten lösen, wenn das Buch zu weit aufgeschlagen wird. Wird mit einem Streifen an der letzten Buchseite gebunden, hat man eine Schweizer Broschur. Diese Einbandform ist haltbarer.

Liste zur Projektvorbereitung

Kopieren Sie die nachfolgende Tabelle. Füllen Sie dann jede einzelne Kategorie aus, ehe Sie mit einem Projekt beginnen. Ich habe etwas Platz frei gelassen, damit Sie noch eigene Punkte ergänzen können.

KURZE BESCHREIBUNG DES PROJEKTS	
Welche Abgabetermine sind angesetzt?	
Wann muss der erste Entwurf beim Kunden sein?	
Wann muss der zweite Entwurf beim Kunden sein?	
Wann muss das fertige Projekt zur Druckerei bzw. veröffentlicht werden?	
Wann wird der Job gebunden?	
PROJEKTBUDGET	
Druckbudget	
Budget für Fotos und Illustrationen	
Budget für weitere Ausgaben	
JOBDETAILS	
Papierformat	
Seitengröße	
Anzahl der Seiten	
Anzahl der Farben	
Anzahl der Falze	
Anzahl der Bögen	
Abbildungen	
Auflage	

Papierbeschreibung	
Papierstrich	
Papier-Finish	
Papiergewicht (wichtig für Portokosten)	
Besonderheiten beim Papier	
BINDUNG	
Bindungsart	
Druckinformation	
Laserdrucker oder Kopierer	
Eingesetzter Drucker/Kopierer	
INFORMATION ÜBER COPYSHOP ODER DRUCKEREI	
Name	
Anschrift	
Telefon	
Ansprechpartner	
E-Mail oder Webadresse	
VERÖFFENTLICHUNG	
Name der Veröffentlichung	
Anzeige geht an	
Datum der Ausgabe	
Anzeigengröße	
Abgabetermin beim Verlag	

Aufschub des Abgabetermins	
Medienberater	
Ansprechpartner Produktion	
E-Mail oder Webadresse	
Anmerkungen zum Job	
SONSTIGES	

Desktop-Druck

Viele Leute gehen mit ihren Druckdateien nicht in eine Druckerei, sondern drucken den Job gleich an ihrem PC aus. Dazu stehen auf dem Markt eine Reihe unterschiedlichster Desktop-Drucker bereit. Aber was macht einen Drucker zu einem „Desktop-Drucker"? Nun, manche Drucker füllen ein ganzes Zimmer aus und wären mit Sicherheit zu schwer für Ihren Schreibtisch. Andere sind so klein, dass sie sich in der Brieftasche unterbringen und mitnehmen lassen. Manche können nahezu in Fotoqualität drucken. Andere sortieren und heften wie Bürokopierer.

Für die meisten Menschen ist ein Desktop-Drucker ein beliebiges **Ausgabegerät**, das sich an einen PC anschließen lässt. Es gibt keine offizielle Definition für einen Desktop-Drucker. Sie können bei sich also viele verschiedene Druckertypen zur Vervielfältigung Ihres Projekts einsetzen.

Sie können Ihre Computerdateien auch in einem nahegelegenen Copyshop auf deren Druckern **ausgeben** (drucken) lassen. Das ist nicht dasselbe, als wenn Sie das Projekt professionell drucken lassen würden – sie verwenden einfach nur die Desktop-Drucker von jemand anderem.

Jeder Druckertyp erzeugt unterschiedliche Resultate. Manche Drucker sind besser für Fotos, andere besser für Text geeignet, wieder andere benötigen für eine optimale Druckqualität womöglich ein spezielles Papier. Egal, welchen Drucker Sie am Ende einsetzen, Sie sollten sich über den voraussichtlichen Druckertyp im Klaren sein, ehe Sie zuviel Arbeit in das Projekt stecken. So vermeiden Sie, dass es später zu Problemen kommt.

Allgemeine Überlegungen zum Drucker

Nachfolgend sind einige wichtige Faktoren aufgeführt, die Sie beachten sollten, bevor Sie sich bei unterschiedlich gelagerten Projekten für einen Druckertyp entscheiden.

Auflösung

Die Auflösung ist beim Desktop-Publishing immer ein sehr wichtiges Kriterium. Neben der Druckauflösung müssen Sie auch die Auflösungen von Digitalkameras und Scannern sowie beim Erstellen von Illustrationen beachten. Wir kommen noch auf diese Aspekte der Auflösung zu sprechen, aber in diesem Kapitel befassen wir uns zunächst mit der Druckauflösung.

Die **Auflösung** *in Hinblick auf den Druckvorgang* hat mit der Größe der Punkte, aus denen die Bilder im fertigen Ausdruck bestehen, zu tun. Diese Auflösung wird normalerweise in **Punkten pro Zoll** (Dots per Inch, dpi) angegeben. Je mehr Punkte auf einen Zoll kommen, desto höher die Auflösung und desto besser die Qualität. Ein Drucker mit 1200 dpi Druckauflösung ist also besser als einer mit 600 dpi.

> **dpi oder ppi?**
> Die *Auflösung* beschreibt auch den Detailgehalt eines gescannten Bildes oder eines Digitalfotos. Diese Auflösung wird in **Pixel pro Zoll** angegeben. Versuchen Sie, sich den Unterschied zu merken: Punkte pro Zoll (**dpi**) gelten für den Druck; Pixel pro Zoll (Pixel per Inch, **ppi**) für Digitalbilder.

Sie können sich die Auflösung beim Drucken und für Digitalbilder wie das Verlegen eines Mosaikfußbodens vorstellen. Wenn die verwendeten Fliesen die Größe einer Zwei-Euro-Münze haben, können Sie keine feinen Details erzeugen. Verwenden Sie jedoch Fliesen von der Größe einer 20-Cent-Münze, so lassen sich mehr Details darstellen. Und wenn die Fliesen nur noch so groß wie Ein-Cent-Münzen sind, lassen sich recht feine Muster erzeugen.

Bei Druckgeräten (egal ob Desktop- oder High-End-Geräten) verändert sich die Punktgröße abhängig von der dpi-Anzahl. Ein Drucker mit 600 dpi hat eine bestimmte Punktgröße. Ein Drucker mit 1200 dpi druckt kleinere Punkte. Und ein Drucker mit 2400 dpi druckt noch kleinere Punkte. Auf einem höherauflösenden Drucker ausgegebene Grafiken werden also detaillierter (mit mehr und kleineren Punkten) dargestellt.

Papierformat

Das Papierformat ist einfach: Es ist die vom Desktop-Drucker verwendete Papiergröße. Manche Drucker können maximal mit dem A4-Format umgehen, andere auch noch mit A3. Einige Drucker haben mehrere Papiereinzugsschächte, so dass Sie schnell zwischen unterschiedlichen Papierformaten wechseln können.

Es ist wichtig, das verwendete Papierformat im Vorfeld zu kennen. Sie können dann die Seitenränder korrekt einrichten, die Grafiken entsprechend platzieren und sicherstellen, dass ein Desktop-Drucker für das gewünschte Format zur Verfügung steht.

Druckbereich

Der tatsächliche **Druckbereich,** in dem der Drucker Tinte oder Toner auftragen kann, ist meist kleiner als das Papier selbst. Der Drucker braucht einen kleinen weißen, unbedruckten Rand rund um die Papierkante. Würde das gedruckte Bild bis an die Kante reichen, könnte ein Teil der Tinte über das Papier hinaus ins Druckergehäuse gelangen und dort zu Verschmutzungen führen.

Beispiel für einen Drucker, der einen weißen Rand um das Bild lässt.

Beispiel für einen Drucker, der ganz bis zur Papierkante druckt.

Ein paar Desktop-Drucker können Tinte oder Toner bis ganz zur Papierkante auftragen. Aber was, wenn Sie kein solches Gerät besitzen und dennoch bis an die Papierkante drucken möchten?

Die meisten Leute bedrucken einen größeren Papierbogen und beschneiden diesen dann auf das korrekte Maß. Sie können für das Hintergrundbild auch eine Beschnittzugabe berücksichtigen, so dass es über die letztendliche Beschnittgröße hinausragt; dann werden keine weißen Lücken an den Rändern sichtbar, falls Sie die Kanten nicht exakt gerade beschneiden.

Geschwindigkeit

Ein weiterer wichtiger Faktor bei der Arbeit mit Desktop-Druckern ist deren **Geschwindigkeit**, also wie viele Seiten pro Minute der Drucker ausgeben kann. Desktop-Drucker haben oft zwei unterschiedliche Geschwindigkeiten, eine für Farb- und eine für Schwarzweißdruck. Manche Drucker kommen bei einfachem schwarzem Text auf zügige 45 Seiten pro Minute. Andere kriechen mit lethargischen 8 Seiten pro Minute dahin, besonders wenn die Seite auch Farbe enthält.

Nehmen wir an, ein Drucker schafft nur 10 Farbseiten pro Minute. Das Drucken von 100 Exemplaren eines 20-seitigen Dokuments könnte dann über drei Stunden dauern! Möchten Sie vor diesem Hintergrund *wirklich* alle Seitenzahlen in Rot darstellen? Häufig rechtfertigt der Einsatz von Farbe nicht die zusätzliche Druckdauer.

Papiermanagement

Papiermanagement bezieht sich auf Funktionen wie die Verwendung unterschiedlicher Papiereinzüge während des Druckvorgangs, das Zusammenfassen mehrerer Seiten zu einem Dokument, Heftbindung, und weitere Funktionen zur Weiterverarbeitung. Sie sollten sich gut überlegen, ob Sie diese Funktionen bei Ihrem Drucker benötigen. Entsprechend ausgestattete Drucker sind ziemlich groß und werden meist nicht mehr als Desktop-Drucker, sondern als **Arbeitsgruppendrucker** bezeichnet. Da ich bei mir im Esszimmer arbeite, habe ich nicht so viel Platz. Ich mische meine Papiersorten also lieber selbst und tackere auch von Hand.

Druckkosten

Die **Druckkosten** beziehen sich auf den Preis einer gedruckten Seite nach erfolgter Anschaffung des Druckers. Zwei wichtige Faktoren gehen in die Berechnung der Druckkosten mit ein: das Papier sowie die Tinte oder der Toner.

Initialisierungszeit

Bei der Geschwindigkeitsangabe von Druckern wird die Zeit zur erstmaligen Verarbeitung einer Seite nicht mitgerechnet. Ein Hersteller könnte also als Geschwindigkeit 30 Seiten pro Minute für seinen Drucker angeben, und eine Druckdauer für den ersten Druck von 6 Sekunden. Sobald die Seite also einmal innerhalb von 6 Sekunden verarbeitet wurde, können die verbleibenden 9 Kopien dieser Seite in 4,5 Sekunden gedruckt werden.

Die meisten Büroberichte werden auf normalem Inkjet- oder Laserdruckpapier gedruckt. Dieses kostet viel weniger als Papiere mit Fotoqualität, wie sie für Familienfotos verwendet werden.

Welches Papier sollten Sie also verwenden? Nichts hindert Sie daran, ein Foto auf normalem Druckpapier zu drucken. Das Bild wirkt dann nur nicht ganz so lebhaft wie auf Fotopapier.

Es spricht auch nichts dagegen, Ihren Lebenslauf oder eine Berichtseite auf Fotopapier zu drucken. Es ist etwas teurer, aber wenn Ihr Bild auf dem Lebenslauf sein soll, könnte sich der Aufwand lohnen.

Der Tinten- oder Tonerpreis geht ebenfalls mit in die Druckkosten ein – die Tintenpatronen für einen Tintenstrahldrucker oder die Tonerkartuschen für einen Laserdrucker. Die Druckerhersteller geben eine bestimmte Seitenanzahl als Lebensdauer für ihre Patronen an. Dabei gehen sie aber von Textseiten aus. Wenn Sie Fotos oder große, dichte Farbflächen drucken, dann kann sich eine Patrone mehr als doppelt so schnell leeren, wie Sie erwartet haben.

Bei Druckern, die auf Spezialpapiere und teure Tintenpatronen angewiesen sind, rechnet sich der In-House-Druck häufig nicht. Das gilt besonders für hohe Auflagen.

Ein Drucker ist ein Drucker ist ein Drucker?

Bemühen Sie sich um eine klare Begriffsbestimmung, wenn es um „Drucker" geht. Mancher verwendet den Begriff *Drucker* für die Maschine, die Ihre Dokumente ausgibt. Mancher meint mit *Drucker* den Mann, der an der Druckmaschine steht (normalerweise mit farbverschmierten Fingern). Der Klarheit wegen verwende ich die folgenden Begriffe: Die **Druckmaschine** ist das mechanische Monster, das die Kopien erzeugt. Die **Druckerei** ist die Firma, der dieses mechanische Monster gehört. Der **Druckereimitarbeiter** ist der Typ, der das mechanische Monster bedient.

Druckertypen

Fast jeder kennt die preiswerten Tintenstrahldrucker, auf denen man mal eben ein paar Notizen, Lebensläufe oder Berichte ausdruckt. Es gibt aber viele unterschiedliche Arten von Tintenstrahldruckern und auch noch andere Druckertypen. Die nachfolgende Zusammenstellung hilft Ihnen bei der Auswahl des richtigen Druckers für Ihren Job.

DRUCKERTYP	VORTEILE	NACHTEILE
Preiswerte Büro-Tintenstrahldrucker	Kosteneffizient für die meisten Aufgaben im Büro.	Langsam, für hohe Auflagen teuer.
Hochwertige Tintenstrahldrucker	Drucken großformatige Dokumente auf unterschiedlichste Materialien.	Teuer in Anschaffung und Unterhalt.
Laserdrucker	Hervorragende Druckqualität, schnell, Einsatz im Netzwerk mit mehreren Nutzern. Sehr preiswerter Schwarzweißdruck.	Schlechtere Qualität für Fotos. Farblaserdrucker sind teuer im Vergleich zu Tintenstrahlgeräten.
Laserbelichter und CTP-Belichter	Feine Ausgabequalität auf Film oder Fotopapier (diese Ausgabe kann zur Erzeugung von Offsetdruckplatten verwendet werden) oder direkt auf die Druckplatte.	Extrem teuer in Anschaffung und Unterhalt. Fast nur in professionellen Druckereien zu finden.
Filmdrucker	Drucken direkt auf Film. Können Dateien in 35-mm-Dias umwandeln.	Teuer in Anschaffung und Unterhalt. Hauptsächlich in spezialisierten Fotolabors zu finden.

Spezialdrucker

Ja, es gibt noch weitere Druckertypen. Zum Beispiel **Plotter** zur Erzeugung von überdimensionalen Grafiken, Architekturzeichnungen oder Beschriftungen für Hinweisschilder und Displays. Wenn sie häufig derartiges Material ausgeben, schaffen Sie sich einen solchen Drucker an; ansonsten sollten Sie sich einen Copyshop suchen, der entsprechende Dateien für Sie ausgeben kann. In Kapitel 16 wird die Übermittlung von Dateien zur Ausgabe an externe Druckereien behandelt.

Zusammenfassung

Beim Kauf eines Druckers sind viele unterschiedliche Faktoren zu berücksichtigen. Einige beziehen sich auf die Ausgabequalität, andere auf die Druckgeschwindigkeit und die entstehenden Kosten.

Eines ist jedoch klar: Sie brauchen keinen teuren Drucker in Ihrem Büro, wenn die Ausgabe ohnehin in einem Copyshop oder einer Druckerei außer Haus erfolgt.

Drucker-Quiz

Im nachfolgenden Quiz finden Sie verschiedene Projekte, die gedruckt werden müssen. Wählen Sie für jedes Projekt den besten Drucker. Es können auch mehrere Antworten für ein Projekt zutreffen. Die Antworten finden Sie nach dem Quiz.

Projekt 1

Sie brauchen 8 Exemplare eines 10-seitigen Berichts, um dem Kunden darin zu zeigen, wie viel Geld Sie für ihn verdient haben. Der Bericht enthält etliche farbige Schaubilder, in denen dargestellt wird, wie viel Geld der Kunde verdient hat. Welchen Drucker verwenden Sie?

A. Tintenstrahldrucker auf Standardpapier; B. Tintenstrahldrucker auf Fotopapier; C. Schwarzweiß-Laserdrucker; D. Anderen

Projekt 2

Sie möchten denselben Bericht wie in Projekt 1 an 250 potenzielle Kunden senden, um Ihr Unternehmen zu präsentieren. Welchen Drucker sollten Sie einsetzen?

A. Tintenstrahldrucker auf Standardpapier; B. Tintenstrahldrucker auf Fotopapier; C. Professioneller Copyshop; D. Schwarzweiß-Laserdrucker

Projekt 3

Von Ihrer geplanten neuen Unternehmenszentrale liegen Ihnen 20 Fotos und Aquarellzeichnungen eines Künstlers vor. Diese müssen gedruckt werden, damit Sie sich damit beim Vorstand das Projekt absegnen lassen können. Welchen Drucker sollten Sie verwenden?

A. Tintenstrahldrucker auf Standardpapier; B. Tintenstrahldrucker auf Fotopapier; C. Professioneller Copyshop; D. Schwarzweiß-Laserdrucker

Projekt 4

Sie möchten einen Ausdruck einer Anzeige für Ihre Firma an die Lokalzeitung schicken. Wie sollte dieser gedruckt werden?

A. Tintenstrahldrucker auf Standardpapier; B. Laserbelichter; C. Professioneller Copyshop; D. Schwarzweiß-Laserdrucker

Projekt 5

Sie müssen eine zweiseitige Pressemitteilung mit Text über ein Unternehmen an 50 Zeitschriftenredakteure versenden. Was für einen Drucker sollten Sie verwenden?

A. Tintenstrahldrucker auf Standardpapier; B. Tintenstrahldrucker auf Fotopapier; C. Professioneller Copyshop; D. Schwarzweiß-Laserdrucker

Projekt 6

Dieselbe Pressemitteilung wie in Projekt 5 geht an 50 Zeitschriftenredakteure. Dieses Mal enthält sie jedoch ein Foto der neuen Unternehmenszentrale. Welche Drucker sollten Sie einsetzen?

A. Farbtintenstrahldrucker für das gesamte Projekt; B. Schwarzweiß-Laserdrucker für den gesamten Job; C. Schwarzweiß-Laserdrucker für den Text/Farbtintenstrahldrucker für die Fotos; D. Professioneller Copyshop

Projekt 7

Sie möchten vor Ihrem Geschäft einen Banner mit den Worten „Großer Eröffnungsverkauf" aufhängen. Wie sollte dieser gedruckt werden?

A. Auf einem Bürodrucker; B. In einem Copyshop; C. Auf einem Plotter

Projekt 8

Sie haben zehn neue Entwürfe für Ihre Produktverpackungen, die Sie an der Wand des Besprechungszimmers aufhängen müssen, damit der Vorstand darüber entscheiden kann.

A. Farbtintenstrahldrucker; B. LFP-Drucker; C. Farblaserdrucker;
D. Schwarzweiß-Laserdrucker

Antworten zum Drucker-Quiz

Projekt 1

Antwort A: Mit dem Tintenstrahldrucker erhalten Sie die benötigte Farbe für die Schaubilder. Standardpapier ist ausreichend. Die Schaubilder sehen auch ohne Fotopapier gut aus.

Projekt 2

Antwort C: 250 Exemplare des Berichts blockieren Ihren Tintenstrahldrucker und die Kosten für Papier und Tinte sind zu hoch. Sparen Sie Zeit und Material und gehen Sie damit zum professionellen Copyshop.

Projekt 3

Antwort B oder C: Der Tintenstrahldrucker auf Fotopapier ist eine gute Entscheidung. Wenn es bei der Sitzung aber um Millionen von Euro geht, gehen Sie in einen professionellen Copyshop. Dort erhalten Sie auf jeden Fall gute Qualität. (Und man kann Ihnen die Drucke vielleicht sogar zu Präsentationszwecken auf starre Platten aufziehen.)

Projekt 4

Antwort B: Der Laserbelichter hat die erforderliche hohe Auflösung, mit der Ihre Anzeige garantiert perfekt aussieht. Natürlich können Sie bei der Zeitung auch nachfragen, ob Sie eine elektronische Version der Anzeige einreichen können. Dann brauchen Sie überhaupt nichts zu drucken.

Projekt 5

Antwort A oder D: Sowohl der Tintenstrahldrucker auf Standardpapier als auch der Schwarzweiß-Laserdrucker sind geeignet. Der Laserausdruck wirkt auf dem Papier allerdings etwas schärfer und verläuft nicht, wenn er feucht wird. Für ein optimales Ergebnis wählen Sie den Laser-drucker.

Projekt 6

Antwort C: Die Kombination von Schwarzweiß-Laserdrucker und Farb-tintenstrahldrucker ist in Ordnung. Die Materialkosten fallen nicht allzu sehr ins Gewicht, weil Sie nur 50 Exemplare benötigen.

Projekt 7

Antwort C: Ein Plotter oder ein anderes übergroßes Druckgerät sind am besten zum Drucken eines sehr großen Banners geeignet. Fragen Sie in Ihrem Copyshop oder in Ihrer Druckerei, ob sie entsprechende Geräte zur Verfügung haben.

Projekt 8

Antwort A, B oder C: Das Projekt soll optimal aussehen. Wenn die Packungen mit einfachen Grafiken gestaltet wurden, genügt der Tin-tenstrahldrucker. Für Fotos sollten Sie einen LFP-Drucker in Erwägung ziehen.

Professioneller Druck

3

Unter „Druck" versteht man einfach die Vervielfältigung von Texten und Grafiken. Das Erzeugen einer Grafik, zum Beispiel eines Gemäldes oder einer Zeichnung, ist Kunst; die Reproduktion einer Grafik in vielen Exemplaren ist Druck. Druck gibt es seit Jahrhunderten. Gutenberg stellte die erste Druckmaschine mit beweglichen Lettern im Jahr 1440 her; aber bei den Chinesen gab es schon im 6. Jahrhundert unserer Zeitrechnung den Holztafeldruck. Die schnellere Rotationspresse kam in der Mitte des 19. Jahrhunderts auf.

Seit der industriellen Revolution mussten in Büros schnell viele Kopien von Dokumenten und Grafiken erstellt werden. Die meisten hierzu verwendeten Verfahren basierten auf der Fotografie, auf Matrizen oder Kohlepapier. Die Fotografie erforderte das komplizierte Hantieren mit Flüssigkeiten und teurer Ausrüstung. Matrizen ermöglichten nur eine begrenzte Kopienanzahl. Und Kohlepapier machte einen sehr schlechten Eindruck, wenn viele Kopien erzeugt werden mussten. Die Fotokopie oder Xerografie wurde im Jahr 1959 von der Firma Haloid (später Xerox) erfunden. Sie ermöglichte eine schnellere, saubere Vervielfältigung von Dokumenten. Die Xerografie-Maschinen waren die Vorgänger der Computerdrucker und der digitalen Druckmaschinen.

Heute ist die Unterscheidung in Druck und Vervielfältigung eher semantisch. Generell nenne ich jede Technik, bei der verschiedene Druckfarben gesondert aufgetragen werden, **Druck.** Zum Beispiel wird eine Zeitschrift mit vier verschiedenen Druckplatten gedruckt. Ich spreche von **digitalem Druck** oder **Vervielfältigung,** wenn der Druckauftrag direkt von einem Computer an die Druckmaschine geschickt wird.

Druckereien, Copyshops und Online-Druck

Es kann verwirrend sein, den richtigen Ansprechpartner zur Vervielfältigung oder zum Drucken Ihrer Layouts zu finden.

Copyshops

Professionelle Copyshops bieten kleinen Firmen alle Dienstleistungen, die in den Kopierabteilungen größerer Unternehmen durchgeführt werden. Die meisten Copyshops haben eine sehr leistungsfähige Ausrüstung, zum Beispiel Hochgeschwindkeitskopierer, die große Jobs in sehr kurzer Zeit sortieren und heften können. Sie verfügen auch über Farbkopierer, Großformatkopierer und bestimmte Bindegeräte. Nur selten bieten sie aber einen echten Druckservice.

In manchen Copyshops können Sie Zeit am Computer mieten, um Ihr Werk auf dem Desktop-Drucker des Copyshops auszudrucken. Sie können Ihre Dateien auch auf einem High-End-Drucker ausgeben lassen. (Drei Blöcke von meinem Haus befindet sich zum Beispiel ein hervorragender Copyshop, wo ich meine Dateien auf tollen Farbdruckern vervielfältigen kann.)

Kleine Druckereien

Kleine Druckereien sind auf Drucksachen für örtliche Firmen spezialisiert – dazu gehören zum Beispiel Newsletter, Broschüren, Einladungen, Geschäftspapier, Etiketten, Umschläge, Speisekarten, Geschäftsformulare, Visitenkarten, Aufkleber, Kataloge usw. Neben dem herkömmlichen Druck bieten sie eventuell auch Digitaldruck und Fotokopien an.

Der größte Vorteil einer kleinen gegenüber einer großen Druckerei (mit der wir uns im nächsten Abschnitt beschäftigen) ist, dass Sie den Status des Auftrags sehr einfach prüfen und Änderungen vornehmen können. Dazu sehen Sie sich ein Prüfexemplar, den Proof, an. Sie können bei einer örtlichen Druckerei auch an den Lieferkosten sparen.

Copyshop oder Druckerei?

Manchmal ist die Unterscheidung zwischen Copyshop und Druckerei schwierig. Bei mir in der Nähe gibt es einen Copyshop, in dem die Studenten ihre Unterlagen kopieren. Man kann hier aber auch Visitenkarten und Newsletter im einfachen Offset-Druck bestellen. Es ist also gleichgültig, ob sich das Geschäft „Copyshop" oder „Druckerei" nennt, solange Ihnen klar ist, welche Techniken zur Anwendung kommen.

Industrielle Druckereien

Industrielle Druckereien sind die großen Druckereien, die Zeitschriften, Bücher, Verpackungen, Verkaufsbroschüren oder Jahresberichte für große Firmen auf der ganzen Welt reproduzieren. Die meisten dieser Firmen bieten nur herkömmliche oder digitale Drucktechniken auf großen Druckmaschinen.

Wenn Sie mit solchen Firmen arbeiten möchten, sollten Sie zusätzliche Zeit zum Versenden der Daten und zum Austausch von Proofs zwischen Ihnen und dem Hauptsitz der Firma einkalkulieren. Gelegentlich wird eine Druckerei einen Designer oder Produktmanager zum Probelauf in die Druckerei bitten. Beim Probelauf wird Ihnen der Job in unterschiedlichen Stadien des Druckprozesses gezeigt. Sie können dann eine Freigabe erteilen oder um eine Farbanpassung bitten. Wenn Sie eine industrielle Druckerei beauftragen, haben Sie eventuell höhere Versand- und Reisekosten.

Online-Druckdienstleister

Bücher, Kleidung und Musik sind nicht die einzigen Waren, die Sie im Web kaufen können. Viele Druckereien haben Websites, über die Sie Aufträge für Visitenkarten, Postkarten, Broschüren und andere Jobs erteilen können. Manche dieser Online-Dienstleister bieten nur einen sehr elementaren Service ohne die Möglichkeit, Proofs zu sehen. Andere bieten Webbilder, anhand derer Sie Ihr Werk proofen können. Wieder andere senden Ihnen einen gedruckten Proof, den Sie freigeben oder abändern können.

Ich nutze Online-Druckdienstleistungen gerne für Jobs, bei denen mir eine exakte Farbtreue nicht wichtig ist. Meine Visitenkarten sowie einige Werbepostkarten habe ich online drucken lassen.

Solche Dienstleister würde ich jedoch nicht beauftragen, wenn es mir auf die genaue Papiersorte oder eine exakte Farbabstimmung ankäme. Stellen Sie sich beispielsweise vor, dass Sie an einem Prospekt für ein Weingut arbeiten. Sie möchten natürlich nicht, dass ein Glas Bordeaux am Schluss wie ein Burgunder aussieht. In diesem Fall würde ich eine Druckerei wählen, bei der ich den Job proofen könnte.

Kopieren oder drucken?

Eine einfache Richtlinie: gut, schnell oder preiswert?

Kombinieren Sie zwei dieser Merkmale.

Kopierer – vor allem Farbkopierer – werden immer ausgefeilter. Deshalb wird die Unterscheidung zwischen traditionellem Druck und Fotokopie schwieriger. Die Entscheidung ist nicht leicht. Es gibt viele Kriterien zu beachten; nachfolgend einige Richtlinien.

ÜBERLEGUNG	DRUCKMASCHINE	KOPIERER
QUALITÄT		
Es gibt einen deutlichen Unterschied zwischen dem Aussehen eines kopierten Dokuments und echten gedruckten Seiten. Wenn Ihnen gute Qualität wichtig ist, sollten Sie sich für den Druck entscheiden.	Farbflächen sehen normalerweise einheitlicher aus. Gedruckte Seiten werden üblicherweise mithilfe von hochauflösenden Laserbelichtern ausgegeben, so dass Texte und Linien sauberer und schärfer wirken.	Die meisten Kopierer kommen mit Fotos oder zarten Illustrationen nicht gut zurecht. Anders als die Druckfarbe kann der Toner des Kopierers abblättern.
WIRTSCHAFTLICHKEIT		
Die Wirtschaftlichkeit von Fotokopien und Druck hängt größtenteils von der benötigten Auflage ab.	Bei Auflagen über 1.000 Exemplaren ist der Druck wirtschaftlicher. Der Digitaldruck eignet sich hervorragend für Auflagen zwischen 500 und 1.000 Exemplaren.	Normalerweise gibt es einen festen Preis pro Fotokopie – ob Sie nun 10 oder 100 Kopien machen. Fotokopien eignen sich am besten für Auflagen unter 500 Exemplaren.
GESCHWINDIGKEIT		
Es gibt einen großen Unterschied in der Geschwindigkeit der beiden Techniken.	Die Vorbereitung dauert beim Druck länger. Digitaldruck ist insgesamt viel schneller als der traditionelle Offsetdruck.	Der Fotokopierer ist bereit, sobald Sie die Vorlage auflegen.
MATERIALIEN		
Fotokopierer sind bezüglich der Papiersorte und anderer Druckmaterialien sehr beschränkt. Bei einer Druckmaschine gibt es viel mehr Möglichkeiten.	Sie können für Spezialeffekte auf Kunststoff, Vinyl und viele andere Materialien drucken.	Fotokopien sehen auf Strukturpapier nicht besonders gut aus. Auf Kunststoff oder Vinyl lassen sich überhaupt keine Fotokopien anfertigen.

Unterschiedliche Drucktechniken

Sie müssen die Auswahl der speziellen Drucktechnik für Ihren Job nicht selbst vornehmen. Selbst professionelle Designer mit jahrelanger Erfahrung kennen möglicherweise den Unterschied zwischen **Offsetdruck** und **Tiefdruck** nicht. Sobald Sie sich für eine Druckerei entschieden haben, ist es am sichersten, die Druckereimitarbeiter zu fragen, wie Ihr Job am besten gedruckt werden soll.

Es folgen Beschreibungen der wichtigsten Drucktechniken. Sie erfahren auch, warum Ihre Druckerei eine bestimmte Drucktechnik vielleicht eher empfiehlt als eine andere. Wenn Sie sich mit den Möglichkeiten auskennen, können Sie sich eher für die beste Technik entscheiden.

Buchdruck

Buchdruck, auch **Hochdruck** genannt, ist die älteste Drucktechnik. Das Ausgangselement ist beim Buchdruck ein Stück Metall, die **Platte**. Auf dieser befindet sich das Bild, das gedruckt werden soll. Statt einer einzigen Platte können auch mehrere kleinere Metallstücke, beispielsweise einzelne Buchstaben oder Abbildungen, oder große Buchstaben aus Holz verwendet werden. Diese Elemente werden dann zu einem Block zusammengefügt. Der zu druckende Bereich ist gegenüber den nicht druckenden Bereichen erhaben. Die Druckfarbe wird mit Farbwalzen auf die erhabenen Flächen der Druckplatte aufgetragen. Dann wird das Papier auf die eingefärbte Platte gedrückt.

Im Buchdruck hergestellte Druckerzeugnisse können knackig scharf wirken. Es ist eine wunderbar fühlbare Drucktechnik, weil Sie auf der fertigen Drucksache die Eindrücke der Metallbuchstaben ertasten können. Wenn Sie sich jedoch die Ränder ansehen, erkennen Sie möglicherweise, dass die Druckfarbe um die Bildkanten herum etwas stärker aufgetragen ist.

Obwohl einst sehr populär (und viele Jahre die einzige Drucktechnik), wird der Buchdruck heute nur noch selten für kommerzielle Jobs verwendet. Er ist zu einer schönen Kunstform geworden. Passionierte Typografen und Drucker stellen in dieser Technik handgebundene und limitierte Ausgaben her.

Flexodruck

Flexodruck und Buchdruck gleichen einander vom Prinzip her, weil das Druckbild auf einem höheren Niveau liegt als der Rest der Platte. Wie der Name jedoch sagt, werden bei der Flexografie Gummi- oder Kunststoffplatten verwenden, die sich auch an unebene Oberflächen anpassen können. Dadurch ist die Flexografie ein sehr brauchbares Druckverfahren. Ursprünglich wurde es für den Druck auf Papiertüten, Wellpappkartons und anderen Verpackungsmaterialien verwendet; aber die schnell trocknenden Druckfarben machen es ideal für den Druck auf glatten Oberflächen wie Plastiktüten, Milchkartons und sogar Duschvorhängen. Mit der Verbesserung des Verfahrens wird die Flexografie auch für den Druck von Zeitungen und Zeitschriften verwendet.

In letzter Zeit ist die Flexografie aus Umweltaspekten noch beliebter geworden: Bei dieser Technik werden im Gegensatz zu anderen Druckverfahren keine Druckfarben auf Ölbasis, sondern umweltfreundliche wasserbasierte Druckfarben oder Farben ohne Lösungsmittel verwendet.

Tiefdruck

Der **Tiefdruck** ist das Gegenteil vom Buchdruck. Beim Tiefdruck ist das Bild in eine Kupferwalze **eingraviert**. Die Druckfarbe befindet sich in den Vertiefungen dieser Platte. Das Papier wird schnell und leicht gegen die Platte gedrückt und die Druckfarbe wird von den Vertiefungen auf das Papier übertragen.

Das Tiefdruckverfahren eignet sich hervorragend für Fotos. Weil die Herstellung des Zylinders zeit- und kostenintensiv ist, ist es jedoch nur für Druckjobs mit hoher Auflage geeignet. Viele Kataloge, Zeitschriften und Zeitungsbeilagen werden auf Tiefdruckmaschinen angefertigt.

Stahlstich

Der **Stahlstich** ist eine Tiefdruckvariante, bei der das etwas feuchte Papier gegen die gravierte Platte gepresst wird, so dass die Druckfarbe von den vertieften Bereichen auf das Papier gedrückt wird. Dieser Druck hebt das Bild auch leicht an, wodurch das charakteristische Look-and-Feel von Einladungen, Hochzeitskarten, Aktienzertifikaten, Briefpapieren und Geldscheinen entsteht.

Thermodruck

Beim **Thermodruck** erhalten Sie einen noch stärker hervorgehobenen Effekt. Das Verfahren ist aber schneller und preisgünstiger, weshalb man es auch „Armeleute-Stahlstich" nennen könnte. Beim Thermodruck wird der feuchten Druckfarbe auf der Papieroberfläche ein spezielles Pulver beigemengt. Die Kombination aus Druckfarbe und Pulver wird dann erhitzt, daher die Bezeichnung *Thermo*druck. Durch die Hitze werden Pulver und Druckfarbe miteinander verschmolzen und quellen auf, wobei die Hervorhebungen entstehen.

Viele Druckereien, die Briefpapier und Visitenkarten drucken, führen auf Anfrage Thermodrucke durch. Mir gefällt besonders die altertümliche Anmutung von im Thermodruckverfahren erzeugten Visitenkarten; das Verfahren funktioniert aber nur bei Drucksachen ohne Raster und Fotos. (Mehr über Raster erfahren Sie in Kapitel 6.)

Offset-Lithografie

Dies ist das populärste Druckverfahren und wird manchmal nur Offsetdruck oder Lithografie genannt. Zur **Offset-Lithographie** wird ein chemisches Verfahren genutzt, bei dem die Bildbereiche auf der Metallplatte so präpariert werden, dass sie Fett oder Öl anziehen, während die nichtdruckenden Bereiche der Platte Wasser anziehen. Wasserwalzen bedecken die nichtdruckenden Bereiche mit Wasser, Farbwalzen die Bildbereiche mit Druckfarbe auf Ölbasis. Weil sich Wasser und Öl nicht mischen, bleibt die Druckfarbe an der richtigen Stelle wird dann auf das Papier übertragen.

Sowohl die meisten kleinen als auch die großen Druckereien verwenden Offsetdruckmaschinen. Im Offsetdruck hergestellte Drucksachen zeichnen sich durch glatte Text- und Bildkonturen aus, es gibt keine Vertiefungen im Papier und keine Erhebungen der Druckfarbe.

Siebdruck

Beim **Siebdruck** wird ein feines Gewebe aus rostfreiem Stahl, Seide oder Polyester verwendet. Es wird auf einem Rahmen befestigt, der sich auf dem Bedruckstoff befindet. Die nichtdruckenden Teile des Gewebes werden mit einer Schablone bedeckt.

In einem Sommercamp-Workshop erzeugte ich selbst Siebdrucke, wobei ich ein Seidengewebe verwendete. Ich schnitt meine Schablonen von Hand aus, was bedeutete, dass sie sehr einfach waren. Heutzutage gibt es fotografische und chemische Prozesse, durch die der Siebdruck viel schneller und genauer geworden ist.

Mit einem Rakel wird die Druckfarbe durch die offenen Teile der Schablone auf das Material gedrückt.

Der große Vorteil des Siebdrucks ist, dass Sie jede beliebige Oberfläche bedrucken können, wodurch er sich sehr gut für Fahnen, Poster, T-Shirts, CDs usw. eignet. In meinem Sommercamp fertigte ich beispielsweise ein sehr primitives T-Shirt und ein Kopftuch an.

Ein Rakel drückt Druckfarbe beim Siebdruck in ein Gewebe.

Damit Sie nicht zu viel Zeit und Arbeit in die Grafiken für den Siebdruck investieren, sollten Sie vorher mit Ihrer Druckerei sprechen. Zum Beispiel eignet sich der normale Siebdruck nicht für den Druck von Fotos oder kleinem Text, weil solche Grafiken an Detailzeichnung verlieren, wenn die Druckfarbe durch das Gewebe gedrückt wird. Außerdem müssen Sie die Farben eventuell anders definieren, wenn Sie Grafiken für den Siebdruck erstellen.

Zum Druck von Fotos auf Textilien gibt es spezielle Fotoemulsionspapiere, mit denen die Siebdruckerei detailreiche Grafiken oder Fotos auf das Gewebe aufbringen kann.

Wenn Kunstgrafiken im Siebdruck hergestellt werden, spricht man von **Serigrafie**.

Lichtdruck oder Collotypie

Bei allen zuvor genannten Druckverfahren werden **Raster** zur Reproduktion von Fotos, Illustrationen oder Farbtönen verwendet. Diese Raster bestehen aus einer Reihe von Punkten in unterschiedlicher Größe, wodurch die Bildbereiche heller oder dunkler erscheinen. (Weitere Informationen über Raster erhalten Sie in Kapitel 6.) Beim **Lichtdruck** wird jedoch Chromgelatine auf die Platten aufgebracht, so dass ohne Raster gedruckt werden kann. Die Bilder sehen deshalb eher wie entwickelte Fotos aus. Mit diesem rasterlosen Druckverfahren erhält man eine bessere Kontrolle über Farbtöne, Verläufe und die Mitteltöne von Fotos. Lichtdruck ist teuer und langsam; deshalb wird er für begrenzte Auflagen wie etwa spezielle Plakate verwendet.

Farbdigitaldruck

Eine der neuesten Errungenschaften in der Drucktechnik ist der **Digitaldruck**. Manche Digitaldruckmaschinen arbeiten mit demselben Verfahren wie Fotokopierer; andere verwenden Lasertechnik zur Plattenherstellung, während die eigentliche Reproduktion im normalen Offsetdruck erfolgt.

Der Digitaldruck eignet sich ideal für vierfarbige Jobs mit kleiner Auflage, die schnell gedruckt werden müssen. Beim Digitaldruck lassen sich die Elemente des Jobs auch leicht austauschen. Zum Beispiel könnte eine Teilauflage Ihrer Broschüre für den Süden bestimmt sein, die andere für den Norden. Die Preise für den Digitaldruck werden jedoch ähnlich berechnet wie die für Fotokopien (die einzelnen Exemplare werden nicht billiger, wenn Sie eine höhere Auflage drucken lassen). Bei hohen Auflagen ist deshalb der herkömmliche Druck wirtschaftlicher.

Computer-to-plate

Computer-to-plate (**CTP**) ist im Grunde genommen keine Drucktechnik, sondern ein Verfahren zur Abkürzung des herkömmlichen Druckprozesses und heute im kommerziellen Druck üblich.

Bei den meisten Drucktechniken wird eine wie immer geartete „Platte" angefertigt, auf der Texte und Grafiken abgebildet sind. Druckfarbe wird auf die Platte aufgetragen und während des Druckvorgangs von der Platte auf das Papier übertragen. Diese Platte kann aus Metall, steifer Pappe, Gummi oder anderen Materialien bestehen. Zuerst muss der Druckereimitarbeiter aber die Seiten auf Negativfilm übertragen. Bei der Computer-to-Plate-Methode fällt der Schritt mit dem Film weg. Es wird kein Film mit einem Laserbelichter erzeugt, sondern die Computer-to-Plate-Druckmaschine erzeugt die tatsächliche Platte, die für den Druck benötigt wird.

Der Hauptvorteil des Computer-to-Plate-Drucks sind die Einsparungen bei Filmkosten und Zeit. Hochqualitative Farbdrucke können jedoch nicht immer im Computer-to-Plate-Verfahren hergestellt werden.

So finden Sie eine Druckerei

Wenn Sie in einer großen Stadt wie München oder Hamburg leben, fällt es Ihnen nicht schwer, eine Druckerei in Ihrer Nähe zu finden. Die meisten Druckereien sind im Telefonbuch aufgeführt. Auch über Google oder eine andere Online-Suchmaschine finden Sie in Ihrer Nachbarschaft etwas Passendes. Rufen Sie die Druckerei an und fragen Sie nach einem Vertriebsmitarbeiter. Machen Sie einen Termin aus, um Ihr Projekt zu besprechen. Wenn Sie auf dem Land leben, müssen Sie eventuell zur nächsten Stadt fahren, um eine Druckerei zu finden.

Wie bereits erwähnt, sollten Sie sich mit der Druckerei besprechen, bevor Sie sich zu viel Arbeit machen. Der Vertriebsmitarbeiter wird Ihnen gerne Vorschläge machen und Ihnen verschiedene Papiermuster, Druckfarben oder Bindungsarten zeigen.

Was müssen Sie zum Termin mitbringen?

Bereiten Sie sich auf Ihren Termin beim Vertriebsmitarbeiter der Druckerei vor. Nachfolgend finden Sie einige der Punkte, die Sie über Ihr Projekt wissen sollten, bevor Sie zur Druckerei gehen.

▶ **Wie viele Exemplare benötigen Sie?** Benötigen Sie einen Teil der Auflage jetzt und den Rest später? Sie können die Druckerei fragen, ob es möglich ist, die gesamte Auflage zu drucken und die später benötigten Exemplare bei sich einzulagern. Das könnte Sie etwas Lagergebühr kosten, aber das ist möglicherweise preiswerter, als wenn Sie den Job in zwei separaten Durchläufen drucken lassen.

▶ **Wann muss das Projekt fertig sein?** Ist der Termin flexibel? Druckereien sehen es nicht gerne, wenn die Maschinen stillstehen. Sie können eventuell Geld sparen, wenn Sie sich bereit erklären, auf einen Zeitpunkt zu warten, wenn nicht viel los ist.

▶ **Wie gelangen Ihre Daten in die Druckerei?** Schicken Sie Ihre Daten elektronisch über eine Internetverbindung oder senden Sie eine CD/DVD mit den Dokumenten? Wenn Sie eine DVD schicken, stellen Sie sicher, dass diese auf dem Rechner der Druckerei geöffnet werden kann.

▶ **Welche Dateitypen sollen Sie übermitteln?** Die Druckerei muss Ihre Dateien öffnen und drucken; stellen Sie deshalb sicher, dass die Druckerei dieselbe Software verwendet wie Sie beim Erzeugen des Dokuments und dass sie darauf Zugriff hat. Manche preiswerten Heimanwendungen oder Textverarbeitungsprogramme sind in Druckereien nicht üblich. Die Druckerei bittet Sie eventuell, Ihr Werk als PDF-Datei zu speichern. Dadurch wird es für sie einfacher, Ihre Datei zu öffnen und zu drucken (Kapitel 17 ist eine Abhandlung über den Umgang mit PDF-Dateien.)

▶ **Benötigen Sie irgendwelche Sonderfarben?** Benötigen Sie beispielsweise bestimmte Farben für das Logo Ihres Kunden? Oder möchten Sie, dass bestimmte Farben wie Gold oder Silber aussehen? Klären Sie solche Sonderwünsche im Vorfeld.

▶ **Beschreiben Sie das Projekt.** Es gibt viele Variablen, die Ihre Druckerei bedenkt, die Ihnen vielleicht gar nicht einfallen. Wenn Sie beispielsweise ein einfaches Faltblatt mit der Post verschicken möchten, schlägt die Druckerei vielleicht ein bestimmtes Papiergewicht vor, damit die Portogebühren nicht zu hoch werden. Wenn es sich jedoch um ein Faltblatt handelt, das persönlich übergeben wird, ist vielleicht ein stärkeres Papier angebracht.

▶ **Verschaffen Sie sich Klarheit über Ihr Budget.** Wenn der Preis für den Druckauftrag zu hoch erscheint, fragen Sie, ob es Möglichkeiten zur Kostensenkung gibt. Hierzu gehört beispielsweise die Verwendung von anderem Papier, weniger Farben, eine niedrigere Auflage usw.

Preiswerte Drucke

Professioneller Druck muss nicht viel kosten. Hier sind einige Möglichkeiten, die Ihnen helfen können, bei der Gestaltung des Projekts Geld zu sparen.

▶ Einfarbiger Druck kostet am wenigsten. Diese eine Farbe muss jedoch nicht einfaches Schwarz sein. Und das Papier muss nicht weiß sein.

▶ Wenn Sie eine andere Farbe als Schwarz verwenden, verlangt die Druckerei möglicherweise eine geringe Gebühr, um die schwarze Farbe aus der Druckmaschine zu entfernen, bevor Ihr Druckjob gestartet wird.

▶ Zweifarbiger Druck kostet in kleinen Druckereien mit Einfarbmaschinen mehr als einfarbiger, aber weniger als Vierfarbdruck.

▶ „Randabfallende" Bilder oder Farben, die bis zur Seitenkante reichen, erfordern je nach Druckverfahren das anschließende Beschneiden des Papiers. Ein weißer Rand um das Design kann die Kosten reduzieren.

▶ Sie können die Kosten senken, wenn Sie die eine Seite vierfarbig, die andere einfarbig bedrucken lassen.

▶ Manchmal lässt sich auch Geld sparen, wenn die Druckerei weniger teures Papier oder Papierreste vom Druckjob eines anderen Kunden verwenden kann.

▶ Suchen Sie sich eine Druckerei, die im Internet inseriert und die sich vielleicht auf dem Land befindet. Viele dieser Druckereien nehmen Ihre elektronischen Daten entgegen und drucken sie zusammen mit anderen Jobs. Sie können dann keine einzelnen Stadien des Jobs proofen, aber Sie sparen Geld.

Druckprojekte

Im Folgenden geht es einfach um ein paar Projekte, um Sie mit verschiedenen Druckverfahren vertraut zu machen. Es gibt keine richtigen oder falschen Antworten.

Projekt 1

Sammeln Sie Speisekarten von verschiedenen Restaurants mit Lieferservice.

▶ Können Sie feststellen, welche auf Fotokopierern oder Desktop-Druckern erzeugt wurden?

▶ Können Sie feststellen, welche auf Offset- oder anderen professionellen Druckmaschinen hergestellt wurden?

▶ Gibt es vierfarbige Mitnahmekarten? Wenn nicht – warum wohl nicht?

Projekt 2

Suchen Sie sich ein Schreibwarengeschäft, das Einladungskarten druckt. Bitten Sie um einige Muster.

▶ Können Sie feststellen, ob sie im Tiefdruckverfahren hergestellt sind? (Dies lässt sich leichter ertasten als sehen).

Projekt 3

Wenn dasselbe Geschäft wie in Projekt 2 auch Visitenkarten oder Briefpapier druckt, bitten Sie um einige Muster.

▶ Können Sie sagen, ob diese im Tiefdruck- oder Thermodruckverfahren hergestellt sind? Wenn es Beispiele von beiden Techniken gibt: Welche sehen besser aus?

Projekt 4

Wenn Sie eine Visitenkartensammlung von verschiedenen Kunden usw. haben, sortieren Sie diese in Stapeln.

▶ Suchen Sie alle Karten heraus, die auf Kopierern oder Laserdruckern hergestellt wurden. Wie viel Toner befindet sich noch auf den Karten?

▶ Suchen Sie alle Karten heraus, die im Thermodruckverfahren erzeugt wurden. Wie viel Farbe befindet sich noch auf den Karten?

▶ Ertasten Sie den Unterschied der für die Karten verwendeten Papiere. Sind manche stärker als die anderen? Gibt es verschiedene Weißtöne? Sind manche beschichtet, so dass man nur schwer Notizen auf der Karte machen kann?

Projekt 5

Betrachten Sie die Visitenkarten, die Sie in Projekt 4 gesammelt haben. Gibt es eine Karte, die Ihnen wirklich gefällt? Rufen Sie die Person auf der Karte an und fragen Sie sie, wo die Karte gedruckt wurde. Es lohnt sich, Druckereien ausfindig zu machen, deren Arbeit Ihnen gefällt.

Projekt 6

Betrachten Sie die unterschiedlichen Druckverfahren, mit denen verschiedene Zeitschriften erstellt werden. Versuchen Sie, dieselbe Anzeige auf dem *Umschlag* der einen und auf den *Innenseiten* der anderen Zeitschrift zu finden. Oder eine Anzeige, die vom Umschlag bis zur Innenseite reicht. Gibt es einen Unterschied? Können Sie erklären, warum es einen Unterschied geben könnte?

Projekt 7

Öffnen Sie Ihren Kleiderschrank und betrachten Sie Ihre Werbe- und Souvenir-T-Shirts. Oder besuchen Sie die Touristeninformation in Ihrer Stadt und betrachten Sie dort die T-Shirts.

▶ Wie wurden die T-Shirts gedruckt?

▶ Wie groß ist die Schrift?

▶ Gibt es Fotos?

Projekt 8

Nehmen Sie sich die Gelben Seiten Ihrer Stadt.

▶ Welche Farbe hat der größte Teil des Textes?

▶ Enthalten die Anzeigen Fotos?

▶ Wie sehen diese Fotos auf dem farbigen Papier aus?

▶ Gibt es Anzeigen mit weißem Hintergrund? Wie wurde dieser weiße Bereich wohl erzeugt?

▶ WAS MACHT DER COMPUTER?

Wenn Sie Ihre Design- und Druckprojekte an einem Computer
bearbeiten, müssen Sie wissen, was im Computer und den
Softwareanwendungen geschieht. In diesem Abschnitt betrachten
wir die Grundlagen der Datenverarbeitung in Ihrem Computer.

„Wahrlich, ich brauche einen dünneren
Stift. Mit diesem hier komme ich überhaupt nicht
zurecht: Er schreibt allerlei Unbeabsichtigtes nieder."

LEWIS CARROLL
ALICE HINTER DEN SPIEGELN

Die unterschiedlichen Anwendungen verstehen

In einem Eisenwarenladen bekommen Sie keine Orangen. Sie können so lange oder gründlich danach suchen, wie Sie wollen. Eisenwarenläden führen keine Orangen. Das gehört einfach nicht zu ihrem Geschäft.

Genauso ist es mit Softwareanwendungen. Sie können einem Programm keine Dinge abverlangen, für die es niemals gedacht war.

Der Unterschied zwischen Computerprogrammen und Eisenwarenläden besteht darin, dass die Leute im Eisenwarenladen Sie darauf aufmerksam machen werden, dass sie keine Orangen verkaufen. Wenn Sie aber ganz alleine vor Ihrem Computer sitzen, ist dort niemand, der Ihnen mitteilt, dass eine bestimmte Anwendung die von Ihnen gewünschte Aufgabe nicht erfüllen kann.

Schlimmer noch, es könnte so aussehen, als wäre die Anwendung dazu in der Lage. Sie finden vielleicht erst Stunden später heraus, dass Sie eigentlich mit dem falschen Programm Ihre Zeit verschwendet haben.

Dieses Kapitel ist ein Leitfaden zur Auswahl der richtigen Programmtypen für bestimmte Aufgabenstellungen.

Treffen Sie Ihre Softwareauswahl

Ein Computer, der direkt aus der Verkaufsverpackung kommt, kann noch keine maßgeschneiderten Aufgaben erledigen. Sie gehören zu den wenigen Werkzeugen ohne feste Funktion – ein Computer alleine ist zu gar nichts zu gebrauchen. Na ja, ein Tower-Computer könnte vielleicht als Türstopper herhalten und ein Laptop als Tablett für die Kantine. Damit ein Computer aber wirklich nützlich wird, müssen Sie Softwareanwendungen darauf installieren.

Sie kaufen also zuerst den Computer und installieren anschließend Programme zur Gestaltung von Grafikseiten, Layouts und so weiter – und *dann* erhalten Sie ein Werkzeug für Desktop Publishing. Aber selbst wenn Sie das passende Werkzeug haben, können Sie es immer noch falsch einsetzen.

Werfen wir einen Blick auf die unterschiedlichen Anwendungen (auch als „Programme" bekannt), die Ihnen begegnen werden. Uns interessiert dabei auch, wofür sie am besten eingesetzt werden – und wofür lieber nicht.

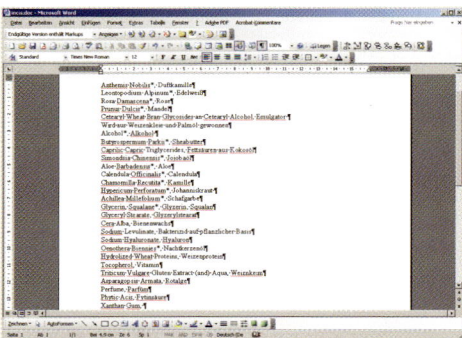 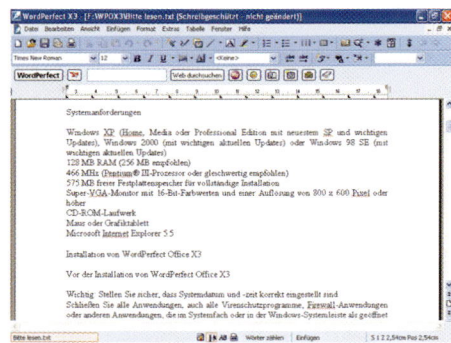

Microsoft Word (links) und WordPerfect (rechts) sind zwei verbreitete Programme zur Textverarbeitung.

Textverarbeitungsprogramme

Textverarbeitungsanwendungen wie Microsoft Word oder Corel WordPerfect eignen sich sehr gut zum Umgang mit einfachem Text. Wenn Sie schnell tippen möchten und Ihre Rechtschreibung und Grammatik prüfen lassen wollen, sich wiederholende Vorgänge automatisieren,

Gliederungen erzeugen, Änderungen im Text nachverfolgen, Berichte mit Fußnoten verfassen, Datentabellen erstellen und verwalten und auf Desktop-Druckern drucken wollen, dann sollten Sie sich für eine Textverarbeitungssoftware entscheiden.

Textverarbeitungsprogramme sind hingegen für die Arbeit mit Farben oder die Erzeugung qualitativ hochwertiger Grafiken *nicht* sonderlich gut geeignet. Die in Textverarbeitungen enthaltenen Zeichenfunktionen sollten nur für Grafikelemente eingesetzt werden, die direkt aus dem Textverarbeitungsdokument heraus auf einem Desktop-Drucker ausgegeben werden. Geben Sie niemals Ihr Textverarbeitungsdokument zur professionellen Vervielfältigung an einen Dienstleister (siehe Kapitel 16). Wenn man den Job dort nicht rundweg ablehnt, dann entstehen für Sie möglicherweise zusätzliche Kosten, weil der Job zunächst in einem professionellen Seitenlayout-Programm rekonstruiert werden muss.

Textverarbeitungsprogramme sind auch nicht besonders gut zur professionellen Textformatierung geeignet. Es mangelt ihnen einfach an den ausgefeilten Funktionen zum Einstellen der Laufweite und Position von Textzeichen, zur Steuerung der Silbentrennung oder für den Textfluss um Bilder. Wenn Sie ein wirklich schönes und edles Schriftbild anstreben, dann importieren Sie den Text aus Ihrem Textverarbeitungs- in ein Seitenlayout-Programm wie Adobe InDesign oder QuarkXPress.

Die Softwarehersteller versuchen Ihnen weiszumachen, dass sich mit Textverarbeitungsprogrammen ganze Newsletter und Broschüren erstellen lassen. Technisch gesehen geht das schon irgendwie. Aber es ist sehr aufwändig und mit vielen Einschränkungen verbunden. Glauben Sie mir, in einem Seitenlayout-Programm wird Ihnen die Erstellung Ihres Newsletters viel mehr Freude bereiten. Die innere Struktur einer Textverarbeitungsseite gibt Ihnen einfach nicht die erforderlichen Freiräume zur Produktion eines Newsletters, einer tollen Broschüre, einer Werbeanzeige oder eines anderen gestalterischen Auftrags.

Die meisten Anwender tippen zunächst ihren Text in einem Textverarbeitungsprogramm und importieren oder platzieren ihn dann in ein Seitenlayout-Programm. Nachfolgend finden Sie einige Richtlinien zum Erstellen von Text in einer Textverarbeitung, der anschließend noch von Ihnen oder einer anderen Person in ein Seitenlayout-Programm eingefügt werden soll. (Wenn Ihnen jemand zuarbeitet und Texte schickt, dann sollten Sie dieser Person eine Kopie dieser Liste zukommen lassen.)

▶ Wenn Sie Tabulatoren zur Trennung von Spalten verwenden, **fügen Sie nur einen Tabulator zwischen jeder Spalte ein**. Verwenden Sie auch dann keine zusätzlichen Tabulatoren, wenn der Text nicht korrekt ausgerichtet wird. Diese zusätzlichen Tabulatoren führen im Seitenlayout-Programm zu großen Lücken und ungleichmäßigen Spalten. Wenn Sie Probleme beim Lesen der Spalten haben, setzen Sie stattdessen den Tabstopp zum Ausgleich ein.

▶ **Verwenden Sie nach Punkten nur ein Leerzeichen.** Die seltsame Regel, zwei Leerzeichen nach einem Punkt zu setzen, gilt nur für Schreibmaschinen.

▶ **Erzeugen Sie Absatzabstände nicht durch mehrmaliges Drücken der Eingabe-Taste.** Diese zusätzlichen Leerzeilen führen später zu Problemen. Wenn der Abstand zwischen den Absätzen vergrößert werden soll, verwenden Sie dazu die Absatzformatierungen „Abstand vor" und „Abstand nach". Diese Befehle finden Sie in Ihrem Textverarbeitungsprogramm.

▶ Bevor Sie Tabellen im Textverarbeitungsprogramm verwenden, vergewissern Sie sich, dass diese in das Seitenlayout-Programm importiert werden können. **Formatieren Sie die Tabelle aber nicht mit tollen Farben und Randstilen.** Diese Formatierung muss im Seitenlayout-Programm entfernt werden.

▶ **Verzichten Sie auf die eingebauten Grafikfunktionen des Textverarbeitungsprogramms.** Diese Grafiken sehen bei der Ausgabe nicht so gut aus wie professionelle Grafiken. Bei einem professionellen Ausgabeverfahren können sie allerhand Probleme verursachen. Das gilt auch für die mitgelieferten Cliparts.

▶ **Fügen Sie keine Grafiken oder Fotos aus anderen Anwendungen in Textverarbeitungsdokumente ein.** Machen Sie stattdessen im Text eine Notiz, dass an der betreffenden Stelle eine Grafik oder ein Foto eingefügt werden soll. Die mit dem Layout betraute Person kann die Grafik dann an der richtigen Position einfügen.

▶ **Halten Sie Rücksprache, ehe Sie automatische Formatierungen wie hängende Initialen, nummerierte Aufzählungen, Fußnoten, Endnoten und Indizes verwenden.** Sie sollten sicherstellen, dass die Seitenlayout-Software diese Merkmale korrekt importieren kann. Andernfalls muss die Formatierung entfernt und mit anderen Mitteln neu durchgeführt werden.

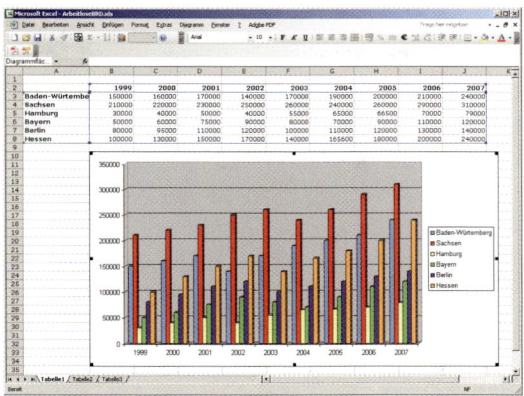

Eine Kalkulationstabelle und die Diagrammoptionen für ein Microsoft-Excel-Dokument

Tabellenkalkulationen

Tabellenkalkulationsprogramme wie Microsoft Excel oder Lotus 1-2-3 werden von Zahlenakrobaten für alle möglichen statistischen Analysen, Rechnungen, Budgetierungen, komplizierten und einfachen Formulare usw. eingesetzt. Mit einer Tabellenkalkulation können Sie einzigartige Tabellen erstellen und darin Informationen in gut lesbaren Spalten darstellen. Sie können Informationen in Diagramme und Schaubilder umwandeln. Diese lassen sich einfärben und für Präsentationen formatieren und direkt aus der Tabellenkalkulation auf Desktop-Drucker ausgeben. Diagramme und Schaubilder aus Tabellenkalkulationen können in Textverarbeitungsdokumente importiert und mit dem Text ausgedruckt werden.

Die Informationen aus Tabellenkalkulationen lassen sich jedoch nicht so einfach in Seitenlayout-Programme importieren. Für professionelle Ergebnisse müssen Sie ihre Tabellen daher in reinen Text umwandeln oder sie in anderen Programmen neu aufbauen.

Beachten Sie Folgendes, wenn Sie Informationen aus einem Tabellenkalkulationsprogramm in eine Seitenlayout-Anwendung einfügen möchten:

▶ **Kopieren Sie keine Diagramme oder Schaubilder aus Tabellenkalkulationsdateien, um sie in ein Seitenlayout-Programm einzufügen.** Auch wenn das Ergebnis auf dem Bildschirm ordentlich erscheinen kann, treten beim Drucken damit häufig Probleme auf.

▶ **Verwenden Sie zum Erstellen von Diagrammen und Schaubildern möglichst ein spezielles Illustrationsprogramm wie Adobe Illustrator oder CorelDraw** statt einer Tabellenkalkulation. Bei diesen Programmen haben Sie mehr Einfluss auf Farben, Linien und die professionelle Ausgabe. Ihr Einsatz reduziert auch wesentlich das Risiko späterer Druckprobleme. Eine Möglichkeit dazu besteht darin, die Daten aus dem Dokument als gewöhnlichen Text zu exportieren, und diese dann in ein Programm zur Erstellung von Tabellen und Diagrammen zu importieren.

▶ Wenn Sie kein professionelles Illustrationsprogramm zur Verfügung haben, **suchen Sie nach einer Exportfunktion in der Tabellenkalkulationssoftware**, mit der Sie die Diagramme und Schaubilder als PDF-Dateien exportieren können. (PDF steht für „Portable Document Format" und wird in Kapitel 17 behandelt.) Diese PDF kann dann innerhalb des Seitenlayout-Programms platziert werden.

Präsentationssoftware

Präsentationsprogramme wie Microsoft PowerPoint sind die elektronischen Entsprechungen der Diavorträge, an denen ich früher arbeitete. Damals füllten wir zwei Diamagazine und wechselten zwischen den beiden Diaprojektoren hin und her. Heute kann ich mit einem Präsentationsprogramm fantastische Diavorträge mit unglaublichen Extras zusammenstellen, die sich nur durch Computersoftware realisieren lassen.

Sie können Grafiken importieren und auch einfache Zeichnungen erstellen. Sie können besondere Hintergründe mit Farbverläufen für die einzelnen Seiten verwenden, interessante Texturen hinzufügen und weitere Effekte einsetzen, die der Präsentation zu mehr Wirkung verhelfen. Auch Töne, Filme und kleine Animationen sind möglich, etwa hereinoder herausfliegende Texte und Grafiken.

Jede Seite in einem Präsentationsprogramm ist ein elektronisches Dia. Der Computer wird dann zur Wiedergabe der Präsentation mit einem Projektor verbunden. Mit Hilfe des Computers können Sie zwischen den Seiten der Präsentation wechseln.

Präsentationen zum Drucken umwandeln

Die mir von Designern mit am häufigsten gestellte Frage ist, wie sie die PowerPoint-Dateien ihrer Firma in Illustrationen für Jahresberichte, Anzeigen und andere Druckerzeugnisse umwandeln könnten.

Die Antwort ist leider, dass die Dateien aus Präsentationsprogrammen nicht für die professionelle Druckausgabe verwendet werden sollten. Die Hintergründe und Texturen haben nicht das richtige Format zur Farbseparation (siehe Kapitel 9 und 10 für zahlreiche Informationen zum Thema Farbseparation), ebensowenig wie die Grafiken.

PowerPoint-Dateien *können* direkt auf Bürodruckern gedruckt werden. Wenn diese PowerPoint-Dateien jedoch auf einer hochwertigen Offsetdruckmaschine reproduziert werden sollen, dann haben Sie zwei Techniken zu Auswahl. Die erste Methode ist einfach, die zweite ist die beste.

Am *einfachsten* ist es, eine PowerPoint-Präsentation für die professionelle Ausgabe in eine PDF-Datei umzuwandeln (das wird in Kapitel 17 besprochen). Damit haben Sie keine volle Kontrolle über die Farben und Elemente, aber Sie erhalten eine in einer Druckerei druckbare Datei.

Die *beste* Methode, um Ihre Präsentation für einen professionellen Druck aufzubereiten, erfordert etwas mehr Arbeit, die aber durch das Resultat gerechtfertigt ist.

1. Exportieren Sie den ganzen Text aus der Präsentation in eine einfache Textdatei.

2. Konvertieren Sie eine Präsentationsseite ohne Text in ein Bildformat oder stellen Sie die Hintergründe in einem Bildbearbeitungsprogramm nach.

3. Fügen Sie das Hintergrundbild in das Seitenlayout-Programm ein.

4. Fügen Sie den Präsentationstext in das Seitenlayout-Programm ein. Erstellen Sie dabei eine Seite pro „Dia".

5. Übermitteln Sie diese neue Datei zur Ausgabe an die Druckerei.

Bildbearbeitungsprogramme

Nachdem Sie ein Bild in den Computer eingescannt oder eine Aufnahme mit einer Digitalkamera gemacht haben, wollen Sie wahrscheinlich noch einige Veränderungen an dem Bild vornehmen. Eventuell müssen Sie etwas Staub und einige Kratzer entfernen, die Helligkeit, den Kontrast oder die Farben verändern oder den Hintergrund herausschneiden und andere Bilder hinzufügen. Was immer Sie auch vorhaben, Sie brauchen ein Programm zur Bildbearbeitung oder zum Retuschieren von Fotos. Die am weitesten verbreitete Anwendung zur Bildbearbeitung ist Adobe Photoshop. Es gibt jedoch auch noch andere Programme mit ähnlichen Funktionen, etwa Photoshop Elements, MetaCreations Painter, Corel Photo-Paint und Jasc Paint Shop Pro. Diese Anwendungen erzeugen Bilder aus Pixeln, vergleichbar mit den kleinen Punkten des Bildschirms. Bei den Bildern handelt es sich also um Bitmap-Grafiken. Auf allen Bildschirmpositionen (Map=Karte) werden den Pixeln elektronische Informationen zugewiesen (Bit=elektronische Informationseinheit). In Kombination können all diese Pixel Tausende oder sogar Millionen von Farben beinhalten, und Sie können die Dateien in einem Bildbearbeitungsprogramm auf Pixelebene bearbeiten. Sie können Pinsel, Radierer, Sprühpistolen und ähnliche Werkzeuge zum Erstellen oder Bearbeiten von Grafiken einsetzen.

Bildbearbeitungsprogramme haben Hunderte von Funktionen, viel zu viel, um sie hier alle aufzuführen. Genauso wichtig zu wissen ist aber, was sie nicht können. Die nachfolgenden Dinge sollten Sie in einem Bildbearbeitungsprogramm nicht tun.

▶ **Verwenden Sie keine unnötig großen zusammenhängenden wei-ßen Flächen.** Wenn zum Beispiel zwischen zwei Motiven viel weiße Fläche liegt, sollten Sie die Bilder möglicherweise besser in zwei separaten Dateien statt in einer großen Grafik ablegen.

Die links dargestellten beiden Münzstapel entstammten zunächst einem einzigen Photoshop-Dokument. Wenn diese jedoch in zwei unterschiedliche Bilder unterteilt werden müssen, verbrauchen Sie als unabhängige Einzeldateien weniger Platz und werden schneller gedruckt.

▶ **Vergrößern Sie Ihre fertigen Bilder nicht.** Sie sollten zum Beispiel kein Pixelbild in Ihrem Seitenlayout-Programm platzieren und es dort vergrößern. Versuchen Sie auch nicht, ein Bild von einem Dokument in ein anderes zu ziehen, und es dort zu vergrößern. Wegen der Art der Grafikverarbeitung in diesen Programmen erscheint das Bild nach der Vergrößerung möglicherweise verschwommen oder pixelig (siehe auch Kapitel 6).

Beispiele für mögliche Probleme beim Vergrößern eines Bildes. Das kleine Bild ganz links wurde vergrößert. In einem Fall erscheint das Ergebnis verschwommen, die andere Vergrößerung zeigt Treppeneffekte.

▶ **Binden Sie keine Texte und Effekte über ein Seitenlayout-Programm ein, die wie ein Bestandteil des Bildes wirken sollen.** Wenn Sie es einen eigenen Text für ein Nummernschild auf einem Foto oder ein Schild an einem Gebäude verwenden möchten, dann sollten Sie diesen Text mithilfe des Bildbearbeitungsprogramms einfügen. Wenn Sie ihn im Seitenlayout-Programm setzen, wirkt er, als würde er über dem Bild schweben.

Der linke Text ist ein Beispiel für einen Text, der sich in das Bild einfügen soll. Der rechte Text wurde in einem Seitenlayout-Programm hinzugefügt und gehört offensichtlich nicht zum Bild.

▶ **Setzen Sie keine langen Texte in einem Bildbearbeitungsprogramm.** Mit einem Programm wie Adobe Photoshop können Sie sogar eine Rechtschreibprüfung durchführen. Aber Bildbearbeitungsanwendungen haben nicht annähernd dieselben Funktionen zur Formatierung, Durchsuchung und Bearbeitung von Text wie ein Seitenlayout-Programm (sehen Sie sich auch die Tabelle am Ende dieses Kapitels an). Sie haben viel mehr davon, den Text in einem Seitenlayout-Programm zu setzen.

▶ **Verwenden Sie keine Texteffekte in einem Bildbearbeitungsprogramm, wenn Sie dieselben Effekte nicht auch in einem Seitenlayout-Programm anwenden können.** Eine sehr allgemeine Faustregel (die Sie im Bedarfsfall auch jederzeit brechen können) besagt, dass Text- und Spezialeffekte möglichst erst ganz am Ende des Layoutprozesses hinzugefügt werden sollten. Für die meisten Anwender bedeutet das: im Seitenlayout-Programm.

Vektorgrafikprogramme

Vektorgrafikanwendungen sind die vielseitigsten Programme, die zugleich auch die größte Herausforderung für den Anwender darstellen. Zu den beliebtesten Vektorprogrammen zählen Adobe Illustrator, CorelDraw und Deneba Canvas. Bildbearbeitungsprogramme arbeiten mit Pixeln; Vektorgrafikprogramme verwenden mathematische Begrenzungslinien, so genannte Vektoren. Anders als bei einer aus Tausenden einzelnen Pixeln bestehenden Bitmap-Grafik liegen die einzelnen Teile einer Vektorgrafik als voneinander unabhängige Objekte vor.

Ein Vorteil bei der Arbeit mit Vektorgrafikprogrammen besteht darin, dass Sie ganze Objekte gleichmäßig verändern können, ohne diese Änderungen Pixel für Pixel durchzuführen. Wenn Sie zum Beispiel in einem Vektorprogramm ein Rechteck zeichnen, können Sie danach beliebig oft die Muster und Farben in seinem Inneren verändern. Dasselbe gilt für Muster, Farbe und Strichstärke seines Rahmens. Ein Mausklick genügt. Das ist möglich, weil die einzelnen Teile des Rechtecks, seine Fläche und sein Rahmen, voneinander unabhängige *Objekte* sind, die Sie endlos mit den Zeichenwerkzeugen bearbeiten können.

In einer Bitmap-Grafik (etwa aus einem Bildbearbeitungsprogramm) müssten Sie die einzelnen Pixel innerhalb des Rechtecks oder auf dem Rahmen markieren. Erst dann könnten Sie diese verändern und die möglichen Veränderungen wären begrenzt. Wenn Sie die Rahmenstärke verändern wollten, müssten Sie den Rahmen tatsächlich neu zeichnen.

Anders als bei Pixelbildern, die nicht vergrößert werden sollten, gibt es für Vektorgrafiken hinsichtlich der Vergrößerung oder Verkleinerung keinerlei Einschränkungen. Sie ändern schließlich nicht die Größe von *Pixeln* – Sie verändern lediglich die zur Beschreibung des *Objekts* verwendeten mathematischen Formeln. Dadurch sind Vektorgrafikprogramme prädestiniert zur Erstellung von Grafiken wie etwa Logos, die später in unterschiedlichen Größen eingesetzt werden sollen.

Manche Vektorgrafikprogramme haben auch „Seitenlayout"-Funktionen. Sie können in dem Programm also nicht nur zeichnen, sondern auch Text und andere Grafiken auf Layoutseiten, Verpackungsdesigns oder Poster importieren. Sie können die Seite dann direkt aus dem Vektorprogramm drucken.

Sie sollten jedoch niemals lange Dokumente wie Buch- oder Zeitschriftenprojekte in Vektorgrafikprogrammen erstellen – auch nicht mit einem Programm wie Illustrator, das mehrere Seiten verwalten kann. Auch ein Foto sollten Sie nicht in einem Vektorgrafikprogramm bearbeiten, weil sich ein Foto nicht in einzelne Objekte zerlegen lässt.

So wie in einigen Zeichenprogrammen das Layouten von Seiten möglich ist, bieten Seitenlayout-Programme auch Funktionen für Vektorzeichnungen an. Damit können Sie direkt im Seitenlayout-Programm Vektoreffekte erzeugen. Verwenden Sie diese eingeschränkten Formen jedoch nicht für komplexe Grafiken oder Illustrationen.

Die große Herausforderung der anspruchsvolleren Vektorgrafikprogramme besteht darin, den Umgang mit den Kontrollpunkten zu erlernen (Kapitel 7). Diese Kontrollpunkte ergeben die Begrenzung der Objekte. Wenn Sie sich die benötigte Zeit nehmen, haben Sie es hinterher bei der Erstellung vieler wichtiger Grafiktypen leichter. Für die nachfolgenden Projekte bietet sich der Einsatz von Vektorgrafiken an.

▶ **Besondere Schrifteffekte.** Sie können Text biegen, krümmen, verzerren und mit weiteren Sondereffekten ausstatten. Sie können Text auch entlang eines Pfads setzen.

▶ **Diagramme und Schaubilder.** Die meisten Vektorprogramme können die Rohdaten aus Tabellenkalkulationsprogrammen verarbeiten und in ansprechende Diagramme und Schaubilder umwandeln. Im Wirtschaftsteil Ihrer Lokalzeitung finden Sie Beispiele für Vektordiagramme.

▶ **Logos.** Eine der wichtigsten Anwendungen für Vektorprogramme ist die Erstellung gestochen scharfer Logos für alle möglichen Unternehmen. Der Hauptgrund dafür ist die problemlose Skalierbarkeit des Logos auf die gewünschte Größe.

▶ **Präzise und symmetrische Illustrationen.** Durch ihre mathematische Grundlage bieten sich Vektorillustrationen für exakt symmetrische Grafiken an. Vektorobjekte lassen sich leicht drehen und in der gewünschten Anzahl vervielfältigen. Mit pixelbasierter Software ist das nicht so einfach möglich.

▶ **Technische Zeichnungen.** Ebenso wie für präzise Illustrationen eignen sich Vektorgrafikprogramme ideal für jedwede Art von technischen Darstellungen wie Aufbauanleitungen, Entwürfe und Schaltbilder. Viele dieser Illustrationen entstehen auch mithilfe von CAD-Anwendungen (Computer Aided Design), die wesentlich komplizierter als Design- und Illustrationsprogramme sind.

▶ **Karten.** Kartografen sind beim Erstellen ihrer Karten auf Genauigkeit angewiesen, um die Realität auf der Karte möglichst exakt wiederzugeben. Sie arbeiten nicht nur mit Vektorgrafiken, sondern laden sich häufig auch noch Rohdaten von Satelliten herunter, die dann in Vektoren umgesetzt werden.

▶ **Sich wiederholende Muster** In der Modebranche werden mit Vektorgrafiken flugs die Trends für das nächste Jahr skizziert. Es gibt zwar Spezialsoftware zum Umwandeln der Grafiken in gewebte Stoffe, aber viele Designs entspringen dennoch Programmen wie Adobe Illustrator.

Hier sind einige der Grafiktypen dargestellt, die Sie in einem Vektorgrafikprogramm erzeugen sollten. Von links nach rechts: Logo, exakte Zeichnung, Beschilderung und Symbole, Karten, sich wiederholende modische Muster, 3D-Effekt.

Das bedeutet nicht, dass Sie dieselben Ergebnisse nicht auch in einem Seitenlayout-Programm erzielen könnten. Sie würden vielleicht nur erkennen, dass Sie sich unnötig in einem Programm abmühen, während Ihnen ein anderes die Arbeit viel leichter machen würde. Denken Sie daran, Sie wollen nicht ewig in einer Eisenwarenhandlung nach Orangen suchen.

Seitenlayout-Programme

Seitenlayout-Programme sind das Rückgrat des Desktop Publishing. Am weitesten verbreitet sind die Programme Adobe InDesign und Quark-XPress. Es *gibt* jedoch auch noch weitere – einige werden hauptsächlich für technische Dokumente eingesetzt, etwa Adobe FrameMaker. Andere, wie Microsoft Publisher, sind etwas simpler aufgebaut und hauptsächlich für einfachere Projekte und die Ausgabe auf Desktop-Druckern gedacht.

Ein Seitenlayout-Programm ist der Montageplatz, an dem alle Teile eines Projekts zusammengefügt werden. Sie können Text direkt in dem Programm verfassen, aber auch Text aus einer beliebigen Textverarbeitung importieren. Sie können den Text professionell gestalten und formatieren sowie Grafiken importieren, platzieren und in ihrer Größe verändern.

Beschnitteinstellungen

Eines der wesentlichen Alleinstellungsmerkmale von Seitenlayout-Programmen gegenüber Textverarbeitungssoftware ist die Möglichkeit, rund um die Seite einen zusätzlichen Beschnittbereich zu definieren. Der Randanschnitt ist der Bereich außerhalb des Beschnitts, in den die Layoutelemente hineinreichen. Der Randanschnitt ist notwendig, weil das fertig gedruckte Dokument auf das korrekte Format zurechtgeschnitten werden muss.

Sie sehen zum Beispiel die Dreiecke in der oberen Ecke dieses Buchs. Als ich diese Dreiecke in meinem Layoutprogramm setzte, hörten sie nicht genau am Seitenrand auf. Ich habe die Grafik bis an einen außerhalb der Seite liegenden Beschnittbereich ausgedehnt.

Durch diesen zusätzlichen Farbbereich können keine weißen Bereiche am Seitenrand entstehen, falls eine Seite einmal nicht ganz exakt zugeschnitten wird. Sobald Sie beim Gestalten einer Seite eine Farbe oder ein Foto bis an den Rand heranführen, müssen Sie eine Beschnittzugabe definieren, damit das Dokument nach dem Beschnitt gut aussieht. Meist liegt die Beschnittzugabe bei 3 mm.

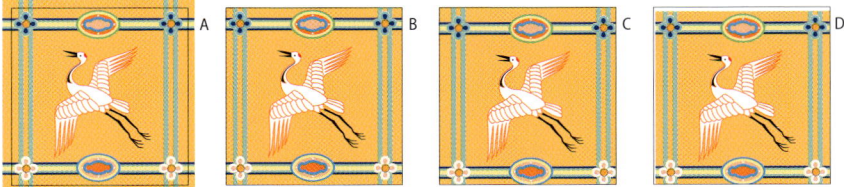

An diesem Beispiel erkennen Sie, warum eine Beschnittzugabe so wichtig ist. Abbildung A zeigt die Grafik mit einer Beschnittzugabe außerhalb des Anschnitts (schwarzes Rechteck). Wenn diese Grafik wie in Abbildung B gezeigt beschnitten wird, reicht die Grafik bis zur Beschnittkante. Abbildung C zeigt, was passiert, wenn das Papier nicht exakt beschnitten wird (hier zu weit rechts). Die Grafik hat am Rand keine weißen Lücken. Abbildung D zeigt, was ganz ohne Beschnittzugabe passiert. Bei nicht exaktem Beschnitt entstehen an den Papierkanten Lücken im Farbauftrag.

Zusätzlich zur Beschnittzugabe kann auch die Definition eines **Sicherheitsbereichs** innerhalb der Seite sinnvoll sein. Dabei handelt es sich meist um einen Rand, in dem keine wichtigen Text- oder Grafikbestandteile liegen. Durch den Sicherheitsbereich geht nichts Wichtiges verloren, falls die Seite einmal zu eng beschnitten wird.

Textfunktionen

Sobald Sie Text in ein Seitenlayout-Programm importiert (oder direkt dort eingegeben) haben, können Sie viele Funktionen durchführen, die auch in einer Textverarbeitung möglich wären:

▶ Text gestalten und formatieren, entweder von Hand oder mittels Stilvorlagen

▶ Die Rechtschreibung prüfen

▶ Suchen und Ersetzen von Textpassagen oder Formatierungen

Da Sie jedoch in einem Seitenlayout-Programm arbeiten, können Sie mit dem Text noch mehr anstellen:

▶ Texte als Spezialeffekt **drehen** und **überlappen**

▶ Die Abstände zwischen Buchstaben, Wörtern und Zeilen genau anpassen

▶ Den Text an einem Grundlinienraster verankern, so dass er automatisch korrekt an den Spalten und Seiten ausgerichtet wird

▶ Die **horizontale oder vertikale** Textgröße verändern

▶ **Text in Pfade** umwandeln, damit er sich als Grafikelement einsetzen lässt

In den meisten Seitenlayout-Programmen fehlen einige aus Textverarbeitungen bekannte Funktionen wie Grammatikprüfung, Überarbeitungsfunktionen und automatische Fußnoten. Die Texteingabe sollte daher vornehmlich in einer Textverarbeitung erfolgen, im Layoutprogramm werden nur kleinere oder einfache Texteinträge ergänzt. Es gibt jedoch Programme, die mit Seitenlayout-Software zusammenarbeiten. Mit diesen Programmen können Sie komplexe redaktionelle Änderungen in Seitenlayout-Programme einfließen lassen.

Redaktionsprogramme für Seitenlayout-Anwendungen

Wenn Sie in einem großen Unternehmen arbeiten, verwenden Sie möglicherweise ein besonderes, auf Ihr Seitenlayout-Programm abgestimmtes Redaktionsprogramm. Für Adobe InDesign gibt es beispielsweise ein Redaktionsprogramm namens InCopy, mit dem Redakteure und Autoren Textänderungen innerhalb des InDesign-Layouts vornehmen können. Für QuarkXPress gibt es Quark Copy Desk.

Diese Redaktionsprogramme erweitern die Seitenlayout-Software um zahlreiche Textbearbeitungsfunktionen. Dadurch können Sie Makros zur Automatisierung von Texteingaben und -formatierungen einsetzen, Änderungen am Text nachverfolgen, den Text in einen früheren Zustand zurückversetzen und feststellen, wie viele Zeilen Übersatztext entfernt werden müssen, damit der Text auf die Seite passt.

Grafikfunktionen

In der Anfangszeit der Seitenlayout-Programme konnten lediglich Bilder aus anderen Anwendungen importiert werden. Für sämtliche Veränderungen der Größe, Drehung, Farbe, Helligkeit oder eines anderen Grafikmerkmals mussten Sie zurück in das ursprüngliche Grafikprogramm wechseln.

Selbst als es dann möglich wurde, Bilder auf einer Seite zu skalieren, drehen, einzufärben oder sonstwie zu verändern, schreckten viele Anwender davor zurück, diese Anpassungen im Seitenlayout-Dokument vorzunehmen. Sie fürchteten, dass es dann zu Problemen bei der Druckausgabe kommen könnte. Die Druckdauer könnte sich verlängern oder das Bild könnte falsch ausgegeben werden.

Wie ist das denn heute? In Programmen wie QuarkXPress und InDesign können Sie alle möglichen unglaublichen Bildtransformationen durchführen. Sie können die Farben eines Bildes verändern, ebenso wie seine Helligkeit, den Kontrast, die Transparenz und vieles mehr. Also was nun? Gelten die alten Regeln immer noch?

Nein – fast jede dieser Regeln aus der Anfangszeit des Desktop Publishing wurde durch neue Software und neue, stärkere Hardware umgeschrieben. Leider kann es immer noch passieren, dass Sie ein Copyshop oder eine Druckerei darum bittet, eine bestimmte Programmfunktion nicht zu verwenden. Manche dieser Unternehmen stecken noch in ihrem alten Trott fest und erkennen gar nicht, dass ihre neuere Hard- und Softwareausrüstung die Aufgaben problemlos bewältigen würde.

Es kommt aber auch vor, dass ihre altertümliche Ausrüstung tatsächlich nicht mit den neueren Softwarefunktionen umgehen kann. In diesen Fällen könnte es sich lohnen, die Druckerei zu wechseln.

Meiner Erfahrung nach habe ich fast jede einzelne der alten Seitenlayout-Regeln gebrochen. Und keiner meiner Jobs wurde je vor einer Druckerei an mich zurückgeschickt!

Ammenmärchen über Bilder

Vor der Anwendung der nachfolgenden Effekte in einem Seitenlayout-Programm hat Sie möglicherweise Ihre Großmutter gewarnt. In den meisten Fällen gibt es damit heutzutage keine Probleme mehr.

▶ **Bildgröße verändern.** Sie können ein Bild problemlos um zehn Prozent vergrößern oder verkleinern. Eine solche Veränderung ist nach dem Druck nicht zu erkennen.

▶ **Grafiken verkleinern.** Damals, als ich anfing, wurden wir davor gewarnt, Bilder im Layoutprogramm zu verkleinern. Der Druckprozessor konnte nicht so viele Informationen verarbeiten. Die heutigen Prozessoren sind wesentlich leistungsfähiger und verkleinerte Bilder wirken sich nicht auf die Ausgabequalität aus.

▶ **Grafiken drehen.** Vor Jahren war man der Auffassung, dass all diese Drehungen während des Druckvorgangs zuviel Zeit beanspruchen würden. Das Bild sollte stattdessen im Bildbearbeitungsprogramm rotiert werden, um Druckzeit zu sparen. Heutzutage spielt das keine Rolle mehr. Drehen Sie, soviel Sie möchten.

▶ **Die Farben von Grafiken verändern.** In Seitenlayout-Programmen können Schwarzweißbilder eingefärbt werden. Es gibt dafür zwar professionellere Methoden, aber grundsätzlich ist das überhaupt kein Problem. (Im Kapitel 10 werden diese Techniken genauer erläutert.)

Schriften installieren und verwalten

Immer wenn Sie eine Taste auf Ihrer Tastatur drücken, um ein Zeichen einzugeben, greifen Sie tatsächlich auf eine weitere Software zu – auf die Schriften in Ihrem Computer. Es genügt nicht, die Schriften einfach auf Ihre Festplatte zu kopieren. Um sie zu verwenden, müssen Sie die Schriften als Teil Ihres Betriebssystems installieren. (In Kapitel 15 erhalten Sie weitere Informationen zur Verwendung von Schriften innerhalb einer Anwendung.)

Es gibt verschiedene Möglichkeiten zum Installieren von Schriften. Sie können die in Ihr Betriebssystem integrierte Schriftverwaltung verwenden oder auf besondere Software zum Schriftmanagement zurückgreifen.

Schriften über das Betriebssystem installieren

Am einfachsten installieren Sie Schriften über die Benutzeroberfläche des auf Ihrem Rechner installierten Betriebssystems. Unter Windows XP und Vista gehen Sie dazu ins Schriften-Fenster in der Systemsteuerung. Unter Mac OS X verwenden Sie Font Book oder Sie kopieren die Schriften von Hand in den Schriftenordner der Library. Der Weg über das Betriebssystem ist am besten für jene Anwender geeignet, die nicht jeden Tag eine Vielzahl von Schriften öffnen oder schließen müssen. Auch ich arbeite so. Ich habe ein paar Schriften, die ich mag, und die ich ständig verwende. Andere Schriften öffnen oder schließen muss ich nur selten.

Schriftverwaltungsprogramme verwenden

Viele Designer und Druckereien müssen für die von zahlreichen Kunden kommenden Dokumente eine Vielzahl von Schriften öffnen. Statt die Schriften über das Betriebssystem zu installieren, verwenden sie Schriftverwaltungsprogramme von Drittherstellern, etwa Extensis Suitcase Fusion oder Bitstream Font Navigator. Folgende Vorteile bietet Schriftmanagement gegenüber dem Weg über das Betriebssystem:

▶ **Automatische Aktivierung.** Wenn Sie ein Dokument aufrufen, das momentan nicht geöffnete Schriften verwendet, dann öffnet das Schriftverwaltungsprogramm automatisch die richtigen Schriften – vorausgesetzt sie sind auf Ihrer Festplatte oder über ein Netzwerk verfügbar.

▶ **Sätze.** Mithilfe von Schriftverwaltungsprogrammen können Sie Ihre Schriften auch in Sätzen zusammenfassen, die Sie dann bestimmten Jobs, Kunden oder anderen Kategorien zuweisen können. Wenn Sie dann an einem bestimmten Projekt arbeiten möchten, können Sie die gesamte Schriftgruppe mit einem einzigen Befehl öffnen.

▶ **Schriftdiagnose.** Vielleicht hängen sie zuviel Zigaretten rauchend an Straßenecken herum, jedenfalls können Schriftdateien vor die Hunde gehen. Kaputte Schriftdateien können zu Problemen in Dokumenten führen. Schriftmanagementprogramme warnen Sie, wenn Sie mit einer defekten Schrift arbeiten.

Zusammenfassung der Anwendungen

Diese Tabelle sollte Ihnen eine schnelle Entscheidungshilfe zum Einsatz der unterschiedlichen Programmtypen für bestimmte Projekte bieten.

 HERVORRAGENDE WAHL. SIE WERDEN ES NICHT BEREUEN!

🙂 MITTELMÄSSIGE WAHL. MÖGLICHERWEISE WERDEN SIE NICHT ZUFRIEDEN SEIN.

🙁 SCHLECHTE WAHL. VERWENDEN SIE ETWAS ANDERES!

	TEXTHAND-HABUNG	BILDER UND FOTOS	TABELLEN	DIAGRAMME	LOGOS UND TECHNISCHE ZEICH-NUNGEN	DIAS (FOLIEN)
TEXTVER-ARBEITUNGEN	😊	🙁	😊	🙁	🙁	🙁
TABELLEN-KALKULATIONEN	😐	🙁	😊	😊	🙁	🙁
PRÄSENTATION	🙁	🙁	🙁	🙁	🙁	😊
BILDBEARBEI-TUNG	🙁	😊	🙁	🙁	🙁	🙁
VEKTORGRAFIK	😐	🙁	🙁	😊	😊	🙁
SEITENLAYOUT	😊	😐	😊	🙁	🙁	🙁

Farbmodi von Computern

Ebenso wie unterschiedliche

Softwareanwendungen sich besser oder schlechter für bestimmte Projekte eignen, gibt es auch unterschiedliche digitale Farbmodi, die für bestimmte Bilder besser oder schlechter geeignet sind.

Wenn Sie mit Bildbearbeitungs- und Seitenlayout-Programmen arbeiten, müssen Sie die unterschiedlichen Farbmodi kennen. Sie müssen erkennen, welcher Modus für ein bestimmtes Bild oder Projekt geeignet ist und begreifen, warum die Bilddateien in manchen Farbmodi größer ausfallen als in anderen. Wenn Sie dies alles verstehen, bleiben Ihnen später viele Probleme erspart.

Die Grundlagen der Farbtechnologie bilden eine der wenigen festen Größen auf dem Computer. Wenn Sie die Farbmodi also einmal allgemein verstanden haben, wird Ihnen dieses Wissen beim Umgang mit jeglichem Programm und auch beim korrekten Ausdrucken von Farbe zur Seite stehen.

Bittiefe

Ehe Sie die gesamte Farbtechnologie richtig verstehen können, müssen Sie wissen, was **Bittiefe** bedeutet. Andere Bezeichnungen dafür lauten *Farbtiefe, Pixeltiefe* oder *Bitauflösung*. Sie müssen wissen, was mit einem 8-Bit-Bild oder einem 24-Bit-Bild gemeint ist, oder was gemeint ist, wenn von den Einschränkungen eines 16-Bit-Bildschirms die Rede ist. Dazu genügt schon folgende einfache Erkenntnis: **je mehr Bits, desto höher die Anzahl der Farben.**

Bittiefe und Dateigröße

Je größer die Bittiefe, desto mehr Informationen muss der Computer logischerweise für jedes Pixel speichern, und desto größer werden die Dateien. Ein großes Bild von sagen wir 20 x 25 cm mit einer hohen Bittiefe wie 24 Bit, beansprucht mehrere Megabytes auf Ihrer Festplatte. Ein Bild mit einer Tiefe von 1-Bit pro Pixel benötigt bei derselben Größe viel weniger Speicherplatz.

(Sie werden jedoch später noch sehen, dass die Bittiefe nur einer der Faktoren für die letztliche Dateigröße eines Bildes ist. Die **Auflösung** spielt auch eine sehr wichtige Rolle.)

Bitmap-Farbmodus

Der Begriff **Bitmap** ist mehrfach belegt. In Kapitel 4 haben Sie gelernt, dass Bildbearbeitungsprogramme **Bitmap-Bilder** erzeugen, die sich Pixel für Pixel bearbeiten lassen. Im Zusammenhang mit Farbe bedeutet **Bitmap-Farbmodus** jedoch, dass es sich um ein reines Schwarzweißbild handelt. Punkt. Keine einzige Grauabstufung.

Wie bereits erwähnt lautet eine weniger zweideutige Bezeichnung für den Bitmap-Farbmodus (da „Bitmap" auch etwas anders bedeuten kann) 1-Bit-Bild. Es handelt sich immer noch um ein Bitmap-Bild im Sinne der pixelweisen Bearbeitungsmöglichkeit – nur dass die Pixel nun alle entweder schwarz oder weiß sind. Stellen Sie sich Bilder im Bitmap-Farbmodus wie Muster vor, die Sie auf einem Küchenfußboden ausschließlich aus schwarzen und weißen Kacheln auslegen könnten.

Meine Unterschrift und einige Noten als 1-Bit-Bilder gescannt. In beiden Fällen genügen reines Schwarz und reines Weiß zur sauberen Wiedergabe.

Wenn Sie ein 1-Bit-Bild scannen, erfasst der Scanner nur reine Schwarz-weißdaten. (In einigen Scanprogrammen wird dies als Zeitungsmodus tituliert.) Ich scanne meine Bankschecks, Kontoauszüge und Telefon-rechnungen in Bilddateien, die ich auf einer Backup-Festplatte ablege. Diese Bilder speichere ich im 1-Bit-Modus, weil ich die Dokumente nicht in Farbe sehen muss.

Bittiefe für Fachidioten

Der Computerbildschirm ist in kleine Punkte, so genannte Pixel (Kurzform vom englischen „Bildelement"), aufgeteilt. Diese Pixel lassen sich ein- oder ausschalten (Weiß oder Schwarz), je nach-dem welche **Informationsbits** sie erhalten. Weit zurück im Jahr 1985 waren die Computerpixel nicht besonders intelligent. Bei den Bildschirmen handelte es sich um 1-Bit-Monitore, deren Pixel nur 1 Bit an Informationen aufnehmen konnten. Mit nur einem Bit an Information konnte ein Pixel nur eine von zwei „Farben" annehmen – entweder Weiß oder Schwarz, an oder aus. Ein 1-Bit-Bild bestand ebenso nur aus zwei Farben. Sein Inhalt war entweder weiß oder schwarz, an oder aus.

Später wurden die Monitore und Bilder intelligenter. Ein 2-Bit-Monitor oder ein 2-Bit-Bild konnte bereits zwei Informationsbits verstehen. Mit diesen beiden Bits an Information konnte das Pixel einen von vier „Farben" annehmen. Folgende Werte waren möglich: 11, 00, 10 oder 01. Es konnten also beide Bits an, beide aus, eines an und eines aus oder eines aus und eines an sein. Eine dieser Farben ist Schwarz, eine Weiß, und bei den beiden anderen handelt es sich um zwei unterschiedliche Grautöne.

Die heutigen 24-Bit-Monitore und -Bilder können Millionen von Farben darstellen. Die genaue Anzahl ergibt sich, wenn Sie insgesamt 24 mal 2 mit 2 multiplizieren. Das heißt dann 2 hoch 24 und wird mathe-matisch als 2^{24} dargestellt. Das Ergebnis lautet 16.777.216. Über 16 Millionen Farben sind genug, um die vom menschlichen Auge in der Natur wahrgenommene Anzahl von Farben zu simulieren.

Schwellenwert

Wenn Sie ein Bild im 1-Bit-Modus einscannen, werden alle möglicher-weise im Bild enthaltenen Grautöne entweder in Schwarz oder in Weiß umgesetzt. Bei unterschiedlichen Grautönen beurteilt der Scanner wie hell oder dunkel sie jeweils sind. Wenn der Grauwert über einem bestimmten Wert liegt, wird er in Schwarz umgewandelt, liegt er unter einem bestimmten Wert, wird er in Weiß umgewandelt.

Sie können diesen Wert einstellen, an dem sich die Umwandlung von Grautönen in Schwarz oder Weiß entscheidet; er nennt sich **Schwel-lenwert**. Bei einem *niedrigeren* Schwellenwert werden nur die *dunkleren* Grautöne in Schwarz umgewandelt; liegt der Schwellenwert *höher*, wer-den auch *hellere* Grautöne in Schwarz umgewandelt.

Graustufenmodus

Für den Computer handelt es sich bei **Graustufen** um einen **8-Bit-Modus**. Es gibt also 254 verschiedene Graustufen zuzüglich reines Schwarz und reines Weiß. Das ergibt insgesamt 256 verschiedene Töne.

Das Graustufenkonzept kann etwas Verwirrung stiften, weil wir Graustufenbilder im alltäglichen Sprachgebrauch als „Schwarzweißbilder" bezeichnen. Denken Sie an die alten Fotos von Hollywoodstars aus den Dreißigern und Vierzigern. Wir nennen sie „Schwarzweißfotos", obwohl sie nicht wirklich aus Schwarz und Weiß bestehen – in den Fotos befinden sich allerlei Grautöne. Tatsächlich handelt es sich dabei um Graustufenfotos.

Denken Sie nochmal an den zuvor angesprochenen schwarzweißen Küchenfußboden. Dieses Mal haben Sie nicht nur schwarze und weiße Fliesen zur Auswahl, sondern graue Fliesen in 256 unterschiedlichen Farbtönen. Damit können Sie natürlich viel feinere Motive erzeugen.

Was wird in Graustufen gescannt?

Natürlich sollten „Schwarzweißfotos" als Graustufenbilder gescannt werden. Aber auch Folgendes sollten Sie in Graustufen scannen:

▶ Sämtliche „schwarzweißen" Skizzen und Illustrationen mit Grautönen, etwa Bleistift- oder Kohleskizzen oder lavierte Zeichnungen.

▶ Farbige Fotos oder Zeichnungen, die Sie in Schwarzweiß reproduzieren möchten, etwa auf Ihrem Laserdrucker oder Kopiergerät.

Nicht als Graustufen scannen sollten Sie jedwede Art von Strichzeichnungen, die scharf begrenzte Kanten haben soll. Sagen wir zum Beispiel, Sie entdecken ein tolles Comic, das Sie im Newsletter Ihres Unternehmens abdrucken möchten. (Ich behandle hier nicht die rechtlichen Fragen eines solchen Vorgehens.) Sie sollten dieses Comic *nicht* als Graustufenbild abdrucken. Statt einem knackig scharfen Cartoon erhalten Sie dann leicht unscharfe Kanten. Die Linienfarbe ist kein reines Schwarz, sondern ein Schwarzton. Das war immer eines meiner Lieblingsärgernisse im Hinblick auf Bilder in Zeitungen und Zeitschriften. Wenn Strichgrafiken als Graustufenbilder gescannt werden, lassen sich die kleinen Bilddetails nur noch schwer erkennen.

Das Problem lässt sich auf zwei unterschiedliche Weisen beheben. Sie können das Comic mit hoher Auflösung als 1-Bit-Bild scannen (wird später in Kapitel 13 behandelt), oder Sie scannen es als Graustufenbild ein und wandeln es dann in ein hochauflösendes 1-Bit-Bild um.

Glücklicherweise haben schon genügend Leute meine Kurse besucht, die nun keine Comics mehr falsch einscannen. Und Sie als Leser dieses Buchs werden ebenfalls dieser Armee der gebildeten Grafikdesigner beitreten.

RGB-Modus

Die Abkürzung **RGB** steht für **R**ot, **G**rün und **B**lau. RGB ist das System, mit dem der Bildschirm mithilfe von Licht Farbe erzeugt. Monitore haben in ihrem Inneren drei Farbschichten für Rot, Grün und Blau. Der Computer mischt diese drei Farben in unterschiedlichen Verhältnissen zusammen, um die von Ihnen wahrgenommenen Farben zu erzeugen. Einhundert Prozent von allen drei Farben ergibt Weiß. Deshalb wird RGB als additives Farbmodell bezeichnet.

Der linke Cartoon wurde als 1-Bit-Bild eingescannt. Die Linien sind komplett schwarz vor einem weißen Hintergrund. Die Linienränder sind scharf begrenzt.

Derselbe Cartoon wurde dann als 8-Bit-Bild (Graustufen) gescannt. Bei genauem Hinsehen erkennen Sie die leicht verschwommenen Kanten an der Oberseite der Registrierkasse.

Scanner verwenden RGB zum Digitalisieren von Farbbildern. Ein Scanner erfasst die unterschiedlichen Rot-, Grün- und Blauwerte eines Bildes. Diese unterschiedlichen Farbinformationen werden als **Kanäle** bezeichnet. Alle drei Farbkanäle eines Bildes zusammen ergeben ein komplettes Farbbild.

Jeder dieser RGB-Kanäle enthält 256 Farbabstufungen. Es gibt also 256 Rottöne, 256 Grüntöne und 256 Blautöne. Denn jeder Kanal hat 8 Bit. Die drei Kanäle zusammen ergeben 24 Bit Farbtiefe (3 Kanäle mal 8 Bit).

Erinnern Sie sich an den gefliesten Küchenfußboden? Im Falle von RGB müssten wir jetzt drei übereinanderliegende durchsichtige „Fußböden" (Kanäle) annehmen. Alle 256 verschiedenfarbigen Kacheln eines Fußbodens vermischen sich mit den farbigen Kacheln der anderen Böden. Die Kombination dreier verschiedener „Fußböden" mit jeweils 256 Farbabstufungen ermöglicht über 16,7 Millionen verschiedene Farben.

.

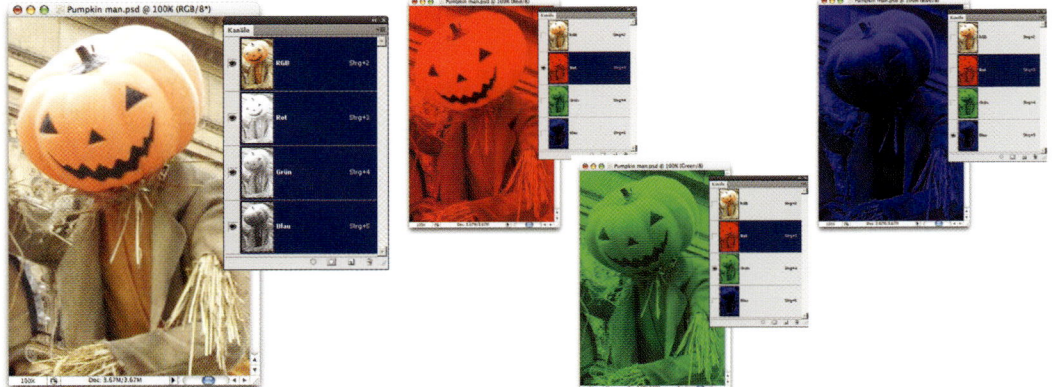

Ein RGB-Bild ist in drei Farbkanäle unterteilt: in einen Rotkanal, einen Grünkanal und einen Blaukanal. Auch wenn sie hier farbig dargestellt sind, handelt es sich bei den einzelnen Kanälen eigentlich um Graustufenbilder.

RGB-Farben auswählen

Sie können niemals ganz sicher sein, wie eine auf dem Monitor dargestellte Farbe auf Papier gedruckt aussehen wird. Computerbildschirme
verwenden RGB; auf Offsetdruckmaschinen werden CMYK-Farben zum
Drucken der Seiten eingesetzt (dieser Farbmodus wird auf den nachfolgenden beiden Seiten behandelt). Beim Übergang von RGB nach CMYK
tritt immer eine Farbverschiebung auf; die Farben können schon rein
physikalisch begründet nicht genau gleich aussehen, weil die Farbdar-
stellung in beiden Fällen auf ganz unterschiedlichen Prinzipien beruht
(die bei RGB auftretenden Lichtstrahlen treffen direkt auf Ihre Netz-
haut; bei CMYK wird das Licht zunächst von einem physischen Objekt
reflektiert). Einige Farben verändern sich ziemlich dramatisch bei der
Umwandlung von RGB nach CMYK.

Auf dem Bildschirm können Sie helle, lebhafte, neonartige RGB-Farben
wählen. Beim Drucken des fertigen Dokuments werden Sie dann aber
enttäuscht sein, weil all die lebhaften Neonfarben als stumpfe und
gewöhnliche Farben erscheinen. Einige Programme weisen zum Glück
darauf hin, welche Farben sich nicht im CMYK-Verfahren drucken lassen. Diese Farben werden als „außerhalb des Gamut" liegend bezeichnet.
In diesem Fall ist damit gemeint, dass sie außerhalb des CMYK-Bereichs
liegen (ich sage dazu „unzulässige" Farben). In manchen Anwendungen werden außerhalb des Gamut liegende Farben im Farbwähler mit

einem kleinen Warnsymbol gekennzeichnet. Ein solches Symbol ist weiter unten dargestellt. Wenn Sie beim Auswählen einer Farbe dieses Symbol sehen, dann wird die auf dem Bildschirm zu sehende Farbe bei der Umwandlung nach CMYK stark verfälscht werden. Bei einigen Programmen können Sie auf das Warnsymbol klicken, um stattdessen die nächstgelegene „zulässige" Farbe zu verwenden. Alternativ können Sie die Farbe auch selbst verändern, bis das Warnsymbol verschwindet.

Klicken Sie auf das Warnsymbol, um die Farbe in die nächstgelegene Farbe innerhalb des CMYK-Gamut zu konvertieren. Selbst wenn Sie auf einem Tintenstrahldrucker oder einem Spezialdrucker mit roter, grüner und blauer Druckfarbe drucken, werden die Farben aus denselben physikalischen Gründen nicht genau wie auf dem Bildschirm aussehen – Licht kontra Reflexion. Je nach Verfahren werden die RGB-Druckfarben eines Spezialdruckers Ihren Erwartungen aber zumeist eher entsprechen als die von einer CMYK-Offsetdruckmaschine erzeugten.

Das kleine Warnsymbol (eingekreist) weist darauf hin, dass die gewählte RGB-Farbe außerhalb des CMYK-Gamut liegt und daher nicht ohne Farbverschiebung nach CMYK umgewandelt werden kann.

CMYK-Modus

Die Abkürzung CMYK steht für **C**yan, **M**agenta und **Y**ellow (Gelb) und eine Key-Farbe, die fast immer Schwarz (Blac**k**) ist. Der Computermodus CMYK kommt nur für Bilder zum Einsatz, die auf einer Offsetdruckmaschine oder einem auf CMYK-Daten angewiesenen Spezialdrucker wie dem Proof-Tintenstrahldrucker ausgegeben werden sollen.

CMYK-Farben werden auch als **Prozessfarben** bezeichnet. Weil die Druckmaschine diese vier Druckfarben zur Erzeugung aller in einem Bild benötigten Farben verwendet, wird das CMYK-Druckverfahren auch als **Vierfarbdruck** oder **Prozessdruck** bezeichnet.

Das CMYK-Farbmodell beruht auf den Wechselwirkungen von Licht und Objekten in der Natur, nicht auf dem Verhalten des Lichts in einem Monitor. Eine Lichtquelle wie die Sonne oder eine Glühlampe strahlt die uns umgebenden Objekte mit weißem Licht an; bestimmte Farben des Spektrums werden von den Objekten absorbiert, und bestimmte

Farben werden zurück zu unseren Augen reflektiert. Wenn zum Beispiel Licht auf einen roten Apfel trifft, so absorbiert (subtrahiert) der Apfel alle im Licht enthaltenen Farben *außer* dem Rot, das dann in Richtung unserer Augen reflektiert wird. In der Physik wird das als **subtraktives** Farbmodell bezeichnet. Einhundert Prozent Cyan, Magenta und Gelb ergeben (theoretisch) Schwarz. (Denken Sie daran, dass bei RGB einhundert Prozent Rot, Grün und Blau hingegen Weiß ergeben.) Ähnlich wie im RGB-Modus (und bei der Vorstellung des Küchenfußbodens) ist im CMYK-Modus von Bildbearbeitungsprogrammen für jede der vier transparenten Farben ein separater Kanal vorgesehen. Die Kanäle spiegeln wider, welche Mengen der jeweiligen Prozessfarben gedruckt werden. Sie werden auch als **Farbauszüge** des Bildes bezeichnet. Alle vier Kanäle zusammen bezeichnet man als **Kompositbild** oder **Gesamtbild**.

Ein CMYK-Bild setzt sich aus vier Farbkanälen zusammen: Cyan, Magenta, Gelb und Schwarz. Jedem Kanal ist eine entsprechende Druckfarbe für den Prozessdruck zugeordnet.

Weil es bei CMYK-Bildern vier Kanäle gibt, könnten Sie auf die Idee kommen, dass ein CMYK-Bild mehr Farben wiedergeben könnte, als ein RGB-Bild mit nur drei Kanälen. Tatsächlich ändert sich durch die vier Kanäle jedoch nicht die Anzahl der möglichen Farben. Es gibt zwei wichtige Dinge bei der Arbeit mit CMYK-Farben am Computer zu beachten:

▶ Sie sehen auf dem Computer immer ein RGB-Bild. Das liegt an der Funktionsweise des Monitors!

▶ Die Anzahl der tatsächlich mit CMYK-Druckfarben auf Papier darstellbaren Farben liegt ohnehin deutlich unter 16,7 Millionen.

CMYK-Farben auswählen

Wie bereits erwähnt gibt es einen Unterschied zwischen dem Bildschirm und den Farben auf einer gedruckten Seite. Bei einem Foto oder einem eingescannten Gemälde können Sie nicht allzuviel an den einzelnen Farben verändern, um sicherzugehen, dass sie als bestimmte CMYK-Farben ausgegeben werden. Wenn ein Job aber vollständig in Farbe gedruckt wird, werden Sie häufig auch eine farbige Überschrift oder vielleicht Linien oder Hintergrundfarben verwenden, oder Sie wollen eine einfache farbige Illustration zeichnen. Selbst in Ihrem Seitenlayout-Programm können Sie Farben erzeugen, die als CMYK gedruckt werden.

Anstatt die Farben für den Ausdruck aber anhand Ihrer Wahrnehmung der Bildschirmwiedergabe auszuwählen, sollten Sie sich ein **Farbmusterbuch** oder einen **Farbfächer** von einem Unternehmen wie Pantone, Tru-Match oder HKS besorgen. Diese Leitfäden bekommen Sie in Kunstläden, direkt von den Herstellern und ihren Websites oder häufig auch in Druckereien.

So setzen Sie ein Farbmusterbuch zur Farbauswahl ein

Die beste Möglichkeit zur Auswahl einer Farbe besteht nicht darin, auf den Monitor zu schauen. Die dort sichtbare Farbe entspricht nicht unbedingt der Farbe im fertigen Druckerzeugnis. Die beste Methode der Farbauswahl ist es, zuerst im gedruckten Prozessfarbmusterbuch nachzusehen, und dort eine passende Farbe zu finden.

Schreiben Sie sich dann den Namen der Farbe auf (wenn sie aus einem gedruckten Farbmusterbuch stammt). Oder schreiben Sie die neben der Farbe angegebenen CMYK-Werte auf.

Suchen Sie den Namen der Farbe schließlich im Farbwahldialog Ihrer Softwareanwendung. Viele Programme wie InDesign, Photoshop, Illustrator und QuarkXPress enthalten Bibliotheken mit Farben aus unterschiedlichen Farbmusterbüchern. Die von Ihnen im gedruckten Farbmuster ausfindig gemachte Farbe lässt sich also auch in der Software auswählen. Auf diese Weise können Sie sicher sein, dass die Farbwerte stimmen.

Der indizierte Farbmodus

Wenn Sie mit Programmen wie Photoshop vertraut sind, dann ist Ihnen vielleicht schon ein Farbmodus namens „Indizierte Farben" aufgefallen. Dieser Farbmodus ist etwas irreführend. In unserem Küchenbodenbeispiel gibt es dann nur einen einzigen Fußboden oder Kanal mit 256 verschiedenfarbigen Kacheln. Dieser Kanal ist aber nicht auf die Abstufungen **einer** Farbe beschränkt. Stattdessen sind im indizierten Farbmodus **viele unterschiedliche Farben** innerhalb eines 8-Bit-Kanals möglich. Indizierte Farben werden kaum für Druckdokumente eingesetzt, aber für Webinhalte ist dieser Farbmodus sehr beliebt. Denn wenn Sie die Anzahl der Farben genau auf den tatsächlich benötigten Umfang reduzieren können, dann verringern Sie mit der Farbanzahl zugleich auch die Dateigröße – und das ist immer ein wichtiges Ziel bei Webgrafiken. GIF ist das beliebteste Dateiformat mit indiziertem Farbmodus. Am besten eignen sich indizierte Farben für Grafiken mit großen, einheitlich gefärbten Flächen.

Welche Modi zum Fotografieren und Scannen?

Alle Digitalkameras nehmen ihre Bilder im RGB-Farbmodus auf. Wenn Sie ein Farbbild einscannen, dann scannen Sie es im RGB-Farbmodus. Das fertige Foto oder das fertig eingescannte Bild können Sie dann in eine CMYK-Datei umwandeln, ehe Sie es in einer Seitenlayout-Anwendung platzieren.

Wenn Sie in Bildbearbeitungsprogrammen wie Photoshop oder Photo Deluxe tätig sind, sollten Sie den RGB-Modus des Bildes gleich aus mehreren Gründen beibehalten:

▶ RGB-Bilder sind kleiner als ihre CMYK-Pendants. Daher lassen sich RGB-Bilder schneller öffnen und speichern als in CMYK vorliegendes Material.

▶ Manche Effekte und Filter in Photoshop oder anderen Programmen funktionieren nur im RGB-Modus.

▶ Beim Hin- und Herkonvertieren zwischen RGB und CMYK kommt es immer zu einem Verlust an Bildinformation. Führen Sie die Umwandlung von RGB nach CMYK erst als letzten Bildbearbeitungsschritt durch.

▶ Fragen Sie in dem für die Produktion zuständigen Druckereibetrieb nach, ob Sie irgendwelche bestimmte Einstellungen oder Farbprofile bei der Konvertierung von RGB nach CMYK verwenden sollten.

Farbe in Graustufen umwandeln

Angenommen, Sie nehmen ein Bild mit einer Digitalkamera auf und wollen dieses dann in einem schwarzweißen Newsletter oder in der Zeitung abdrucken. Das Originalfoto liegt in Farbe vor, für das fertig gedruckte Bild sind aber Graustufen erforderlich.

Sie denken vielleicht, es sei einfach, von drei Informationskanälen zu einem einzelnen zu wechseln. Tatsächlich handelt es sich dabei jedoch um einen der kniffeligsten Bereiche der Bildbearbeitung. Jahrelang haben Designer einfach den Befehl zur Umwandlung ihres Bildes ausgewählt, ohne sich dabei darüber im Klaren zu sein, dass die Software falsche Entscheidungen fällte.

So wollen Sie bei der Umwandlung von Farbe in Graustufen vielleicht zum Beispiel bestimmte Bereiche eines Bildes hervorheben. Wenn Sie einfach den Befehl „In Graustufen umwandeln" aufrufen, sind einige Farben hinterher nur noch schwer voneinander zu unterscheiden. Das betrifft insbesondere Schwarz- und Rottöne.

Glücklicherweise lässt sich mit den Steuerungselementen im Dialogfenster „Schwarzweiß" von Adobe Photoshop nun besser Einfluss auf die Ergebnisse der Umwandlung von RGB in Graustufen nehmen. Statt einfach den Graustufenmodus auszuwählen, können Sie im Dialogfenster „Schwarzweiß" die Einstellungen für die Umwandlung der einzelnen Rot-, Grün-, Blau-, Cyan-, Magenta- und Gelbanteile treffen. Im Ergebnis erhalten Sie ein viel lebhafteres Graustufenbild.

Ein weiteres Problem besteht darin, dass einige Gestalter sich beim Ausdrucken auf ihrem Schwarzweiß-Bürodrucker noch nicht einmal die Mühe machen, ihre Farbbilder in Graustufen umzuwandeln. Das führt zu einer sehr sumpfigen Umwandlung beim Drucken. Fazit: Sie sollten sich die Zeit nehmen, ein Farbfoto in ein anständiges Graustufenbild umzuwandeln.

Farbmodus und Bittiefe in Tabellenform

Anhand der nachfolgenden Tabelle können Sie die unterschiedlichen Farbmodi schnell rekapitulieren. Und denken Sie daran: Je höher die Bittiefe, desto größer die Datei.

FARBMODUS	BITTIEFE	ANZAHL DER KANÄLE	ANZAHL DER FARBEN
Bitmap	1-Bit	1	2
Graustufen	8-Bit	1	256 Graustufen
RGB	24-Bit	3	16,7 Mio.
CMYK	32-Bit	4	16,7 Mio.
Indizierte Farben	8-Bit	1	2 bis 256 Farben

Rastergrafiken und Auflösung

Pixel und Auflösung stehen beim Umgang mit Digitalfotos, digitalen Kunstwerken und gescannten Bildern im Mittelpunkt. Es ist ein bisschen wie beim Kauf von Bettwäsche. Laken aus dichter gewebten Stoffen fühlen sich gut an, mit abnehmender Fadenzahl werden sie rauer. Bilder sehen in der richtigen Auflösung gut aus. Stimmt die Auflösung nicht, wirken sie verschwommen oder pixelig.

Die korrekte Auflösung lässt sich auf zwei Arten bestimmen. Sie können sich einerseits eine Reihe von Zahlen und Regeln merken und sich dann brav danach richten. Das geht so lange gut, bis ein Projekt mit etwas anderen Anforderungen auf der Tagesordnung steht – dann sind Sie hilflos.

Als Alternative können Sie sich ein Verständnis dafür erarbeiten, *warum* die Zahlen und Regeln so festgelegt wurden. Dann wissen Sie, was bei einem von der Norm abweichenden Projekt zu tun ist.

Dieses Kapitel befasst sich detailliert mit der Auflösung beim Scannen und Drucken von Bildern. Am Ende dieses Kapitels sollten Sie idealerweise verstehen, wie Sie selbst die korrekte Auflösung für jedes nur denkbare Bild oder Projekt bestimmen können. (Natürlich liefere ich Ihnen auch einige Zahlen und Regeln, nach denen Sie sich richten können.)

Bildschirmauflösung

Ehe wir uns mit unterschiedlichen Auflösungen für Druckbilder befassen, sollten Sie verstehen, wie der Monitor die Pixel verarbeitet. Schließlich betrachten Sie das zu druckende Bild ja auf dem Computerbildschirm.

Zunächst müssen Sie das Prinzip der **Pixel** begreifen. Pixel sind die „Bildelemente" oder Rechtecke, aus denen ein Bild auf dem Monitor zusammengesetzt ist. Mithilfe eines starken Vergrößerungsglases vor dem Monitor können Sie die Rechtecke sogar sehen. Jedes Rechteck wird von einem einfarbigen Pixel ausgefüllt.

In den Anzeigeeinstellungen für Ihren Monitor können Sie aus unterschiedlichen vorgeschlagenen Auflösungen wählen. Sie können die Anzahl der auf dem Monitor dargestellten Pixel verändern. Hier wird es jetzt etwas komplizierter. Ein Monitor mit *niedriger* Auflösung, etwa 800 Pixel Breite mal 600 Pixel Höhe liefert Ihnen insgesamt 480.000 Pixel (800 mal 600). Diese Pixel sind ziemlich *groß*. Daher lassen sich nur schwer mehrere Fenster und Dokumente auf dem Bildschirm unterbringen. Je *niedriger* die Auflösung, desto *größer* die Pixel.

Wenn Sie aber eine *hohe* Bildschirmauflösung wählen, etwa 1600 mal 1200, dann werden die Pixel *kleiner*. Alles auf Ihrem Bildschirm wird also

Raster (Punkte) kontra Vektoren (Linien)

Von einem Raster spricht man bei Bildern, Monitoren und Computergrafiken, die zu ihrer Darstellung Punkte (auf Papier) oder Pixel (auf dem Monitor) verwenden. Sie werden auch die Bezeichnung Bitmap-Bilder dafür hören. In Kapitel 4 haben Sie erfahren, dass Bildbearbeitungsprogramme wie Photoshop, Paint Shop Pro oder PhotoDeluxe Bilder auf der Grundlage von Bildschirmpixeln erzeugen und verändern. Bei diesen Bildern handelt es sich also um Rastergrafiken.

In Kapitel 4 steht auch, dass Vektorgrafikprogramme wie Illustrator oder CorelDraw mit Bildern umgehen, die aus mehreren voneinander unabhängigen Linien und Formen bestehen. Diese so genannten Objekte werden ihrerseits jeweils durch mathematische Formeln definiert. Bei diesen Bildern handelt es sich um Vektorgrafiken. Wenn Sie dieses Kapitel lesen, ist es wichtig, *diesen Unterschied zwischen Raster- und Vektorgrafiken zu verstehen: Vektorgrafiken lässt dieses ganze Auflösungsgefasel völlig kalt; für sie gibt es keine feste Auflösung.* Vektorgrafiken tragen ihre Auflösung in ihren mathematischen Formeln mit sich herum – ihre Auflösung entspricht daher immer der Auflösung des Ausgabegeräts. Vektorgrafiken werden detailliert in Kapitel 7 behandelt.

In diesem Kapitel geht es also nur um Rastergrafiken. Das sind alle gescannten Bilder, alle Digitalfotos und alle Bildbearbeitungsdateien.

kleiner, dafür können Sie mehr Informationen auf dem Monitor unterbringen. Ältere Semester wie ich können dann außerdem die Beschriftungen von Schaltflächen und Menüs nicht mehr erkennen, weil die Pixel einfach viel zu klein sind!

Eine niedrigere Bildschirmauflösung (links) verwendet größere Pixel. Daher werden auch die Bild-schirmelemente größer dargestellt.

Eine hohe Bildschirmauflösung (rechts) verwendet kleinere Pixel, auch die Bildschirmelemente sind kleiner.

Genauso ist es bei den Auflösungen von HDTV-Flachbildfernsehern. Ein HD-Fernseher mit einer Auflösung von 720p hat weniger Pixel und stellt weniger Details dar als ein HD-Fernseher mit Unterstützung für 1080p.

Bildauflösung

Wenn Sie die Bildschirmauflösung begriffen haben, dann ist es zum Verständnis der Bildauflösung auch nicht mehr weit. Es gelten dieselben Prinzipien:

▶ Je niedriger die Auflösung, desto größer die Pixel.

▶ Je höher die Auflösung, desto kleiner die Pixel.

Erinnern Sie sich noch an das Beispiel mit dem Küchenfußboden aus dem letzten Kapitel? Stellen Sie sich vor, Sie verlegen einen Küchenfußboden und wollen dabei das tollste, detaillierteste Muster erhalten. Was würden Sie eher verwenden: große, klobige Fliesen mit einer Kantenlänge von 20 cm oder lieber kleinere Fliesen mit nur 2 cm Kantenlänge?

Natürlich würden Sie sich für die kleineren Fliesen entscheiden – je kleiner die Fliese, desto filigraner das Bild. Stellen Sie sich die beiden Fliesensorten nun als Auflösung des Fußbodens vor. Statt Pixel pro Zoll haben Sie nun Fliesen pro Meter. Die größeren Fliesen bringen es auf fünf Fliesen pro Meter. Bei der anderen Sorte beträgt die Auflösung 50 Fliesen pro Meter – je höher die Auflösung, desto kleiner die Fliese.

Genauso ist es mit Pixeln. Jedes Pixel ist eine Fliese – je kleiner das Pixel, desto besser die Detailwiedergabe in Ihrem Bild. In der Anfangszeit der Computergrafik gab es sehr häufig Bilder, die mit ungenügender Auflösung erstellt wurden. Bilder – insbesondere Handzeichnungen – wirkten klotzig oder verpixelt. Gestalter beschwerten sich über die „Treppeneffekte" in ihren Bildern. Diese Treppenstufen waren einfach die großen Pixel an den Bildkonturen.

Gängige Bildauflösungen reichen von 72 ppi (Pixeln pro Zoll) bis hin zu 300 ppi. Die meisten Webgrafiken haben 72 ppi. Bei Druckgrafiken werden meist 300 ppi verwendet. Wie bei allen guten Regeln gibt es aber auch hier Ausnahmen zu diesen Richtwerten.

Der „Preis" der Pixel

Warum sollte man sich überhaupt um die Pixelauflösung scheren? Warum nicht Bilder in der höchstmöglichen Kameraauflösung aufnehmen? Warum nicht Bilder in wahnsinnig hoher Qualität einscannen?

Denken Sie nochmal an die Bodenfliesen. Was, wenn jede Fliese einen Euro (oder Dollar, Yen oder Pfund) kostet? Egal wie groß oder klein die Fliesen sind, jede kostet 1 Verrechnungseinheit. Vielleicht sind Sie so reich, dass Sie sich nicht um den Preis der Fliesen scheren. Dann können Sie im Baumarkt so viele Fliesen kaufen, wie Sie möchten. Die Realität schreibt Ihnen aber vor, dass die Pixelkosten durchaus wichtig sind. Und bezogen auf die Auflösung muss für jedes weitere Pixel mit einer Vergrößerung der Datei bezahlt werden.

Ich werde hier nicht auf den mathematischen Zusammenhang zwischen Auflösung und Dateigröße eingehen. Es genügt die Erkenntnis, dass **mit steigender Pixelzahl in einer Rastergrafik auch die „Kosten" (Dateigröße) steigen**.

Damals, als Computer erstmals zur grafischen Gestaltung eingesetzt wurden, war die Dateigröße eine sehr wichtige Einschränkung. Wir mussten die Dateien immer klein halten, um sie auf den winzigen Festplatten unterzubringen. Heutige Festplatten bieten enorm viel Speicherplatz.

Gibt es also immer noch einen guten Grund, sich um die Größe von Druckgrafiken zu sorgen? Große Dateien mit unnötig hoher Auflösung könnten einen Desktop-Drucker beim Verarbeiten Ihrer Dateien ausbremsen. Ich werde darauf in diesem Kapitel noch eingehen.

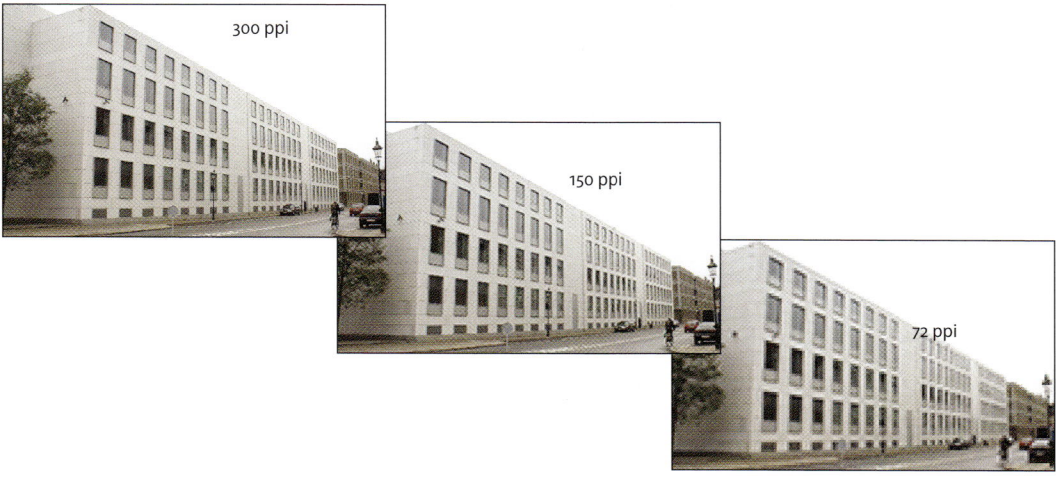

Ein Beispiel für kleinere Pixel und größere Detailtreue bei hoher Auflösung. Das Bild mit 300 Pixeln pro Zoll lässt rund um den Radfahrer und den Laternenmast mehr Details erkennen. In dem mit 72 ppi aufgelösten Bild ist dieser Bereich jedoch nur noch ein verschwommener Fleck.

Ausgabeauflösung

So wie Bilder eine Auflösung haben, gibt es auch eine Auflösung Ihres Druckers (technisch gesehen ein **Ausgabegerät**). Die Auflösung eines Ausgabegeräts verhält sich wie die Bildauflösung: Je höher die Auflösung, desto besser die Detailtreue.

Im Unterschied zur Auflösung von Bildern besitzt ein gewöhnlicher Tintenstrahl- oder Laserdrucker für Büroanwendungen eine Ausgabeauflösung zwischen 600 dpi (Punkten pro Zoll) und 1200 dpi. Je höher die Auflösung, desto besser natürlich die Qualität. (Mein erster Laserdrucker hatte eine Auflösung von 300 dpi, was ich für absolut gigantisch hielt!)

Ihnen fällt vielleicht auf, dass die Bildauflösung in Pixeln pro Zoll (ppi) angegeben wird, die Ausgabeauflösung jedoch in Punkten pro Zoll (dpi).

Dieser Unterschied rührt aus der Tatsache, dass Pixel elektronische Elemente sind, Punkte jedoch aus Lasertoner oder Druckfarben bestehen.

Druckauflösung für Graustufen- oder Farbbilder

OK, jetzt wissen Sie, was Auflösung ist. Aber was ist die richtige Auflösung für die Bilder, die Sie drucken wollen? Die Antwort ist sehr einfach, aber zuerst müssen Sie die beim abschließenden Druckvorgang eingesetzte **Rasterfrequenz** kennen. Wenn Sie die Rasterfrequenz kennen, gibt es eine einfache Formel zur Berechnung der korrekten Scanauflösung.

Hier sehen Sie eine Vergrößerung des Punktrasters.

Über die Rasterfrequenz (lpi)

Der Begriff Rasterfrequenz, auch als „Rasterweite" bekannt und in der Einheit „lines per inch" (**lpi**) angegeben, ist kein Computerjargon – er wird schon seit Jahren verwendet. Druckmaschinen verwenden Punkte aus Druckfarbe. Wenn also ein Graustufenbild wie ein Hollywoodfoto für den Druck umgewandelt wird, dann müssen aus den unterschiedlichen Grauschattierungen im Bild schwarze und weiße Punkte werden. Dunkle Grautöne werden zu großen schwarzen Punkten, die nahe beisammen liegen; hellgraue Bereiche werden zu kleinen Punkten mit größerem Abstand; weiße Flächen haben keine Punkte.

Bildauflösung kontra Ausgabeauflösung

Wundern Sie sich darüber, dass die Bildauflösung gemäß der Rasterfrequenz nur 300 ppi betragen soll, obwohl der Laserbelichter die gesamte Datei mit 2540 dpi ausgeben könnte? Das liegt unter anderem daran, dass die Ausgabeauflösung auch hoch genug für die saubere Wiedergabe von Text und Lineart (1-Bit-Bildern) sein muss. Ohne eine sehr hohe Ausgabeauflösung würden diese starke Treppeneffekte aufweisen.

Und denken Sie daran, auch wenn Sie Ihre Bilder auf dem Monitor als große Ansammlung von Pixeln betrachten, sie werden als einzelne Druckfarbenpunkte ausgegeben.

Betrachten Sie nochmals das vergrößerte Raster in dem Auge auf der gegenüberliegenden Seite. Auch wenn die Rasterfrequenz grob ist (sehr große Punkte), so hat jeder Punkt für sich eine glatte Kante. Das ist nur bei der hohen Ausgabeauflösung von 2540 dpi möglich.

Bei einem Farbfoto werden die Cyan-, Magenta-, Gelb- und Schwarzkanäle in sich überlappende Punkte umgewandelt, die mithilfe von transparenten Druckfarben alle anderen Farben ergeben können. Je kleiner die Punkte, desto höher die Rasterfrequenz.

Unterschiedliche Jobs wie Zeitschriften, Bücher, Zeitungen oder Broschüren werden mit verschiedenen Rasterfrequenzen gedruckt. Suchen Sie sich ein möglichst starkes Vergrößerungsglas oder leihen Sie sich von einem Designer oder einer Druckerei einen **Fadenzähler** aus. (Ein Fadenzähler ist eine starke Lupe, mit dem Drucker die Punktmuster in Bildern erkennen können.) Betrachten Sie die Fotos in den unterschiedlichen Druckerzeugnissen mit dem Vergrößerungsglas oder dem Fadenzähler. Ihnen werden die Größenunterschiede der Punkte zwischen den einzelnen Druckerzeugnissen auffallen. In Zeitungen abgedruckte Bilder bestehen aus großen, groben Punkten – vielleicht können Sie diese sogar ohne Vergrößerungsglas erkennen. Bilder in Hochglanzmagazinen werden mit viel kleineren Punkten gedruckt.

Die Angabe der Rasterfrequenz

Wie bereits beschrieben, wird die Rasterfrequenz in Linien pro Zoll, oder **lpi** angegeben. Wenn die Rasterweite 85 lpi beträgt, enthält ein Zoll sowohl in der Horizontalen als auch in der Vertikalen 85 Punktreihen; beträgt die Rasterweite 200 lpi, enthält ein Zoll 200 Punktreihen. Je höher die Rasterfrequenz, desto kleiner ist logischerweise das Punktraster; je kleiner das Punktraster ist, desto mehr Details können gedruckt werden. Rasterfrequenz und Ausgabeauflösung sind nicht dasselbe. Die obige Anmerkung erläutert dies. Dieses Buch wurde mit einer Rasterweite von 150 lpi gedruckt, wie es auch für die meisten Zeitschriften üblich ist. Hochqualitative Kunstbücher werden möglicherweise mit Rasterfrequenzen von 200 lpi oder mehr gedruckt.

Rasterfrequenz und Auflösung

Als Computer und Scanner zunehmend Einzug in den Druck und in die Produktion hielten, wurden Tests durchgeführt. Es wurde nachgeprüft, wie ein mit verschiedenen Auflösungen eingescanntes Bild gedruckt wurde. Auch unterschiedliche Rasterfrequenzen wur-

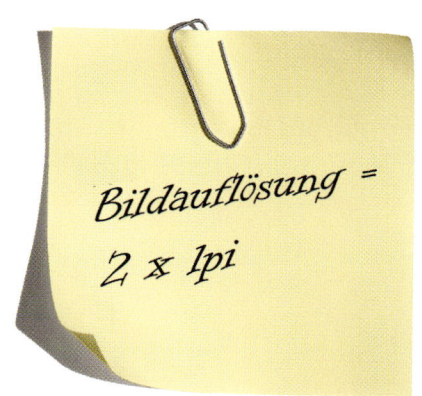

den untersucht, und das Aussehen verschiedener Druckauflösungen bei unterschiedlichen Rasterfrequenzen. Daraus wurde schließlich diese allgemeine Regel abgeleitet:

Bilder sehen meist am besten aus, wenn die Bildauflösung der doppelten Rasterfrequenz des fertigen Druckerzeugnisses entspricht.

Durch eine höhere Auflösung als die doppelte Rasterfrequenz verbessert sich die gedruckte Bildqualität nicht. Stattdessen wird eine unnötig große Datei erzeugt, und die für den Druck des Bildes erforderliche Zeit kann sich verlängern. Daher rate ich von der Verwendung riesiger Bildauflösungen ab.

Die folgende mathematische Formel ist also zur Regel für die Bestimmung der korrekten Auflösung geworden.

Bildauflösung gleich zwei mal die Rasterweite.

Multiplizieren Sie die Rasterfrequenz einfach mit 2. Das Ergebnis ist die Bildauflösung. Wenn Sie ein Bild in einer Zeitung mit einer Rasterfrequenz von 85 lpi abdrucken möchten, dann genügt eine Bildauflösung von 170 ppi. Wenn Sie ein Bild in einer Zeitschrift mit einer Rasterfrequenz von 150 lpi abdrucken möchten, dann sind 300 ppi ausreichend. Weil sehr viele Druckjobs mit 150 lpi ausgegeben werden, haben sich 300 ppi als „Standardauflösung" etabliert.

Ja, Sie *müssen also die Rasterfrequenz des verwendeten Druckprozesses kennen, ehe Sie ein Bild scannen oder erstellen können.* Wie Sie das machen sollen? Fragen Sie die richtige Person. Oder schauen Sie sich die Tabelle **Rasterfrequenz und Auflösung** auf der nächsten Seite an.

Die Regeln für Rasterfrequenz und Auflösung brechen

Die Rasterfrequenz-Formel ist eine Richtschnur zur Auswahl der Auflösung geworden; es handelt sich dabei aber nicht um eine feste, unumstößliche Regel. Je nach Bildart, Druckmaschine, Papiersorte und anderen Faktoren können Sie häufig auch mit geringeren Auflösungen auskommen. Wenn Sie keine Risiken eingehen wollen, befolgen Sie die Regel.

Manchmal müssen Sie im rasenden Tempo des Produktionsablaufs jedoch die Größe eines Bildes in Ihrem Seitenlayout-Programm verändern. *Dabei verändern Sie im Grunde dessen Auflösung.* Oder Sie müssen vielleicht Bilder einsetzen, die für eine andere Rasterfrequenz gescannt wurden, oder Sie müssen die Abmessungen eines Bildes zum Beispiel von 10 cm auf 8 cm verringern.

Niemand wird Sie ins Gefängnis werfen, nur weil Sie nicht die richtige Auflösung verwendet haben. Ihre Bilder lassen sich trotzdem drucken. Im schlimmsten Fall erscheint ein vergrößertes Bild im fertigen Druckerzeugnis pixelig, und ein verkleinertes Bild kann die Druckzeit unnötig verlängern.

Schauen Sie sich noch einmal auf Seite 85 die drei Bilder von dem Gebäude an. Sie erkennen, dass das Bild mit 150 ppi nicht ganz so detailreich ist, wie das erste. Das Bild mit 72 ppi ist hingegen völlig indiskutabel.

Aber andere Bilder verzeihen Auflösungen, die unter der doppelten Rasterfrequenz-Regel liegen, deutlich besser. Die Wolken in dem Bild auf der nächsten Seite sehen selbst bei 75 ppi gar nicht so schlecht aus. Der

Himmel enthält nicht so viele Details, die bei geringerer Auflösung verloren gehen könnten.

Die Wolken und der Himmel sehen auch bei geringeren Auflösungen noch akzeptabel aus.

Tabelle zu Rasterfrequenz und Auflösung

Verwenden Sie die nachfolgende Tabelle als Leitfaden für die Auflösung von Graustufen- oder Farbbildern, die für unterschiedliche Ausgabeverfahren bestimmt sind. Es handelt sich nur um Richtwerte! Sie sollten wirklich in der Druckerei anrufen und nachfragen, welche Werte Sie verwenden sollten. Das gilt besonders, wenn Sie eine Anzeige oder ein anderes Projekt in einer Zeitung oder Zeitschrift abdrucken möchten. Hier sind viele verschiedene Rasterfrequenzen möglich.

REPRODUKTIONSPROZESS	RASTERFREQUENZ (LPI)	AUFLÖSUNG (PPI)
Laserdrucker, Kopierer	65 oder 85	130 oder 170
Zeitung	85 bis 120	170 bis 240
Digitaldruckerei, Copyshop	100 bis 120	200 bis 240
Zeitschriften	100 oder 120	200 oder 240
Hochglanzmagazine	150	300
Offsetdruck	150	300
Bildband	175	350
Hochqualitativer Bildband, Museumskatalog	200	400

Auflösung für Spezialdrucker

Tintenstrahldrucker und andere Drucker, die ohne Laser arbeiten, funktionieren anders als Laserdrucker. Weil die Tinte flüssig ist, neigt sie beim Auftreffen auf das Papier zum Verlaufen. Daher kann die Grafikauflösung eines Tintenstrahldruckers viel geringer als die eines Laserdruckers ausfallen. Genaue Zahlenangaben sind schwierig. Unterschiedliche Tintenstrahldrucker erfordern unterschiedliche Auflösungen. Beim Bedrucken von gestrichenem Papier ist eine höhere Auflösung als beim Zeitungsdruck erforderlich.

Epson, ein Hersteller mit einem breiten Angebot an Tintenstrahldruckern, empfiehlt, als Auflösung maximal ein Drittel der Druckerauflösung zu wählen. Ein Tintenstrahldrucker mit einer Auflösung von 720 dpi benötigt demnach nur eine Bildauflösung von 240 ppi. Möglicherweise machen Sie andere Erfahrungen. Wenn Sie mit den Ergebnissen bei einer geringen Auflösung nicht zufrieden sind, verwenden Sie eine höhere.

Wenn Sie einen Sublimationsdrucker oder einen anderen Spezialdrucker für die Ausgabe verwenden, fragen Sie in dem für den Ausdruck beauftragten Unternehmen nach. Jeder Hersteller hat seine eigene Formel für die korrekte Auflösung zur Verwendung mit seinem Gerätetyp. Lesen Sie sich also die Ratschläge in diesem Kapitel durch und passen Sie diese dann an das tatsächlich für Ihre Datei eingesetzte Ausgabegerät an.

Auflösung für 1-Bit-Rasterbilder

Die Auflösung für Graustufen- und Farbbilder ermitteln Sie anhand der Rasterfrequenz. Eine niedrige (grobe) Rasterfrequenz erfordert eine geringere Auflösung als eine hohe. Ein 1-Bit-Bild (Strichzeichnung) hat überhaupt keine Rasterweite. **Jedes Pixel eines 1-Bit-Bildes wird zu einem Punkt des gedruckten Bildes auf der Seite.**

1-Bit-Bilder erfordern demnach höhere Auflösungen als Graustufen- oder Farbbilder. Für die meisten Office-Drucker bedeutet dies, dass das 1-Bit-Bild dieselbe Auflösung haben sollte wie das Ausgabegerät. Wenn der Tintenstrahldrucker eine Auflösung von 720 dpi hat, scannen Sie Ihr Lineart mit 720 ppi. Erreicht Ihr Laserdrucker eine Auflösung von 1200 dpi, dann verwenden Sie diese Einstellung auch zum Scannen Ihrer Liniengrafik.

Sie brauchen zum Scannen eines 1-Bit-Bildes keine Auflösung zu verwenden, die höher als die des Druckers liegt.

Laserbelichter-Auflösung für 1-Bit-Rasterbilder

Wenn Ihr Projekt auf einer Offsetdruckmaschine gedruckt werden soll, werden Sie Ihre Dateien sehr wahrscheinlich auf einem Laserbelichter ausgeben lassen. Das ist ein sehr hochauflösender Postscript-Drucker. Auch wenn am Ende die Druckmaschine steht, **der Laserbelichter ist das letzte Ausgabegerät**.

Die meisten Laserbelichter und mittlerweile auch Druckplattenbelichter arbeiten mit Ausgabeauflösungen um 2400 oder 2540 dpi. Wenn Sie also den letzten Abschnitt aufmerksam gelesen haben, dann wollen Sie jetzt eventuell 1-Bit-Bilder mit einer Auflösung von 2400 oder 2540 ppi. Na ja, es ist schön, dass Sie aufgepasst haben, aber solch hohe Auflösungen sind weder erforderlich noch vorteilhaft. Die Software des Laserbelichters verwirft nämlich alle Bilddaten, die über eine Auflösung von 1200 dpi hinausgehen. Sie brauchen also nur eine Bildauflösung von maximal 1200 dpi.

Auflösung ändern

Im Umgang mit Rasterbildern kommt es beim Ändern der Auflösung wahrscheinlich zu den meisten Missverständnissen. Anders als die in ihrer Größe unveränderlichen Fliesen des Küchenfußbodens werden Rasterbilder häufig vergrößert oder verkleinert (skaliert), um die Bildabmessungen zu verändern (etwa von 8 cm Breite auf 10 cm Breite). Sobald Sie die Abmessungen einer Rastergrafik verändern, ändern Sie auch deren Auflösung. Manchmal ist eine Änderung der Auflösung unumgänglich und bereitet keine Probleme. Es kann aber auch passieren, dass eine in der richtigen Auflösung eingescannte Datei anschließend nicht mehr gut aussieht.

Pixel ausdehnen

Zurück zu unserem Küchenfußboden. Was, wenn wir die Größe der Küche verdoppeln, aber keine zusätzlichen Fliesen zum Auslegen haben? Dann müssen wir gegebenenfalls jede dieser Fliesen auf ihre doppelte Größe ausdehnen. (Ich weiß, dass es schwer ist, Fliesen langzuziehen, aber egal.) Das Muster der Fliesen wird auf die doppelte Größe vergrößert. Enthält das Muster nun aber mehr Details? Nein, die Fliesen sind größer, aber der Detailgehalt bleibt unverändert. Ein in seiner ursprünglichen Größe gut aussehendes Bild sieht nach dem Vergrößern nicht mehr so gut aus, es verliert an Detailzeichnung.

Das passiert auch, wenn Sie eine Rastergrafik vergrößern. Dabei spielt es keine Rolle, ob Sie dazu ein Bildbearbeitungsprogramm oder eine Seitenlayout-Software verwenden. Wenn Sie ein Bild erstmalig einscannen oder eine neue Datei erzeugen, dann erhalten Sie eine feste Anzahl von Pixeln. Wenn Sie die äußeren Abmessungen dieser Bilddatei später vergrößern (sie langziehen, wie ein Gummiband), dann müssen dazu Pixel ausgedehnt werden und das Bild sieht schlecht aus.

Pixel aus dem Nichts hinzufügen

Aber wenn Sie beim Skalieren des Bildes statt die Pixel zu strecken weitere Pixel hinzufügen könnten? In Photoshop lautet der Begriff für die Änderung der Pixelzahl beim Ändern der Bildgröße **Neuberechnung**. Bei einer Neuberechnung, auch Interpolation genannt, bleibt die Auflösung beim Verändern der Bildabmessungen gleich.

Vielleicht sehen Sie diese Neuberechnungsfunktion und denken sich: „Aha! Ich habe ein Mittel gegen diesen Treppeneffekt gefunden! Ich berechne das Bild beim Vergrößern einfach neu, und dadurch bleiben die Details erhalten und das Bild sieht toll aus." Leider erhalten Sie durch eine Aufwärts-Neuberechnung nicht die gleichen guten Ergebnisse, als wenn Sie von Anfang an mit der richtigen Auflösung arbeiten würden.

Das Programm weiß nicht, welche Details es beim Erzeugen der neuen Pixel einfügen soll. Also muss es raten. Leider führt dieses Ratespiel eher zu einem verschwommenen Bild, als zu einem detailreichen. Wenn Sie die Vorgänge beim Vergrößern eines Bildes verstehen, dann können Sie manchmal damit durchkommen. Es ist aber niemals eine gute Idee, Rastergrafiken auf die zwei- oder dreifache Größe aufzublasen.

Proxy-Bilder nutzen

In den 1990er Jahren verwendeten wir noch niedrig aufgelöste Grafiken in unseren Layouts, die wir dann vor dem Druck gegen die hoch aufgelöste Datei austauschten. Diese niedrig aufgelösten Dateien wurden manchmal als **Proxybilder** bezeichnet. Der Grund für diese Arbeitsweise waren die kleinen Computerfestplatten, die nicht genug Speicherplatz für die hoch aufgelösten Grafiken boten. Leider sind manche Unternehmen immer noch im zwanzigsten Jahrhundert stecken geblieben. Sie bemerken nicht, dass dieser Workflow dank der heutigen Festplattenkapazitäten vollkommen überflüssig ist. Wenn Sie auf Leute treffen, die immer noch so arbeiten, fragen Sie sie, ob sie nicht schon einmal darüber nachgedacht haben, einen moderneren Workflow einzusetzen.

Wenn es sich um ein gescanntes Bild handelt, scannen Sie die Originalvorlage nochmals größer ein, wie im nächsten Abschnitt besprochen. Wenn es sich um ein Digitalfoto handelt, das nicht erneut aufgenommen werden kann, versuchen Sie es mit den Schärfungstechniken, die später in diesem Kapitel beschrieben werden.

Rastergrafiken einscannen und vergrößern

Angenommen, vor Ihnen liegt ein altes Jahrgangsheft aus der Schule mit einem nur 2,5 cm breiten Foto. Sie wollen das Bild aber in einer Breite von 20 cm abdrucken. Wie scannen Sie das Bild ein, damit es die richtige Auflösung erhält? Die einfache Formel zum Scannen mit „zusätzlicher" Auflösung lautet wie folgt:

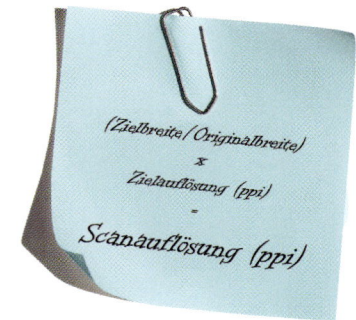

Teilen Sie die erwünschte Bildbreite durch die Breite des Originalbildes und multiplizieren Sie das Ergebnis mit der gewünschten Auflösung. Sie erhalten dann die Auflösung, mit der Sie das Bild einscannen sollten.

Im Fall des Fotos aus dem Jahrgangsheft ergeben sich dabei (20/2,5) x 300= 2400 ppi. Sie erhalten dadurch ausreichend viele Pixel, um die Bildgröße auf die gewünschte Auflösung zu ändern. (Die Scansoftware enthält auch entsprechende Bedienelemente, um Ihnen diese Berechnungen abzunehmen).

Was aber, wenn Sie nur ganz geringe Größenveränderungen an einem Bild vornehmen möchten? Wenn Sie etwa ein Bild in eine Broschüre einsetzen, das Sie nur ein kleines bisschen größer bräuchten? Müssen Sie dann wirklich extra das Original neu einscannen?

Nein, sagt der praktisch denkende Mensch. (Die Puristen fragen wir nicht.) Bei Halbtonbildern wie z. B. Fotos bleibt diese kleine Skalierung nahezu ohne Auswirkungen. Tatsächlich ist es sehr schwierig, irgendwelche Unterschiede in einem Bild auszumachen, das um weniger als 10% vergrößert wurde.

72 und 288 ppi? Oder 75 und 300?

Manche Gestalter und Fotografen verwenden 72 ppi als Standard für niedrig aufgelöste Bilder, andere 75 ppi. Gibt es dafür einen Grund? Allerdings; und dieser hängt damit zusammen, dass mancher sich nicht für komplizierte Mathematik erwärmen kann. Wenn Sie von einem 72-ppi-Bild ausgehen, erhöhen Sie die Auflösung (ohne Neuberechnung!) auf 300 ppi. Sie müssen 72 mit 4,1666... multiplizieren, um etwa 300 zu erzielen. Also arbeiten manche Gestalter mit 72 dpi und multiplizieren dann einfach mit 4, um eine hochaufgelöste Datei von 288 ppi zu erzielen. Das ist viel einfacher. Andere arbeiten mit 75 ppi für niedrig aufgelöste Bilder und multiplizieren dann mit 4, um 300-ppi-Bilder zu erzielen. Ich persönlich verwende gerne 75 ppi und 300 ppi.

Rastergrafiken verkleinern

Das Vergrößern von Rasterbildern ist eindeutig problematisch, aber wie sieht es mit dem Verkleinern aus? Wenn Sie dazu das Bildbearbeitungsprogramm verwenden, ist das überhaupt kein Thema.

Wenn Sie eine Rastergrafik jedoch in einem Seitenlayout-Programm platzieren und ihre Abmessungen dort auf der Seite verringern, dann kann es zu Problemen kommen. Denn obwohl Sie die Abmessungen des Bildes verringern, *bleibt die Dateigröße dieselbe.* Der Computer muss also möglicherweise weiterhin die kompletten Bilddaten an den Drucker senden.

Als Beispiel setzen Sie vielleicht ein 10 cm breites Foto auf eine Seite Ihres Newsletters und stellen dann fest, dass eigentlich auch eine Breite von 5 cm genügen würde. Das 10 cm breite Foto hat eine Größe von 2,3 MB; nach der Verkleinerung auf 5 cm befinden sich in der Datei immer noch 2,3 MB an Informationen.

Wenn Sie die Druckeinstellungen in Ihrem Seitenlayout-Programm nicht so wählen, dass alle überflüssigen Pixel verworfen werden, dann sendet der Computer 2,3 MB Daten an den Druckprozessor. Wenn Sie den Druckauftrag an einen Desktop-Drucker senden, dann könnte das Gerät damit eine Weile beschäftigt sein. Zum Glück können die professionellen Druckprozessoren in großen Druckereien normalerweise mit solchen überschüssigen Informationen umgehen.

Fehlende Pixel finden und ausbessern

Bei den heutigen Mega-Größer-Mehr-Pixel-Kameras ist es schwer vorstellbar, dass es Ihnen einmal an der benötigten Bildauflösung mangeln sollte. Aber es könnte passieren. Vielleicht haben Sie einen Fehler gemacht und Ihre Kamera auf die kleinste Bildgröße eingestellt. Oder Sie hatten für eine einzigartige Momentaufnahme nur Ihre Handykamera zur Verfügung. Gibt es eine Möglichkeit, ein Bild mit zu geringer Auflösung aufzumöbeln? Mit den beiden nachfolgend beschriebenen Ansätzen können Sie es versuchen: **Neuberechnen oder Schärfen.**

Neuberechnen

Ein Programm wie Adobe Photoshop oder Photoshop Elements kann Sie beim Vergrößern von Bildern mit ungenügender Originalauflösung unterstützen. Wählen Sie die Option zur Neuberechnung des Bildes und entscheiden Sie sich dann für die Option „Bikubisch glatter". (Diese ist für Vergrößerungen am besten geeignet.) Dann können Sie die Werte für die neue Dokumentgröße eingeben.

Wie unten dargestellt werden bei der Methode „Bikubisch glatter" die typischen Treppeneffekte beim Vergrößern von Bildern verhindert. Dafür erscheint das Bild etwas unscharf oder verschwommen. Die Option Pixelwiederholung führt zu Treppeneffekten. Für sehr detaillierte Bilder ist die Neuberechnung nicht geeignet. Wenn es sich aber nur um ein einfaches Familienfoto vom Weihnachtsessen handelt, dann wird sich Onkel Kurt nicht über eine kleine Bildneuberechnung aufregen.

Ein Beispiel für die Auswirkungen einer Bildvergrößerung durch Neuberechnung. Das kleine Bild der Taschenuhr wurde hier auf 400 % vergrößert. Für das mittlere Bild wurde zur Neuberechnung die Einstellung „Bikubisch glatter" verwendet. Dadurch wirken die Bildkanten weich und verwaschen. Für die Neuberechnung des Bildes ganz rechts kam die Einstellung Pixelwiederholung zum Einsatz. Dadurch treten an den Bildkanten Treppeneffekte auf.

Fehlende Pixel schärfen

Mit einem Filter wie „Unscharf Maskieren" in Photoshop können Sie die so in einem Bild auftretende Weichzeichnung wieder beheben. Dabei werden die Übergänge zwischen hellen und dunklen Pixeln geschärft, was zu einem subjektiven Eindruck von mehr Detailtiefe führt. Durch Schärfen können Sie aber keine Details erzeugen, die es noch nie gab. Mir wurde beigebracht, dass ich ein Bild unter anderem dann schärfen solle, wenn ich eigentlich den Bildkontrast erhöhen wollte. Eine leichte Schärfung sei dann besser.

Ein Beispiel dafür, wie der Filter „Unscharf Maskieren" die Details in einem „weichen" Bild verbessern kann. Durch Vergrößern der linken Uhr sind hier einige Details verschwommen. Rechts erzeugt eine leichte Schärfung einen detailreicheren Eindruck.

Kann die Auflösung jemals zu groß sein?

Sieht eine Rastergrafik besser aus, wenn Sie ihre Auflösung verdoppeln? Nein – bei einer Auflösung zu scannen, die höher als die doppelte Rasterfrequenz ist, ist reine Platzverschwendung auf der Festplatte. Und es dauert länger, die Datei beim Bearbeiten abzuspeichern.

Wenn Sie eine Anzeige an einen Verlag senden, empfiehlt es sich jedoch, die Datei in einer zu deren Rasterfrequenz passenden Auflösung zu übermitteln. Es ist einfach eine freundliche Geste, nicht zuviel Platz auf der Festplatte des Verlags zu belegen.

Vektorgrafiken

Vektorgrafiken unterscheiden sich

deutlich von Rastergrafiken. Zunächst einmal entstehen Vektorgrafiken direkt im Computer und werden nicht von einer Digitalkamera oder einem Scanner aufgenommen. Sie bestehen nicht aus Millionen winziger Pixel, sondern basieren zudem auf mathematischen Formeln zur Beschreibung einzelner Objekte.

Für alle Arten von Illustrationen kommen hauptsächlich Vektorgrafiken zum Einsatz. Gleiches gilt für Grafiken ohne digitale Fotos oder gescannte Bilder. Fast alle Firmenlogos entstehen als Vektorgrafiken. Je nach dem Stil des Künstlers können Vektorgrafiken wie Comics, Holzschnitte, Aquarelle oder Tuschezeichnungen aussehen. Manche Künstler kreieren sogar fotorealistische Vektorgrafiken.

Vektorgrafiktypen

Vektorgrafiken können in Farbe, Graustufen oder Schwarzweiß entstehen. Anders als bei pixelbasierten Rastergrafiken ist der Unterschied in der Dateigröße zwischen Farb-, Graustufen- oder Schwarzweißbildern hier jedoch viel geringer.

Vektorgrafiken entstehen nicht immer in einem Zeichenprogramm. Manche Tabellenkalkulationsprogramme erzeugen Kreis- oder Balkendiagramme im Vektorformat. Es gibt Vektorisierungsprogramme zur automatischen Umwandlung von Rastergrafiken in Vektorgrafiken. Auch online oder auf Kauf-CDs finden Sie eine große Auswahl verschiedener Vektor-Cliparts.

Vorteile von Vektorgrafiken

Die Erstellung und Anwendung von Vektorgrafiken bietet eine Reihe von Vorteilen.

Auflösung

Einer der Hauptvorteile der Vektorgrafik besteht darin, dass sie von keiner festen Auflösung abhängig ist. Sie wird also mit der Auflösung

Beispiele für verschiedene Vektorgrafikstile

des Ausgabegeräts gedruckt. Die Grafik sieht deshalb immer hervorragend aus, egal wie stark sie vergrößert oder verkleinert wurde – keine Treppeneffekte. Eine Vektorgrafik ist daher ideal für Logos, Karten und andere Bilder mit glatten Kanten, die je nach Verwendungszweck in unterschiedlichen Größen eingesetzt werden.

Einfach zu verändern

Ein weiterer Vorteil ist, dass Vektorgrafiken sich, anders als Rastergrafiken, leicht verändern lassen. Wie bereits erwähnt bestehen Vektorgrafiken aus einzelnen Objekten oder Formen; jedes dieser einzelnen Objekte kann endlos verschoben, neu eingefärbt oder verformt werden. Derartige Veränderungen in Rastergrafiken würden Stunden dauern. Vektorgrafiken lassen sich also für viele Anwendungssituationen passend überarbeiten. Wenn Sie sich zwischen Illustrationen im Vektor- oder Pixelformat entscheiden können, dann sind Vektorgrafiken (wenn Sie sie ausdrucken möchten) die flexibelste Wahl.

Kleinere Dateien

Die Mathematik hinter den Vektorgrafiken ermöglicht es, sehr große Formen mit extrem geringen Datenmengen zu beschreiben. Die Dateigröße von Vektorgrafiken ist also viel kleiner als die entsprechender Rastergrafiken.

Wenn Sie zum Beispiel bei 300 ppi ein Quadrat mit einem Zoll (2,54 cm) Kantenlänge zeichnen, dann besteht dieses aus 90.000 Pixeln. Im CMYK-Farbmodus sind das vier Kanäle mit je 90.000 Pixeln. Diese Pixelbilddatei ergibt eine Dateigröße von 352 K. Dasselbe Quadrat wird als Vektorgrafik aber nur durch die mathematischen X- und Y-Koordinaten seines Ursprungs sowie seiner Höhe und Breite definiert. Auch die Farbe wird mithilfe eines Befehlssatzes ausgedrückt, und nicht in vier separaten Pixelkanälen. Die zur Erzeugung eines einen Zoll breiten Vektorquadrats benötigte Informationsmenge beträgt also nur 8 K. (Wenn Sie das in Ihrem Vektorgrafikprogramm ausprobieren, erhalten Sie gegebenenfalls eine größere Datei, weil das Programm noch Definitionen für Farben, Symbole und Zeichenwerkzeuge mit in die Datei einbindet.)

Beispiel für die Flexibilität von Vektorgrafiken. Links befindet sich das Originalbild. In der mittleren Illustration wurde die Display-Farbe sowie Details der Mikrofon- und Hörerabdeckung geändert. Die Illustration rechts verdeutlicht, wie die Gehäusefarbe verändert werden kann.

Herausforderungen der Vektorgrafik

Vorteile sind im Leben immer auch mit Herausforderungen verbunden. Das gilt auch für die Arbeit mit Vektorgrafiken.

Lernprozess

Die Arbeit in einem Vektorgrafikprogramm kann sich schwieriger gestalten als in einer Anwendung zur Bildbearbeitung. Das gilt besonders bei der Erstellung von weichen Übergängen, Konturen und Schatten. Viele Anwender finden es schwierig zu lernen, Formen zu kombinieren und Farben und Farbtöne zu beherrschen.

Vektorgrafiken verwenden **Bézierkurven** („bes-jeh" ausgesprochen). Vor Jahren mussten gerundete Formen mühsam Punkt für Punkt dargestellt werden. Dann entwickelte der französische Mathematiker Pierre Bézier Formeln zur Beschreibung von Kurven. In Vektorgrafikprogrammen variieren Sie die Formen der Kurven durch Verändern der Richtung und Länge der Béziergriffe. Dies wird auf der nachfolgenden Seite dargestellt.

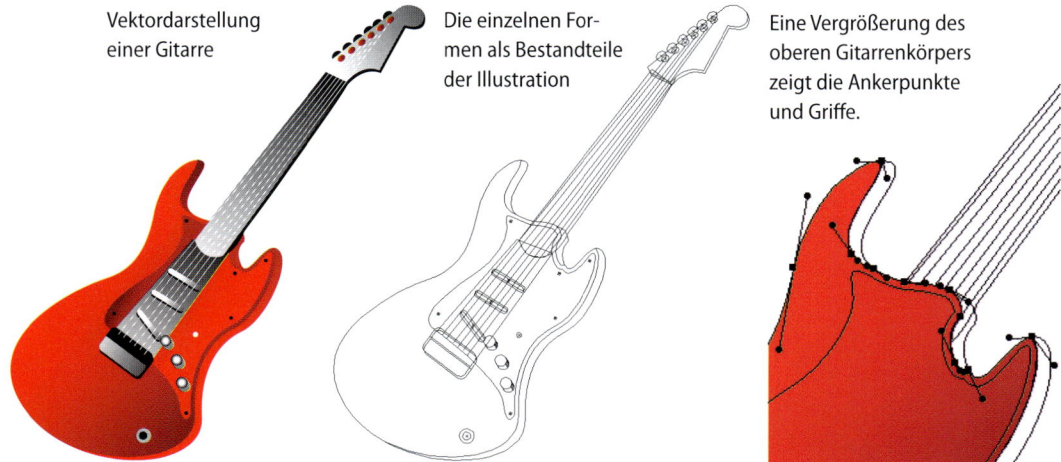

Vektordarstellung einer Gitarre

Die einzelnen Formen als Bestandteile der Illustration

Eine Vergrößerung des oberen Gitarrenkörpers zeigt die Ankerpunkte und Griffe.

Einschränkungen

Wenn Sie in einem Vektorgrafikprogramm ein möglichst realistisches Bild anstreben, etwa ein Porträt, dann werden Sie Schwierigkeiten haben, natürlich wirkende Konturen, Schatten und Glanzlichter zu erzielen. Für diese Effekte können hunderte von Objekten innerhalb einer Illustration nötig werden, von denen jedes leicht im Farbton abweicht. Für ein realistisches Portrait empfiehlt sich eher die Arbeit mit pixelbasierter Software.

Vektorgrafiken in Produktillustrationen

Es nimmt viel Zeit in Anspruch, eine Vektorgrafik im fotorealistischen Stil zu entwerfen. Und dennoch widmen sich viele Künstler ausschließlich diesem Stil. Ich habe Brad Neal von Thomas Bradley, LTD, einem Design- und Illustrationsunternehmen, gefragt, warum seine Kunden Vektorillustrationen nachfragen. „Zuerst haben wir im Vektorformat gearbeitet, weil die Kunden die Flexibilität zum Drucken in unterschiedlichen Formaten benötigten. Es gab Grafiken, die zuerst auf der Verpackung von Kinderspielzeug und später dann auf der Seite eines 40-Tonners landeten.

Später baten uns dann Firmen darum, Grafiken für Produkte zu entwerfen, die es noch gar nicht gab. Die technischen Daten lagen vor, aber das Produkt war noch nie produziert worden. Wir haben ihre CAD-Zeichnungen (computer-aided design) dazu verwendet, fotorealistische Zeichnungen ihrer Produkte anzufertigen. Diese Illustrationen konnten in Bedienungsanleitungen, Verkaufsbroschüren oder in der Werbung eingesetzt werden – selbst wenn das eigentliche Produkt erst Monate später fertig werden würde.

Wir hatten auch Hersteller, etwa Autofirmen, die das Produkt aus dem Vorjahr für den Katalog des nächsten Jahres überarbeiten wollten. Es ist einfacher, die Form eines Scheinwerfers in einer Vektorillustration zu verändern, als an einem realen Auto."

Transparente und undurchsichtige Formen in Vektorgrafiken

Wenn Sie mit selbst erstellten Vektorgrafiken umgehen, dann kennen Sie wahrscheinlich jede Grafik und ihre einzelnen Bestandteile recht gut. Wenn Sie jedoch Bilder vektorisieren oder mit fremden Vektorgrafiken arbeiten, dann überrascht es Sie vielleicht, dass einige Bildbereiche, die Sie für weiß hielten, transparent sind. Andere, von Ihnen für transparent gehaltene Bildbereiche sind hingegen möglicherweise weiß.

Wenn transparente Formen weiß sein sollten

Um das unten dargestellte Problem zu vermeiden, vergewissern Sie sich im Vektorgrafikprogramm, dass weiß erscheinende Bildbereiche auch tatsächlich aus weißen Objekten bestehen. (Auf der folgenden Seite finden Sie Informationen zum entgegengesetzten Problem – zu weißen Formen, die transparent sein sollten.)

Das linke Bild sieht gut aus, wenn es alleine auf die Seite gesetzt wird. Wenn das Bild jedoch, wie in der Mitte, über einem farbigen Hintergrund platziert wird, werden die transparenten Bereiche im Gesicht der Frau zu einem Problem. Auf dem rechten Bild wurde dieses Problem gelöst, indem weiße Bereiche auf dem Haar und Gesicht der Frau platziert wurden.

Wenn weiße Formen transparent sein sollten

Bei dem auf der nächsten Seite dargestellten Problem ist der Henkel der Tasse nicht durchsichtig. Um so etwas zu vermeiden, müssen Sie einen zusammengesetzten Pfad (in manchen Programmen Kompositpfad genannt) erstellen. Sie wählen sowohl den äußeren als auch den inneren Pfad aus und wenden den Befehl an. Der innere Pfad stanzt dann ein transparentes Loch in den äußeren Pfad.

Auf dem weißen Hintergrund sieht das Loch in der linken Tasse gut aus. Wird die Tasse jedoch vor einem farbigen Hintergrund platziert, dann sticht das Loch in der Tasse als weiße Form hervor. Beim Verbinden des Lochs in der Tasse mit der Tassenform entsteht eine Transparenz. Das ist die korrekte Vorgehensweise zur Erzeugung transparenter Bereiche in Vektorgrafiken.

Vektorgrafiken in Layouts platzieren

Vektorgrafik im Netz

Dieselbe Mathematik, die für kleine Dateigrößen bei Druckgrafiken sorgt, erfüllt auch bei Vektorgrafiken für das Internet ihre Funktion. Ein verbreitetes Format für Webdateien ist das SWF-Format (Shockwave Flash). Viele Web-Künstler verwenden Programme wie Adobe Illustrator zur Erstellung von SWF-Animationen.

Eine der mir im Zusammenhang mit dem Einsatz von Vektorgrafiken am häufigsten gestellten Fragen ist, warum die Bildvorschau in Seitenlayout-Programmen so grässlich aussieht. Viele machen sich Sorgen, dass das Bild in schlechter Qualität gedruckt wird. Warum sehen Vektorgrafiken in Seitenlayout-Programmen also so schlecht aus?

Das hat etwas mit der *Vorschaufunktion* zu tun. Die mathematischen Formen, aus denen sich die Vektorgrafik zusammensetzt, müssen in der Vorschau als Pixelgrafik dargestellt werden. Leider wird die Pixelgrafik nicht wie glatte Vektorlinien dargestellt. Stattdessen sieht sie sehr grob und verpixelt aus.

Wenn ich in InDesign arbeite, habe ich mehrere Möglichkeiten zur Darstellung meiner Vektorgrafiken zur Auswahl. Mit einigen dieser Einstellungen wird die Darstellung verbessert. Gewöhnliche Illustrator- und EPS-Dateien sehen mit den normalen Anzeigeeinstellungen sehr pixelig aus. (Ähnliche Probleme bei der Bildvorschau können auch bei der Arbeit in QuarkXPress auftreten.)

Glücklicherweise betreffen diese Probleme nur die Bildvorschau. Die Dateien werden immer in ihrer korrekten Ansicht ausgedruckt. Aber beim Anblick dieser stufigen Vorschaubilder kann man es schon mit der Angst zu tun bekommen.

Auch wenn das Vektorbild links nach dem Drucken einwandfrei aussieht – seine Vorschau in einem Seitenlayout-Programm sieht furchtbar aus.

Vektor/Pixel-Quiz

Vektorgrafiken sind sehr einfach zu erkennen. Alle scharfen Grafiken mit sauberen Kanten bestehen sehr wahrscheinlich aus Vektoren. Die Pixel der Rastergrafiken sind hingegen weich und flaumig. (Meine Katze heißt Pixel, und sie ist sehr weich und flaumig.) Textzeichen sind zunächst immer Vektoren, mitunter werden sie aber zwischendurch in Pixel umgewandelt.

Versuchen Sie durch bloßes Betrachten der nachfolgenden Bilder zu beurteilen, ob es sich um Vektor- oder Pixelgrafiken handelt. Hinweis: Es können auch Pixelbilder mit Vektoranteilen oder, umgekehrt, Vektorbilder mit Pixelbereichen dabei sein.

Bild 1

Bild 2

Bild 3

Bild 4

Bild 5

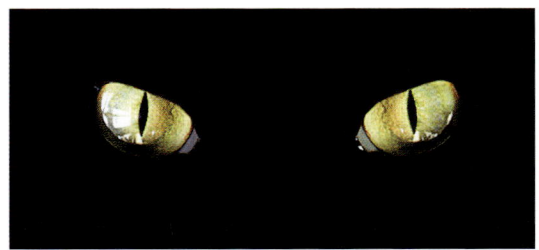

Bild 6

Bild 7

Bild 8

Antworten zum Vektor/Pixel-Quiz

Bild 1

Bei dem Bild von der Katze handelt es sich um ein Foto, das natürlich aus Pixeln besteht. Aber das rote Halsband und der goldene Ring sind Vektoren, die im Seitenlayout-Programm hinzugefügt wurden. Sie wirken daher, als würden Sie über dem Foto schweben.

Bild 2

Das Bild war ursprünglich ein Foto, das dann aber mit der interaktiven Abpausfunktion von Illustrator vektorisiert wurde.

Bild 3

Der Cartoon besteht zu 100 % aus Vektoren. Dieses Kunstwerk entstand ganz ohne Pixel.

Bild 4

Die Illustration besteht ganz aus Vektoren. Selbst bei den Grauschattierungen handelt es sich nicht um weiche Pixel, sondern um Farbverläufe aus dem Vektorgrafikprogramm.

Bild 5

Bei diesen beiden gespenstischen Augen handelt es sich eindeutig um Pixel.

Bild 6

Dieses hier ist etwas trickreich. Der Cartoon besteht größtenteils aus Vektoren. Um die Augen herum ist jedoch ein leichtes Schimmern zu erkennen. Dieses Schimmern basiert auf einem Pixeleffekt aus dem Bildbearbeitungsprogramm. Das ist ein gutes Beispiel für den gleichzeitigen Einsatz vom Pixeln und Vektoren.

Bild 7

Dieses hier ist auch verzwickt. Fast die gesamte Illustration setzt sich aus Vektoren zusammen. Wenn Sie jedoch genau hinsehen, dann erkennen Sie, wie die Kanten der blauen Bereiche leicht verschwimmen. Dieser Effekt wird als Anti-Aliasing bezeichnet und erzeugt immer Pixel.

Bild 8

Beim Betrachten der kleinen Version würden Sie es vielleicht nicht vermuten, aber dieses Bild besteht komplett aus Vektoren. Der Künstler hat Tausende von Einzelobjekten gezeichnet, um die Katze zum Leben zu erwecken. Betrachten Sie dazu die nachfolgende Vergrößerung.

Dateiformate

Immer wenn Sie ein Dokument oder eine Grafik auf
dem Computer erstellen, speichert das Programm diese Grafik in
einem bestimmten Dateiformat, also mit einer bestimmten internen
Struktur, ab. Einige Formate verwenden Pixel, andere Vektoren; einige
sind hochauflösend, andere haben eine niedrigere Auflösung; einige
sind an einen bestimmten Computertyp oder sogar an eine bestimmte
Anwendung gebunden, andere lassen sich mit beliebigen Computern
und Programmen verwenden und so weiter.

So wie unterschiedliche Softwareprodukte unterschiedlich gut für
bestimmte Aufgaben geeignet sind, so eignen sich auch verschiedene
Dateiformate unterschiedlich gut für verschiedene Zwecke.
Einige Dateiformate sind zum Beispiel gut zur Vervielfältigung auf
Bürodruckern geeignet, nicht aber zum Einsatz auf Offsetdruck-
maschinen; manche sind ideal für eine hochauflösende Druckausgabe;
andere eignen sich hervorragend für Webgrafiken mit geringer
Auflösung. Manche Dateiformate dienen zum „Übersetzen" von
Grafiken von einem Programm in ein anderes.

Ebensowenig, wie Sie stundenlang im falschen Programm arbeiten
wollten, so möchten Sie auch eine Datei nicht über Stunden im
falschen Format bearbeiten. Dieses Kapitel hilft Ihnen beim Verständnis
der verschiedenen Dateiformate und bei der Auswahl des richtigen
Formats für Ihr jeweiliges Projekt.

Programmspezifische Dateiformate

Wenn Sie ein Dokument in dem Format des zur Bearbeitung verwendeten Programms abspeichern, dann erhalten Sie dabei ein **programm-
spezifisches Dateiformat**. Dabei handelt es sich jedoch in der Regel um
spezielle Formate, die von Anwendungen anderer Hersteller nicht immer
gelesen werden können. Daher müssen Sie die programmspezifische
Datei meist in einem anderen Format abspeichern, wenn Sie diese in
einem anderen Programm verwenden möchten.

Programmspezifische Photoshop-Dateien

Es gibt viel zu viele unterschiedliche programmspezifische Grafikdateien,
um sie alle hier zu behandeln. Da jedoch sehr viele Anwender mit Adobe
Photoshop arbeiten, gehe ich hier zunächst auf den Umgang mit Photoshop-Dateien (PSD) ein.

Das Photoshop-eigene Dateiformat hat bei der Arbeit in Photoshop
selbst meist einige Vorteile gegenüber anderen Dateiformaten. So können Sie darin zum Beispiel mit Ebenen arbeiten und problemlos einzelne Bildteile verschieben. Diese Ebenen gehen verloren, wenn Sie die
Dateien im JPEG- oder EPS-Format abspeichern.

Die wichtigsten Layoutprogramme, wie Adobe InDesign oder Quark
XPress ermöglichen den Import von Photoshop-Dateien. Die Sichtbar-
keit der Ebenen kann dann weiterhin ein- oder ausgeschaltet werden.

Nicht alle Layoutprogramme beherrschen jedoch den Import von
Photoshop-Dateien. Microsoft Publisher erfordert zum Beispiel TIFF,
JPEG oder ein anderes Dateiformat. Pages von Apple erkennt Photo-
shop-Dateien, bietet aber keine Unterstützung für die darin enthaltenen
Ebenenfunktionen.

Sie sollten also herausfinden, ob Ihre Seitenlayout-Software mit Photoshop-Dateien umgehen kann. Falls ja, verwenden Sie möglichst häufig
die programmspezifischen Formate. Ansonsten müssen Sie die Datei
gegebenenfalls in zwei Formaten abspeichern: als programmspezifische
Photoshop-Datei und zusätzlich in einem anderen Dateiformat, das in
Ihr Seitenlayout-Programm importiert werden kann.

Merkmale von Photoshop-Dateien

MERKMAL	UNTERSTÜTZT	ANMERKUNGEN
Ebenen	Ja	z. B. Composings
Alphakanäle	Ja	für Masken
Transparenz	Ja	Vorsicht in Layoutprogrammen
Volltonfarben	Ja	sind zusätzliche Druckfarben
Anmerkungen	Ja	wie PDF-Notizen
Vektorpfade	Ja	für Vektor-Freisteller
PostScript-Text	Ja	Vorsicht in Layoutprogrammen
Vektorformebenen	Ja	für grafische Objekte

Programmspezifische Vektordateien

Die meisten Anwendungen können nicht mit dem programmspezifischen Dateiformat von CorelDraw oder anderen Vektorgrafikprogrammen umgehen – mit einer bedeutenden Ausnahme. Das programmeigene Dateiformat von Adobe Illustrator (.ai) lässt sich in vielen Seitenlayout-Programmen einsetzen. Dazu zählen die professionellen Anwendungen InDesign und QuarkXPress als auch die etwas bescheideneren Programme Microsoft Publisher und Apple Pages. Wie kommt das?

Nun, der Grund dafür liegt weniger in der Popularität von Illustrator, sondern eher in einem in der Illustrator-Datei enthaltenen Zusatz namens „PDF-Kompatibilität". Dadurch präsentiert sich die native Illustrator-Datei in Seitenlayout-Anwendungen wie eine PDF-Datei. Und die meisten Programme können PDF-Dateien als Bilder importieren.

Anwendungsübergreifende Dateiformate

Welche Dateiformate eine Softwareanwendung neben ihrem eigenen Dateiformat beim Öffnen oder Speichern unterstützt, ist dem ständigen Wandel unterworfen. Ein Hersteller fügt möglicherweise ein neues Dateiformat zum Dialogfenster „Datei öffnen" oder „Speichern unter" hinzu, um neue Funktionen einzubinden oder auf dem aktuellen Stand der Technik zu bleiben. Adobe Illustrator kann zum Beispiel die Dateien der alten Software Macromedia FreeHand öffnen. Seien Sie aber auf der Hut, wenn Sie Dateiformate ineinander umwandeln. Einige Merkmale könnten dabei verloren gehen.

In anwendungsübergreifende Dateiformate exportieren oder speichern

In den meisten Programmen können Sie eine Vielzahl anwendungsübergreifender Dateiformate erzeugen. Je nach Ihrer Zielsetzung können Sie eine Datei exportieren oder sie unter einem anderen Namen und Format abspeichern. Möglicherweise finden Sie auch einen Menübefehl, wie etwa „Senden an". In Photoshop können Sie in verschiedenen Dateiformaten *speichern* (siehe unten) und zudem noch in andere Formate *exportieren*. Es gibt geringfügige Unterschiede zwischen Exportieren und Speichern, aber bei beiden Techniken entstehen anwendungsübergreifende Dateiformate. Sehen Sie im Programmhandbuch nach, um Genaueres zu erfahren.

Anwendungsübergreifende Dateiformate importieren und öffnen

Wenn Sie eine anwendungsübergreifende Datei in eine bestehende Layoutseite eines Seitenlayout-Programms einbinden, dann wird dieser Vorgang als **Importieren** bezeichnet. Die meisten Programme enthalten einen **Import**-Befehl. Möglicherweise wird er auch als **Einsetzen**, **Bild einsetzen** oder **Platzieren** bezeichnet. Sehen Sie im Programmhandbuch nach. Beim Importieren wird die Datei, etwa eine Computergrafik oder ein gescanntes Bild, üblicherweise in eine bestehende Seite eingebunden.

Statt sie zu importieren, öffnen einige Anwendungen fremde Dateiformate so, als würde es sich um eine programmspezifische Datei handeln. Adobe Illustrator öffnet zum Beispiel FreeHand-Dateien und zahlreiche Rastergrafiken aus anderen Zeichenprogrammen. Wenn Sie das „Öffnen"-Menü aufrufen und in dem Dialogfenster eine bestimmte Datei aufgeführt sehen, dann kann das Programm diese in der Regel auch öffnen und anzeigen.

TIFF-Dateien

Das TIFF-Format **(Tagged Image File Format)** ist ein pixelbasiertes Dateiformat (Bitmap). Fast alle Pixelgrafikprogramme, wie Bildbearbeitungs- oder Zeichenanwendungen können TIFF-Dateien speichern und fast alle anderen Programme erlauben das Platzieren oder Importieren von TIFF-Bildern. Diese Dateien sind extrem flexibel – eine TIFF-Datei kann in CMYK, RGB, Graustufen, indizierten Farben oder als 1-Bit-Grafik vorliegen, jede Bittiefe und jede Auflösung ist möglich. TIFF ist auch ein gutes Format zum Austausch von Dateien zwischen Windows- und Macintosh-Computern.

TIFF-Komprimierung

Komprimierung bedeutet, dass die in einer Datei enthaltenen Informationen zusammengepresst werden, damit die Datei weniger Platz auf der Festplatte benötigt. Beim Speichern einer TIFF-Datei können Sie die Komprimierungsoptionen LZW oder ZIP anwenden. Diese Komprimierungsverfahren werden als **verlustfrei** bezeichnet. Bei der verlustfreien Komprimierung gehen keine Daten verloren, das komprimierte Bild sieht exakt so aus wie das unkomprimierte. Sie können auch die JPEG-Komprimierung anwenden, die allerdings **verlustbehaftet** ist (siehe Seite 118).

Merkmale von TIFF-Dateien

MERKMAL	UNTERSTÜTZT	ANMERKUNGEN
Ebenen	Ja	
Alphakanäle	Ja	
Transparenz	Ja	Nicht alle Programme können mit Transparenzen in TIFF-Dateien umgehen.
Volltonfarben	Nein	
Anmerkungen	Nein	
Vektorpfade	Ja	
PostScript-Text	Nein	
Komprimierung (verlustfrei)	Ja	
Komprimierung (verlustbehaftet)	Ja	

EPS-Dateien (Pixel)

EPS steht für Encapsulated (verkapseltes) PostScript. In einer EPS-Datei sind alle Pixelinformationen des Bildes gemeinsam mit Zusatzinformationen, die normalerweise nicht in einer Bilddatei enthalten sind, zusammengepackt. Vor Jahren ließen sich Informationen, wie Vektorpfade zum Beschneiden oder Freistellen einer Datei, ausschließlich im EPS-Format speichern. Heutzutage eignen sich dazu jedoch auch TIFF-Dateien. Manche Leute in Ihrem Umfeld bestehen vielleicht darauf, ihre Pixeldateien im EPS-Format speichern zu müssen. Das müssen sie nicht wirklich, es sei denn, sie verwenden ganz spezielle Druckhardware. Photoshop- oder PDF-Dateien können alles, was eine EPS-Datei kann – und mehr!

Merkmale von EPS-Dateien

MERKMAL	UNTERSTÜTZT	ANMERKUNGEN
Ebenen	Nein	
Alphakanäle	Nein	
Transparenz	Nein	
Volltonfarben	Nein	
Anmerkungen	Nein	
Vektorpfade	Ja	Vektorpfade werden beim erneuten Öffnen der EPS-Datei gerastert.
PostScript-Text	Ja	Text wird beim erneuten Öffnen der EPS-Datei gerastert.

EPS-Dateien (Vektor)

Vektorsoftware wie Adobe Illustrator und CorelDraw ermöglicht Ihnen das Speichern von Dateien im EPS-Format. Wie bereits ausgiebig in Kapitel 7 besprochen, bestehen die Grafiken in einer EPS-Vektordatei aus einer Anzahl unterschiedlicher Objekte, die jeweils auf mathematischen Beschreibungen basieren. Eine EPS-Vektordatei wird immer mit der jeweiligen Auflösung des Ausgabegeräts gedruckt und kann ohne jegliche Qualitätseinbußen im Bild vergrößert oder verkleinert werden.

DCS-Dateien

Beim DCS-Format (Desktop Color Separation) handelt es sich um eine Abwandlung des EPS-Dateiformats. Das DCS-Format wurde von Quark Inc. entwickelt, um QuarkXPress das korrekte Einlesen und Ausdrucken von CMYK-Dateien zu ermöglichen. Diese Dateien können nur auf Post-Script-Druckern ausgegeben werden.

Vor Jahren waren die Dienstleister zur Herstellung von Farbauszügen auf DCS-Dateien angewiesen. Dies gehört zum Glück der Vergangenheit an und kaum noch ein Dienstleister wird Sie um DCS-Dateien bitten.

PICT-Dateien (Macintosh)

Das PICT-Dateiformat (PICT ist die Abkürzung für „picture", Bild) wurde vor langer Zeit von Apple für die ersten Macintosh-Systeme aus der Taufe gehoben. Eine PICT-Datei kann sowohl Vektor- als auch Pixel-informationen beinhalten. Ein pixelbasiertes Programm wie Photoshop exportiert PICT-Dateien nur im Pixelformat; ein Vektorprogramm exportiert seine PICT-Dateien hingegen im Vektorformat.

Das PICT-Dateiformat ist dumm. Es verwendet eine sehr primitive Spra-che zur Datenkodierung. Ein Sprachvergleich: PICT ist Gassensprache; PostScript ist Goethe. Aus diesem Grund führen PICT-Dateien beson-ders auf PostScript-Druckern und hochauflösenden Laserbelichtern zu Druckproblemen. Vermeiden Sie nach Möglichkeit, Ihre Dateien im PICT-Format zu speichern.

BMP-Dateien (Windows)

In Windows gibt es ein BMP-Format (Windows Bitmap), das fast genauso albern ist wie das PICT-Format auf dem Mac, und das auch zu ähnlichen Druckproblemen führt. Vermeiden Sie – wo immer möglich – den Einsatz von BMP-Dateien.

WMF-Dateien (Windows)

Beim WMF-Dateiformat (Windows Metafile) handelt es sich um ein Vektorformat für den Einsatz auf der Windows-Plattform. Wie im Fall von PICT- oder BMP-Dateien kann es damit zu Druckproblemen kommen.

GIF-Dateien

Das GIF-Dateiformat (Graphical Interchange Format) ist ein komprimiertes Grafikdateiformat, das auf jedem Computer dargestellt werden kann. Es wurde ursprünglich vom Online-Dienst CompuServe zur Übertragung von Bildern über Telefonleitungen entwickelt. Wegen dieser Eigenschaften – kleine Dateien, die sich auf allen Computern betrachten lassen – sind GIF-Bilder überall im Internet zu finden.

Für den professionellen Druck gibt es keine Anwendung für das GIF-Format. Ein aus dem Internet heruntergeladenes GIF-Bild können Sie sicherlich problemlos auf einem Bürodrucker ausgeben. Wegen der geringen Auflösung von meist 72 ppi wird die Webgrafik dann aber wahrscheinlich nicht besonders gut aussehen. Eine GIF-Datei *muss* nicht unbedingt 72 ppi haben. Höhere Auflösungen werden auf dem Bildschirm aber auch nicht anders dargestellt, daher haben Webgrafiken immer eine Auflösung von 72 ppi (genauer gesagt, nimmt jede Webgrafik die Auflösung des Monitors an).

Wenn Sie dasselbe Bild sowohl drucken als auch im Web veröffentlichen wollen, fertigen Sie zwei Kopien der Datei an: eine druckbare TIFF-Datei und eine Webgrafik im GIF-Format.

PNG-Dateien

Das PNG-Dateiformat (Portable Network Graphic) ähnelt dem GIF-Format hinsichtlich seiner Auslegung als komprimiertes Dateiformat. Es wurde als lizenzfreies Gegenstück zu CompuServe-GIF-Dateien entwickelt. PNG-Dateien unterstützen eine Farbtiefe bis 24 Bit (Millionen von Farben) und Transparenz. Die häufig in GIF-Bildern beobachteten Treppenstufen sind dabei kein Thema mehr.

Theoretisch lassen sich PNG-Dateien sowohl für Webgrafiken als auch in der Druckvorstufe verwenden. Aber die meisten Anwender nutzen überhaupt keine PNG-Dateien.

PNG-Dateien sind jedoch hervorragend für den Einsatz mit Microsoft-Office-Anwendungen geeignet. Wenn Sie ein Vektorlogo in eine PowerPoint-Präsentation einbinden möchten, speichern Sie es als PNG-Datei mit Transparenz. PNG-Dateien werden aus jeder Office-Anwendung heraus einwandfrei gedruckt.

JPEG-Dateien

Wenn Sie eine Digitalkamera besitzen, verwenden Sie höchstwahrscheinlich bereits JPEG-Dateien. Das JPEG-Dateiformat (Joint Photographic Experts Group) ist eines der verbreitetsten Formate für Digitalkameras, weil sich die Bilder damit in sehr viel kleineren Dateien unterbringen lassen. Sie können also mehr Bilder auf der Kamera speichern. Das JPEG-Format wird statt des GIF-Formats für Fotos eingesetzt, weil Sie in einer JPEG-Datei die gesamte 24-Bit-Farbpalette nutzen können.

Erneutes Speichern einer JPEG-Datei

Die schwache Komprimierung von Agenturfotos oder Digitalaufnahmen stellt kein wirkliches Problem dar. Ein guter Freund von mir ist Pressefotograf, und er speichert seine Bilder leicht komprimiert als JPEG-Dateien. Diese Fotos werden problemlos in bekannten Zeitschriften abgedruckt.

Sobald Sie jedoch eine JPEG-Datei öffnen und zu bearbeiten beginnen, sollten Sie das Bild wirklich nicht mehr im JPEG-Format abspeichern. Sie würden ein bereits komprimiertes Bild dann erneut komprimieren. Diese doppelte Komprimierung macht sich dann stärker bemerkbar als die ursprüngliche Komprimierung der Datei.

Einige der in diesem Buch verwendeten Bilder sind zum Beispiel JPEG-Dateien, die ich von photospin.com heruntergeladen habe. Manche davon habe ich direkt und ohne sie umzuwandeln ins Layout übernommen. Sie sehen gut aus.

Andere Bilder habe ich in Photoshop bearbeitet. Diese habe ich nicht mehr im JPEG-Format gespeichert, weil sie dann doppelt komprimiert worden wären. Ich habe diese Dateien also im unkomprimierten Photoshop-Format abgespeichert.

JPEG-Komprimierung

Das JPEG-Format verwendet eine *verlustbehaftete* Komprimierung.
Beim Speichern einer JPEG-Datei wird ein bestimmter Anteil der Daten
unwiderruflich über Bord geworfen. Sie können die Komprimierung von
JPEG-Dateien ein gutes Stück hochschrauben, ehe Sie einen Unterschied
bemerken. Irgendwann – ab einer bestimmten Stufe – wird die Bildver-
schlechterung auf dem Bildschirm und insbesondere bei der Druckausgabe aber zu sehen sein.

Ein Beispiel für die Auswirkungen der JPEG-Komprimierung auf ein Bild. Das linke Bild wurde mit der höchsten Qualität
und minimaler Komprimierung gespeichert. Für das rechte Bild wurden umgekehrt die schlechteste Qualitätseinstellung
mit der höchsten Komprimierung gewählt.

Sie können entscheiden, wie stark Sie ein Bild komprimieren möchten:

höhere Komprimierung = kleinere Datei, aber schlechtere Qualität

geringere Komprimierung = größere Datei, aber bessere Qualität

Ihre Entscheidung bezüglich des Komprimierungsgrades hängt direkt
vom beabsichtigten Einsatz des Bildes ab. Manchmal benötigen Sie eine
kleinere Datei, etwa um sie via Internet zu versenden. Dann müssen Sie
eine etwas geringere Qualität hinnehmen. In anderen Fällen ist hohe
Qualität wichtiger als eine geringe Dateigröße, etwa bei Computer-
präsentationen. Manche professionellen Bildagenturen speichern ihre
Bilder mit JPEG-Komprimierung. Doch auch wenn es nur der geringste
Komprimierungsgrad ist, einige Details gehen dadurch verloren. Auch
wenn die meisten Menschen den Unterschied nicht bemerken werden,
scheint es trotzdem nicht angebracht, Bildeinzelheiten zu verwerfen,
nur um ein paar mehr Bilder auf einer CD unterzubringen. Wenn Sie
Fotos von Bildagenturen im JPEG-Format bekommen, öffnen Sie die
Dateien in Ihrem Bildbearbeitungsprogramm und speichern Sie sie
entweder im TIFF-Format oder als programmspezifische Photoshop-
Dateien. (In Kapitel 14 erfahren Sie mehr über Fotos von Bildagenturen.)

PDF-Dateien

Das PDF-Dateiformat (Portable Document Format) vereint direkt in einer Datei alle wichtigen Informationen zur Betrachtung einer einzelnen Seite oder eines gesamten Dokuments: Text, Bilder, Seitenumbrüche, Schriften und so weiter.

Viele Programmhandbücher werden nun als PDF-Dateien auf der Software-CD mitgeliefert; beim Doppelklick auf die PDF-Datei öffnet sich der kostenlose Adobe Reader. Auf diese Weise sehen Sie das Dokument genau so, wie es ursprünglich erstellt wurde.

Häufig bitten auch Druckereien um die Übermittlung fertiger Dokumente im PDF-Format. Weil PDF so wichtig ist, behandle ich es detailliert in Kapitel 17.

PostScript-Dateien

PostScript ist eine „Seitenbeschreibungssprache" von Adobe Systems, die einem elektronischen Drucker genau vermittelt, wie die Computerdaten auf einem Stück Papier „abzubilden" sind. Vor Jahren baten Druckereien Designer um PostScript-Dateien. Heutzutage werden jedoch zumeist PDF-Dateien angefordert.

Wenn Ihre Druckerei Sie um eine PostScript-Datei bittet, fragen Sie nach, ob auch eine PDF-Datei akzeptiert wird. Diese lässt sich viel einfacher erzeugen.

Wenn Sie eine PostScript-Datei für einen hochauflösenden Drucker erstellen müssen, holen Sie sich auf jeden Fall genaue Anweisungen vom Dienstleister. Möglicherweise benötigen Sie von ihm eine spezielle Software, einen so genannten *Druckertreiber*, um alle Optionen korrekt auf den verwendeten Laserbelichter anzupassen. Eine für einen Desktop-Drucker erzeugte PostScript-Datei lässt sich nicht immer einwandfrei auf einem hochauflösenden Laserbelichter ausgeben.

Welches Format sollten Sie wählen?

Generell sollten Sie eine Datei nach Möglichkeit so lange wie möglich in ihrem ursprünglichen Format belassen. Wenn Sie direkt aus Photoshop oder Illustrator drucken können, dann tun Sie das. Wenn Sie eine Datei in ein Seitenlayout-Programm einsetzen müssen, dann prüfen Sie, ob diese Anwendung direkt mit Photoshop- oder Illustrator-Dateien umgehen kann.

Wenn Sie das programmspezifische Format nicht verwenden können, dann bietet sich als nächstbeste Alternative der Export oder die Erstellung einer PDF-Datei an. Für den unwahrscheinlichen Fall, dass Sie keine PDF-Datei verwenden können, wählen Sie TIFF für Bilder und EPS für Vektordateien.

Format-Quiz

Im nachfolgenden Quiz werden einige typische Projekte aufgeführt, an denen Sie arbeiten könnten. Wählen Sie für jedes Projekt das korrekte Format. Es können auch mehrere Antworten richtig sein. Die Antworten finden Sie nach dem Quiz.

Projekt 1

Sie bearbeiten Bilder von einer Digitalkamera. In welchem Format könnten die Bilder von der Kamera geladen werden?

A. JPEG; B. TIFF; C. PSD; D. PDF

Projekt 2

Sie bearbeiten die Bilder aus Projekt 1. Die Bilder sollen in einer Broschüre abgedruckt werden. In welchem Format oder in welchen Formaten sollten Sie die Bilder *nicht* abspeichern?

A. GIF; B. TIFF; C. PSD; D. JPEG

Projekt 3

Sie möchten die Fotos aus Projekt 1 auf einer Webseite einsetzen. Welches Format oder welche Formate sind dazu geeignet?

A. GIF; B. JPEG; C. PNG; D. PSD

Projekt 4

Sie haben eine Designerin mit der Gestaltung eines Logos für Ihr Unternehmen beauftragt. Welche Anwendung sollte sie für die fertige Grafik verwenden?

A. Photoshop; B. Ein Vektorgrafikprogramm; C. Ein Weblayoutprogramm; D. Microsoft Word

Projekt 5

Ihre Druckerei hat Sie um eine PDF-Datei Ihres Seitenlayouts gebeten. Was müssen Sie neben der PDF-Datei noch mitschicken?

A. Nur Schriften; B. Nur Bilder; C. Bilder und Schriften; D. Nichts

Projekt 6

Sie wollen eine Pressemitteilung an diverse Zeitschriften schicken. Welches Format eignet sich am besten, um sicherzustellen, dass die Redakteure die Mitteilung genau im von Ihnen verfassten Format lesen?

A. PDF; B. GIF; C. PSD; D. Microsoft Word

Projekt 7

Sie wollen Ihre Digitalkamera auf die höchstmögliche Bildqualität einstellen. Welche Kameraoption(en) sollten Sie dazu wählen?

A. JPEG mit hoher Komprimierung; B. JPEG mit niedriger Komprimierung; C. TIFF ohne Komprimierung; D. PDF

Antworten zum Format-Quiz

Projekt 1

Sehr wahrscheinlich A, als JPEG-Dateien. Manche Kameras verwenden jedoch auch das TIFF-Format (B).

Projekt 2

Antworten A und B. GIF sollte nur für Webseiten verwendet werden. JPEG sollte nicht eingesetzt werden, wenn das Bild bereits zu Anfang komprimiert war. TIFF und PSD sind gut für Druckprojekte geeignet.

Projekt 3

Antworten A, B oder C. Alle drei eignen sich als Webformate. PSD findet keine Anwendung für Webgrafiken.

Projekt 4

Antwort B. Ein Vektorgrafikprogramm liefert das beste Format.

Projekt 5

Antwort D. Nichts. Das ist einer der Vorteile des PDF-Formats. Alles kann in die Datei eingebettet werden.

Projekt 6

Antwort A. PDF.

Projekt 7

Antwort C liefert Ihnen die höchste Qualität. Falls Ihre Kamera kein TIFF unterstützt, dann Antwort B. Ich kenne keine Digitalkameras, die im PDF-Format abspeichern.

▶ DIE WELT DER FARBEN

Träumen Sie in Farbe? Manche Menschen berichten, dass sie nur in Schwarzweiß träumen. Aber einige Wissenschaftler behaupten, dass alle Träume farbig beginnen und die Farbe dann zusammen mit den Einzelheiten des Traums dahinschwindet. Egal, was Sie träumen, hier erfahren Sie, wie Sie Ihren Ausdrucken Farbe verleihen können.

„Die Wahrheit zu gestehen, Fräulein,
dies hätte hier ein roter Rosenstrauch sein sollen, und
wir haben aus Versehen einen weißen gepflanzt."
LEWIS CARROLL
ALICE IM WUNDERLAND

Vierfarbdruck

Wenn Sie Kapitel 5 gelesen haben, wissen Sie alles über die unterschiedlichen Farbsysteme auf dem Computer. Dieses Buch soll Ihnen aber zeigen, wie Sie gedruckte Seiten erstellen. Sie müssen also erfahren, wie die Farbe auf die Seiten gedruckt wird. Druckmaschinen arbeiten dazu mit zwei Grundmethoden.

Das eine Verfahren wird als Vierfarbdruck oder Prozessfarbdruck bezeichnet. Auf diese Weise entstehen die vollfarbigen Bilder, die Sie von Zeitschriften, Postern, CD-Hüllen und so weiter kennen. Bei dieser Methode werden vier einzelne, transparente Druckfarben übereinandergedruckt und daraus entstehen alle von Ihnen wahrgenommenen Farben. Das Verfahren ist teuer; der Vierfarbdruck wird meist nur auf großen Druckmaschinen angeboten.

Bei der anderen Methode werden spezielle „Volltonfarben" zum Einfärben bestimmter Seitenbereiche eingesetzt. Volltonfarben behandele ich in Kapitel 10.

Was sind Prozessfarben?

Mit Prozessfarben entstehen vollfarbige Bilder aus den vier transparenten Druckfarben (oder Prozessfarben) **Cyan** (eine blaue Farbe), **Magenta** (die am ehesten zu Rot tendierende Prozessfarbe), **Gelb** und **Schwarz**.

Denken Sie daran, dass Druckmaschinen Punkte drucken. Damit vollfarbige Bilder entstehen, kombiniert die Druckmaschine gelbe und cyanfarbige Punkte zu Grün; magentafarbige und gelbe Punkte ergeben Rot; Cyan und Magenta ergeben zusammen Königsblau und so weiter. Sie sollten darin den in Kapitel 5 besprochenen **CMYK-Farbmodus** wiedererkennen.

Prozessfarbdiagramm

Das nachfolgende Diagramm zeigt, wie die Farben entstehen.

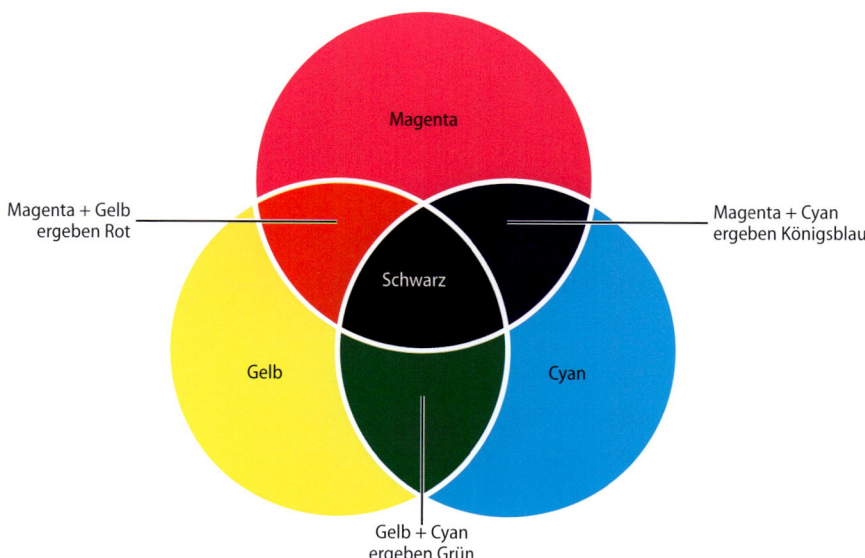

Wie Sie sehen, wird Schwarz in diesem Diagramm aus nur drei Farben erzeugt. Warum werden beim Prozessdruck also nicht nur CMY (Cyan, Magenta und Gelb) anstelle von CMYK verwendet? Nun, die drei Farben ergeben nur theoretisch Schwarz; praktisch erzeugen die drei Farben ein sehr schmutziges Dunkelbraun. Schwarz wird also für eine schöne satte schwarze Farbe hinzugezogen. Und ein Zusatz von Schwarz verleiht auch den anderen Farben mehr Tiefe.

Prozessfarben definieren

Prozessfarben werden durch eine genaue Angabe der einzelnen Anteile der vier Druckfarben in einer Farbkombination „definiert" oder erzeugt. Die Farbmenge wird dabei in Prozent angegeben. Reines Schwarz liegt zum Beispiel bei 100 Prozent Schwarz und jeweils 0 (null) Prozent Cyan, Magenta und Gelb. Diese vier Prozentwerte werden immer in der Reihenfolge der Abkürzung CMYK niedergeschrieben. Ein einfaches Schwarz wird also zu 0:0:0:100. Manchmal werden die Farben auch mit den Buchstaben C, M, Y, K vor die Prozentzahlen geschrieben. Ein einfaches Schwarz wird dann als C: 0, M: 0, Y: 0 K: 100 notiert. Durch eine Kombination der vier Prozessfarben können Sie tausende unterschiedlichen Farben erzeugen.

Die unterschiedlichen DTP-Programme erzeugen Prozessfarben alle auf dieselbe Weise: Sie definieren eine Farbe über die prozentualen Anteile der CMYK-Druckfarben. Wenn Sie also mit Orange arbeiten möchten, öffnen Sie die Farbpalette in diesem Programm und geben Sie beispielsweise 60 Prozent Magenta und 80 Prozent Gelb (ohne Cyan oder Schwarz) ein. Für ein dunkleres Orange fügen Sie 20 Prozent Schwarz hinzu. Eine einmal definierte Farbe können Sie auf Text, Grafiken, Hintergründe und so weiter anwenden.

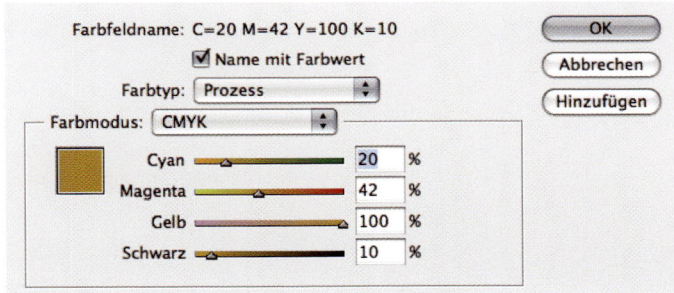

Ein Beispiel für die Definition von Prozessfarben in einem Seitenlayout-Programm wie InDesign.

CMYK-Farben nur für CMYK-Jobs!

Sie werden in Ihrer Software Farben auch über andere Farbmodi wie RGB definieren können. Tun Sie das nicht, wenn Ihr Werk mit Prozessfarben gedruckt werden soll! Denken Sie an die in Kapitel 5 besprochenen unzulässigen Farben, also jene RGB-Farben, die nicht mittels Prozessfarben gedruckt werden können. Die Farbe wird nicht nur anders als erwartet herauskommen, sondern Sie können sich damit Ihre Datei auch so verhunzen, dass sie nicht mehr vernünftig gedruckt werden kann. Offsetdruckereien sind wenig begeistert, wenn Sie Druckdateien mit RGB-Farben erhalten. Erstellen Sie saubere Dateien: Verwenden Sie für den Vierfarbdruck nur CMYK-Farben.

Was sind Farbauszüge?

Farbauszüge spielen im Vierfarbdruck eine wichtige Rolle. Da alle Farbtöne aus vier transparenten Druckfarben erzeugt werden, kommt die Druckmaschine mit vier **Druckplatten** aus. Eine Druckplatte besteht aus beschichtetem Aluminium, manchmal auch aus Kunststoff, Kupfer oder Gummi. Zum besseren Verständnis von Druckplatten probieren Sie das Experiment auf Seite 130.

Erinnern Sie sich an das Kapitel 5 und den Themenbereich Rasterfrequenz, Halbtöne und Punkte? Nun, wenn Sie eine CMYK-Datei auf Ihrem Drucker ausgeben, dann greift dieser zur Separation der vier Farben in vier unterschiedliche Gruppen von **Punkten** auf die Rasterfrequenz zurück; jede CMYK-Druckplatte enthält die zur Erzeugung der unterschiedlichen Farben benötigten Punktanordnungen.

Betrachten Sie die Abbildung der amerikanischen Flagge. Das Rot ist eine Kombination aus 100 Prozent Magenta und 100 Prozent Gelb (C: 0, M: 100, Y: 100, K: 0). Das dunkle Blau in der Flagge besteht aus 100 Prozent Magenta und 100 Prozent Cyan (C: 100, M: 100, Y: 0, K: 0). Dazu kommt noch eine schwarze Kontur um die Flagge (C: 0, M: 0, Y: 0, K: 100). Die drei Farben Rot, Dunkelblau und Schwarz entstehen aus Punktkombinationen der vier Druckfarben: Cyan, Magenta, Gelb und Schwarz. (Die weißen Sterne und Streifen werden vom Weiß des Papiers wiedergegeben.)

Zum Drucken des Flaggenbildes müssen diese Farben auf ihre entsprechenden Platten separiert werden. Das dunkelblaue Wappenfeld der Flagge (auch als Gösch bezeichnet) erscheint also auf zwei Filmen oder Papierbögen: einem für die Magentaplatte und einem für die Cyanplatte. Das Rot erscheint auf zwei Farbauszügen: einem für die Magenta- und

Warum steht K für Schwarz?

Warum wird eigentlich die Schwarzplatte mit K bezeichnet? Als ich in der Druckproduktion anfing, sagte man mir, dass die Cyanplatte ursprünglich Blauplatte genannt wurde. Der Buchstabe B war also bereits in Verwendung. Also entschied man sich für das K in dem Wort „Black". So schön diese Geschichte auch klingen mag, sie ist nicht wahr.

Tatsächlich wird die Schwarzplatte auch als Key-Platte oder **Key-Farbe** bezeichnet. Beim Abdrucken von Fotos ist es die Schwarzplatte, die alle Bilddetails enthält. Daher stammt die Bezeichnung K. Wenn Sie das nächste Mal danach gefragt werden, dann kennen Sie die Antwort.

einem für die Gelbplatte. Weil sowohl die Gösch als auch die Streifen Magenta für ihre Farbe benötigen, enthält die Magentaplatte wie in der Abbildung unten dargestellt sowohl die Gösch als auch die Streifen. Die Cyanplatte ist nur an der Position der Gösch eingefärbt. Und die Gelbplatte gibt nur die Streifen wieder. Schwarz besitzt eine eigenständige Platte, die eine Umrissline enthält. Diese vier Cyan-, Magenta-, Gelb- und Schwarzplatten werden also als **Auszüge** bezeichnet.

Die Cyan-, Magenta-, Gelb- und Schwarzplatten für die vierfarbige Flaggendarstellung.

Kanäle und Platten

Diese vier Platten entsprechen nicht nur scheinbar den vier Kanälen eines CMYK-Bildes; dies ist tatsächlich der Fall: Die Kanäle eines CMYK-Bildes werden auf CMYK-Platten gedruckt. Wenn alle vier Farben auf dem Papier zusammenkommen, ergibt sich ein vollfarbiges Bild. Tatsächlich wurde Desktop-Publishing-Software wegen dieser Möglichkeit der elektronischen Farbseparation für Designer und Künstler so wichtig. Früher dauerte es mehrere Tage, bis die vier Farben in einem fotografischen Prozess für jedes Bild und jeden Text separiert und dann alle auf den Platten montiert waren; inzwischen lässt sich das in einigen Stunden erledigen.

Welche Farbe haben Auszüge?

Vielleicht nehmen Sie an, dass die Information auf der Cyanplatte cyanfarbig ist, und die auf der Magentaplatte magentafarbig. Farbauszüge von Dokumenten werden jedoch in Schwarz ausgegeben, entweder auf Papier, Film oder direkt auf die Druckplatte. Die Farbe wird von der Druckfarbe in der Druckmaschine erzeugt; mit der Cyanplatte wird die Druckfarbe Cyan gedruckt und so weiter.

Ein Beispiel für die Kanäle eines vierfarbigen Bildes. Jeder Kanal entspricht einer der vier Farben des Vierfarbdrucks.

Sehen Sie selbst!

Machen Sie das folgende Experiment: Öffnen Sie ein CMYK-Bild. Wählen Sie im Druckdialog Ihrer Software die Option für „Farbauszüge" und starten Sie den Druck. Es werden vier Seiten mit schwarzem Toner bedruckt. Jede Seite ist ein Auszug. Jeder dieser Auszüge entspricht im Grunde einer Druckplatte, wie Sie von der Druckerei in der Druckmaschine verwendet wird, nur dass die Druckplatten eine höhere Qualität aufweisen als die Produkte Ihres Desktop-Druckers.

Wenn Sie bei diesem Experiment fünf, sechs oder sieben Platten erhalten, dann haben Sie in Ihrer Datei noch zusätzliche, über CMYK hinausgehende Farben. In einigen Fällen verwenden Sie tatsächlich zusätzliche Farben zum Drucken (siehe Kapitel 10). Im Allgemeinen sollten Sie aber sicherstellen, dass Ihre Datei nur auf die vier CMYK-Platten ausgegeben wird. Überlassen Sie diese Entdeckung nicht der Druckerei.

Farbige Punktraster

Wenn Sie eine Farbe auf 100 Prozent setzen, wird diese Farbe im Auszug als kompakte schwarze Fläche dargestellt. Wenn Sie einen geringeren Wert als 100 Prozent verwenden, wird die Farbe in einem Punktraster gedruckt. Ein 10-prozentiges Schwarz besteht zum Beispiel aus einer Reihe kleiner Punkte, die in einem regelmäßigen Muster angeordnet sind. Ein 50-prozentiges Schwarz verfügt über dieselbe Anzahl an Punkten, jedoch sind diese größer und erzeugen daher eine dunklere Fläche. Ein 90-prozentiges Schwarz besitzt sogar noch größere Punkte, die eine noch dunklere Fläche ergeben. Wie in Kapitel 6 besprochen, hängt die Anzahl der Punkte von der Rasterfrequenz ab. Wenn die Rasterfrequenz einmal festgelegt wurde, verändert sich die Anzahl der Punkte nicht mehr – die Punktgröße variiert.

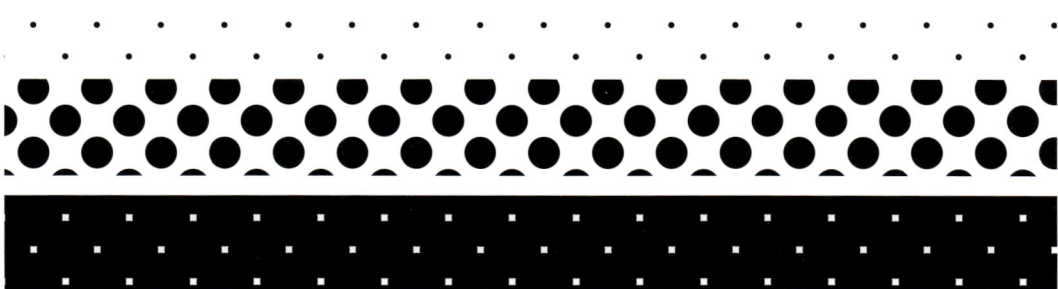

Drei Punktraster für 10 % Schwarz (oben), 50 % Schwarz (Mitte) und 90 % Schwarz (unten). Mit zunehmender Punktgröße wird auch der Farbton dunkler.

Moiré-Muster

Eine Farbe wie Orange, die aus 50 % Magenta und 50 % Gelb besteht, wird durch Überlappung zweier Punktraster erzeugt: Magenta und Gelb. Es ist *wichtig*, wie sich diese Raster genau überlappen. Am Ende sollen Ihre Augen nur noch eine Mischung der beiden Farben wahrnehmen, nicht die beiden verschiedenfarbigen Punktmuster. Wenn sich die Punktraster jedoch nicht in der richtigen Weise überlappen, wird in der Mischfarbe ein störender optischer Effekt namens *Moiré-Muster* sichtbar.

Moiré-Muster vermeiden

Es gibt mehrere Möglichkeiten, wie versehentlich Moiré-Muster erzeugt werden können. Einerseits können Sie ein schon einmal auf Papier gedrucktes Bild scannen, das also bereits über ein Punktraster verfügt. Die Kombination des ursprünglichen Rasters im gedruckten Bild mit dem beim neuerlichen Drucken verwendeten Raster kann zu einem Moiré-Muster führen.

Außerdem können Moiré-Muster bei der Verwendung falscher **Rasterwinkel** auftreten. Glücklicherweise müssen Sie diese Rasterwinkel nicht selbst einstellen. Das erledigt normalerweise die Druckerei. Sie sollten jedoch das Prinzip hinter den Rasterwinkeln verstehen.

Wissenswertes

Moiré-Muster treten nicht nur beim Drucken auf. Fernsehbildschirme zeigen ein Moiré-Muster, wenn ein gestreiftes Hemd unter bestimmten Blickwinkeln gezeigt wird. Das Bild scheint zu zittern, wenn das Hemd zu sehen ist. Sie können auch verschiedene Moiré-Muster beobachten, wenn Sie zwei Fliegengitter übereinander legen. Wenn Sie das eine Gitter gegenüber dem anderen verdrehen, können Sie beobachten, wie das Moiré-Muster erscheint und wieder verschwindet.

Rasterwinkel auswählen

Schon lange vor dem Einzug der Computer mussten Moiré-Muster in der Druckerei vermieden werden. Man entdeckte, dass dies möglich wurde, wenn die einzelnen farbigen Punktraster gegeneinander verdreht wurden. Ein Winkelunterschied von 30 Grad zwischen den Rasterwinkeln senkte die Wahrscheinlichkeit des Auftretens von Moiré-Mustern dabei besonders stark. Also wiesen sie den einzelnen Farben jeweils unterschiedliche Winkel zu.

Der Schwarzplatte wurde ein Winkel von 45 Grad zugewiesen, weil dieser Winkel unseren Augen am wenigsten auffällt. Die schwarze, kräftige Farbe tritt dadurch in Kombination mit anderen Farben nicht zu stark hervor. Und Schwarz wird oftmals auch alleine gedruckt, etwa in einem Graustufenfoto; wäre die Punktlinie genau senkrecht oder genau waagerecht, würden unsere Augen die Punkte viel zu leicht erkennen.

Den anderen Farben wurden andere Winkel zugewiesen. Die Magentaplatte wird mit 75 Grad gerastert, Cyan bei 105 Grad. Das ergibt zwischen den einzelnen Farben eine saubere Trennung von 30 Grad.

Dann gab es ein Problem. Der nächste 30-Grad-Schritt liegt bei 135 Grad, was aber in Wirklichkeit dasselbe ist wie 45 Grad (180 Grad minus 135 ergibt 45 Grad). Man verwendete für die Gelbplatte also 90 Grad. Weil Geld eine so zarte Farbe ist, führt sie kaum zu Moiré-Mustern, obwohl sie nur einen Winkelunterschied von 15 Grad zur Cyanplatte hat.

Es werden auch noch andere Rasterwinkel verwendet – manche Unternehmen haben festgestellt, dass ihre Laserbelichter mit abweichenden Einstellungen besser funktionieren. Am wichtigsten ist jedoch zu wissen, dass jede Platte ihren eigenen Winkel benötigt.

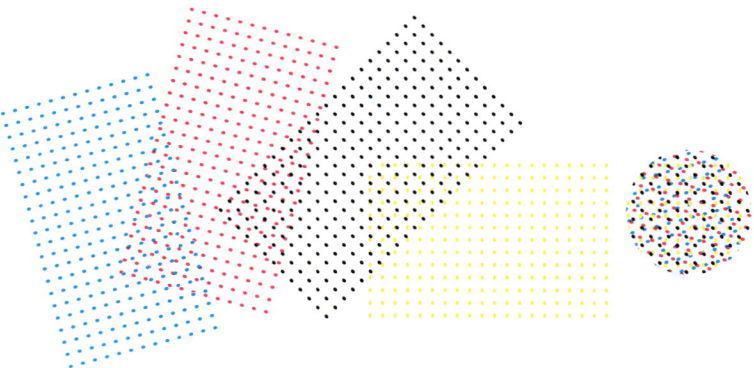

Die Rasterwinkel für Cyan, Magenta, Gelb und Schwarz, einzeln und im Zusammenspiel.

Farbtöne von Prozessfarben

Ein Farbton ist ein Prozentsatz einer Farbe. 75 Prozent Schwarz werden zum Beispiel als Farbton bezeichnet. Sie rastern die schwarze Druckfarbe also, damit Sie nur 75 Prozent der Schwarzplatte erhalten. Der angegebene Prozentsatz auf Ihrem Bildschirm wird auf die in der Druckmaschine eingesetzten Druckfarbenmengen übertragen: Wenn Sie einen Farbton von 20 Prozent Gelb auf dem Bildschirm verwenden, wird diese als 20 Prozent gelbe Druckfarbe auf der Druckmaschine ausgegeben.

Für eine aus zwei Druckfarben kombinierte Farbe müssen Sie ein wenig rechnen, um auf die tatsächlich gedruckten Werte zu kommen. Sagen wir, Sie erstellen eine Lavendelfarbe mit 28 Prozent Cyan und 48 Prozent Magenta. Wenn Sie dann daraus einen Farbton von 50 Prozent erstellen, ergibt das tatsächlich 14 Prozent Cyan und 24 Prozent Magenta. In den meisten Programmen können Sie zuerst eine Farbe aus der Liste auswählen und dann Farbtöne dieser Prozessfarbe erstellen. Dazu dienen unterschiedliche Menüs oder Paletten.

Sie können auch einen Farbton einer bereits zuvor definierten Farbe erzeugen. Diesen Farbton können Sie direkt aus der Farbpalette heraus anwenden. Wenn Sie die *Originalfarbe* ändern, wird der Farbton zu einem Ton der neuen Farbe. Angenommen, Sie verwenden in Ihrem ganzen Newsletter kastanienbraune Überschriften und für die Grafiken haben Sie einen Farbton dieser Farbe eingesetzt. Ihr Chef bittet Sie, die Farbe von Kastanienbraun in Blau zu ändern. Sie müssen nun nicht jedem Element den Farbton des Kastanienbrauns zuweisen, sondern Sie müssen lediglich die Originalfarbe in Blau abändern. Auch alle Farbtöne erscheinen nun als Blauschattierungen.

Die Druckfarben aufsummieren

Wenn Sie Farben über Prozessfarben definieren, dann geben Sie eigentlich Anweisungen, wie viel Druckfarbe auf das Papier aufgetragen werden soll. Grundsätzlich sollten alle Druckfarben zusammen nirgends den Wert von 300 Prozent überschreiten.

Es gibt zum Beispiel kaum einen Unterschied zwischen einem Dunkelbraun der Zusammensetzung 80:100:100:30 und einem Dunkelbraun der Zusammensetzung 70:80:70:30. Das erste Dunkelbraun ergibt einen mit 310 Prozent Druckfarbe bedruckten Bereich, das zweite Dunkelbraun begnügt sich mit nur 250 Prozent. Wenn Sie die Druckfarbenmenge unter 300 Prozent halten, kann Ihr Job besser gedruckt werden und das Papier schneller trocknen.

Vierfarbiges Schwarz und andere Farben

Einige Gestalter fügen dem Prozessschwarz gerne eine gewisse Menge an Cyan, Magenta und Gelb hinzu. Das ergibt ein tieferes Schwarz als die schwarze Druckfarbe allein. Dieses Schwarz nennt man häufig **Tief-schwarz**. Eine schwarze Farbe mit 100 Prozent von allen Druckfarben (100:100:100:100) wäre aber ganz bestimmt keine gute Idee. Das würde eine sehr schmutzige Schmiererei ergeben.

Es gibt viele Rezepturen für Tiefschwarz. Als ich in der Werbung gearbeitet habe, verwendeten wir drei Formeln. Die erste ergab ein neutrales Tiefschwarz. Dabei wurden zusätzlich zu den 100 Prozent Schwarz 40 Prozent Cyan und 40 Prozent Magenta verwendet.

Normales Schwarz (0:0:0:100)

Warmes Schwarz (20:40:0:100)

Neutrales Schwarz (40:40:0:100)

Kaltes Schwarz (40:20:0:100)

Wenn Sie genau hinsehen, erkennen Sie die Unterschiede zwischen den hier dargestellten Schwarztönen. Merken Sie, dass ein Schwarz wärmer oder kälter als ein anderes erscheint? Fällt Ihnen auf, dass das einfache Schwarz weniger tief erscheint als das neutrale Tiefschwarz?

Wie haben auch ein Warmschwarz mit 40 Prozent Magenta und 20 Prozent Cyan angelegt. Dadurch entstand ein Schwarz mit einem rötlichen oder „wärmeren" Farbton. Schließlich verwendeten wir auch noch ein Kaltschwarz mit 40 Prozent Cyan und 20 Prozent Magenta. Das ergab ein Schwarz mit einem blauen, „kühleren" Farbton. Falls Sie ein Tiefschwarz einsetzen möchten, fragen Sie in Ihrer Druckerei nach deren „Rezeptempfehlung".

Vierfarb-Schwarz darstellen

Auch wenn Sie den Schwarzton auf einem Foto treffen wollen, müssen Sie ein Tiefschwarz definieren. Betrachten Sie zum Beispiel das Feuerwerk auf der nächsten Seite. Wenn ich neben dem Foto einen Text auf schwarzem Hintergrund einfügen will, sollte das verwendete Schwarz dem des Fotos entsprechen.

Ich definiere in meinem Seitenlayout-Programm ein vierfarbiges Schwarz und verwende diese Farbe neben dem Foto. Auch wenn es nicht genau passt, ist es an dieser Stelle immer noch besser geeignet als ein „normales Schwarz".

Der Text neben dem linken Bild steht vor einem tiefschwarzen Hintergrund, der sich gut mit dem Foto verträgt. Der rechte Text hat einen normalschwarzen Hintergrund, der vom Schwarz des Fotos deutlich abweicht.

Die Farbe „Passermarken"

Die meisten Desktop-Publishing-Programe, insbesondere Seitenlay-out- und Vektorgrafiksoftware, verfügen über eine als **Passermarken** bezeichnete Farbe. Diese sieht auf dem Bildschirm möglicherweise wie ganz normales Schwarz aus. Das Geheimnis dieser Farbe besteht aber darin, dass sie bei der Separation auf jeder Druckplatte erscheint. Sie entspricht also einer Farbe mit 100:100:100:100. Das sind insgesamt 400 Prozent Druckfarbe.

Wie bereits auf Seite 134 beschrieben, sollten Sie für die meisten Druck-verfahren Werte über 300 Prozent Farbauftrag vermeiden. Verwenden Sie die Passermarkenfarbe daher niemals für Illustrationen, Bilder oder Texte im Dokument. Setzen Sie sie beispielsweise für Beschnittmarken, Falzmarken oder Anmerkungen zum Dokument ein, die auf allen Druck-platten erscheinen sollen.

Was ist Weiß?

Anders als beim Streichen eines Zimmers ist Weiß im Vierfarbdruck eigentlich gar keine richtige Farbe. Weiß ergibt sich alleine durch das Fehlen der vier Druckfarben. Wenn Sie zum Beispiel eine weiße Über-schrift anlegen, dann bedeutet das, dass diese Stelle tatsächlich über-haupt nicht bedruckt werden soll.

Wenn sich die weiße Überschrift nun über der leeren Seite befindet, dann erhalten Sie gar nichts. Keine Druckfarbe auf dem Papier ergibt Nichts.

Wenn die Überschrift über einem Bild oder einem farbigen Hintergrund liegt, erscheint sie weiß. Tatsächlich betrachten Sie aber das unbedruckte Papier. Wenn Sie Weiß als Farbe verwenden, wird keine Farbe auf die Seite gedruckt, stattdessen werden tatsächlich alle Druckfarben entfernt.

Prozessfarbprojekte

Projekt 1

Untersuchen Sie die Farben in einer Zeitschrift wie *Stern* oder *Spiegel* unter einem starken Vergrößerungsglas (ein Fadenzähler ist optimal). Achten Sie auf die Punkte in den Farben. Versuchen Sie, die Punktraster zu erkennen.

Projekt 2

Untersuchen Sie die Farben in einer Zeitung wie der FAZ. Können Sie die Punkte, aus denen die Farben zusammengesetzt sind, auch ohne Vergrößerungsglas erkennen? Sind die Punkte in diesem Projekt größer als im ersten Projekt? Das liegt an den unterschiedlichen Rasterfrequenzen.

Projekt 3

Suchen Sie eine Anzeige, die sowohl in einer Zeitschrift als auch in einer Zeitung erscheint. Erkennen Sie irgendwelche Unterschiede in der Farbwiedergabe? In der Zeitung können die Farben unter Umständen nicht so wie in der Zeitschrift abgedruckt werden.

Projekt 4

Besuchen Sie eine ortsansässige Druckerei und lassen Sie sich einige Farbauszüge von früheren Druckjobs zeigen.

Projekt 5

Öffnen Sie ein CMYK-Bild in Adobe Photoshop und zeigen Sie das Bedienfeld „Kanäle" an. Beobachten Sie, wie sich das Ein- und Ausschalten der unterschiedlichen Kanäle Cyan, Magenta, Gelb und Schwarz auf das Bild auswirkt. Betrachten Sie auch die Kombinationen aus zwei oder drei Kanälen. (Dieses Projekt lässt sich nicht in Photoshop Elements durchführen, weil dieses Programm Dateien nur im RGB-Modus öffnet.)

Farb-Quiz

Dieses Quiz soll Ihnen dabei helfen, in Prozessfarben zu denken. Ordnen Sie die CMYK-Werte den Ihrer Meinung nach richtigen Farben zu, ohne dabei ein Programm oder eine Farbtafel zu Hilfe zu nehmen. Decken Sie die darunterliegenden Antworten zu, damit Sie nicht schummeln können.

Sie können auch die Farbpalette eines beliebigen Grafikprogramms verwenden (geben Sie dort die CMYK-Werte ein), um sich ein Bild von den tatsächlichen Farben zu machen.

1.	5:10:30:5	a.	Orange
2.	80:0:40:0	b.	Hellrosa
3.	70:60:60:10	c.	Dunkelgrau
4.	0:100:100:0	d.	Rot
5.	0:70:100:0	e.	Blaugrün
6.	80:100:30:0	f.	Dunkelviolett
7.	10:30:20:0	g.	Hellbraun
8.	70:35:20:20	h.	Hellviolett
9.	30:10:95:5	i.	Hellgrün
10.	25:40:0:0	j.	Blaugrau

Antworten zum Farb-Quiz

1. g; **2.** e; **3.** c; **4.** d; **5.** a; **6.** f; **7.** b; **8.** j; **9.** i; **10.** h

Volltonfarben und Duplex

Das vorige Kapitel handelte von Prozessfarben, den vier transparenten Druckfarben, aus denen auf dem Papier vollfarbige Bilder entstehen. Vierfarbdruck ist teuer – für die meisten Projekte zu teuer oder aber nicht wirklich nötig. Was aber, wenn Sie etwas Farbe auf der Seite wünschen? Dann können Sie **Volltonfarben** einsetzen. Das sind einfach ein oder zwei Druckfarben, mit denen Sie farbige Akzente in Ihren Bildern oder Texten setzen können.

Volltonfarben gehören zu den am meisten missverstandenen Aspekten beim Drucken. Das Problem rührt teilweise daher, dass viele Designer, Druckereien und Software-Firmen unterschiedliche Begriffe zur Beschreibung von Volltonfarben verwenden: Pantone, Sonderfarben, Spot-Farben sind nur einige der Bezeichnungen für diese Technik.

Egal, wie Sie diese nennen, mit Volltonfarben können Sie zahlreiche Sondereffekte in Ihren Druckprojekten verwirklichen. Dazu gehören auch Duplex-Bilder. Außerdem helfen sie, die Druckkosten zu senken.

Warum Volltonfarben verwenden?

Der Begriff **Volltonfarbe** erfasst alle neben den vier Prozessfarben (Cyan, Magenta, Gelb oder Schwarz) auf das Papier gedruckten Farben. Die Druckmaschine der Druckerei ist normalerweise immer mit schwarzer Druckfarbe ausgestattet. Daher werden in der Regel nur die zusätzlich neben Schwarz verwendeten Farben berechnet, weil dann das Druckwerk zur Verwendung anderer Farben gereinigt werden muss. (Weitere Informationen zur Anzahl der Farben beim Drucken finden Sie in Kapitel 11.)

Bei einigen Druckjobs werden sowohl Vollton- als auch Prozessfarben eingesetzt. In einem typischen Projekt könnten Prozessfarben für die meisten Texte und Bilder verwendet werden. Bestimmte Bereiche des Projekts lassen sich hingegen durch Volltonfarben realisieren, etwa Metallic-Effekte oder ein kräftigeres Rot als die mit CMYK-Farben druckbaren Rottöne. Betrachten wir aber nun die unterschiedlichen Verwendungszwecke für Volltonfarben.

Geld sparen

Wenn Sie Farbe in Ihr Projekt bringen möchten, die Kosten für den Vierfarbdruck aber nicht gerechtfertigt sind, verwenden Sie eine Volltonfarbe. In diesem Buch werden die Farben durch Prozessfarben erzeugt. Mein Verlag muss also die Kosten für den Vierfarbdruck tragen.

Hätte der Verlag jedoch Geld sparen wollen, dann hätte er das Buch auch in schwarzer Druckfarbe mit einer zusätzlichen Volltonfarbe drucken lassen können. Diese zweite Farbe würde für etwas Abwechslung sorgen, wäre aber immer noch billiger als der Vierfarbdruck.

Farbtreue

Ein Grund für den Einsatz einer Volltonfarbe ist die Wiedergabe einer bestimmten Farbe. Die Farben in Firmenlogos werden zum Beispiel häufig farbtreu wiedergegeben. Beim von Coca-Cola verwendeten Rot handelt es sich um eine Volltonfarbe. Gleiches gilt für das Grün der American-Express-Karte. Das orangene und gelbe Logo von Mastercard benötigt gleich zwei Volltonfarben.

Wegen der farbtreuen Wiedergabe werden Volltonfarben manchmal auch als **Sonderfarben** bezeichnet – Farben, die speziell für ein Unternehmen oder Projekt angerührt werden.

Metallic-Effekte

Volltonfarben können außerdem auch zur Erzeugung von Spezialeffekten eingesetzt werden. Ein Beispiel sind silberne oder goldene Metallic-Effekte. Dazu eignen sich Metallic-Druckfarben oder spezielle Metallic-Folien. Die normalen Prozessdruckfarben könnten niemals einen solchen Effekt erzeugen. Wann immer Sie einen solchen Effekt sehen, können Sie also sicher sein, dass die Druckmaschine mit einer Volltonfarbe arbeitete.

Fluoreszenzeffekte

Sie können auch fluoreszierende Volltonfarben einsetzen. Damit gedruckte Bilder scheinen dann zu leuchten oder zu schimmern. Fluoreszierende Farben enthalten spezielle Chemikalien. Manche Zeitschriften verwenden fluoreszierende Volltonfarben für ihre Titelseiten, um die Aufmerksamkeit der Kunden am Zeitschriftenkiosk zu erwecken. Bucheinbände werden mit fluoreszierenden Volltonfarben bedruckt, damit das Buch aus dem Regal heraussticht. Immer wenn Sie einen scheinbar leuchtenden Druck entdecken, wissen Sie, dass das Projekt mit einer Volltonfarbe gedruckt wurde.

Häufig werden fluoreszierende und metallische Farben in Jobs eingesetzt, die mit Prozessfarben gedruckt werden. Diese Jobs werden also mit mehr als vier Farben gedruckt. Wenn zusätzliche Volltonfarben in einem ansonsten im Vierfarbverfahren gedruckten Dokument eingesetzt werden, spricht man anstatt von Volltonfarben auch von **fünfter oder sechster** Farbe.

Kleiner Text

Ein weiterer Grund zur Verwendung von Volltonfarben ist die Vermeidung von **Passerproblemen** beim Umgang mit sehr kleinem Text. Angenommen, Sie wollen zum Beispiel sehr viel Text in einer Farbe wie Grün drucken. Wenn das Grün aus zwei Prozessfarben besteht (Cyan und Gelb), dann könnte kleiner Text etwas verwaschen wirken, wenn die Druckbilder nicht genau übereinanderliegen. (In Kapitel 15 sehen Sie dazu ein Beispiel.) Wenn Sie anstatt der zwei Prozessfarben eine einzige Druckplatte mit einer grünen Volltonfarbe verwenden, vermeiden Sie dieses Problem und die Passung der Farben muss nicht ganz so genau stimmen. Diese Technik treffen Sie häufig in Schulbüchern an.

„Farblose" Farben

Eine Volltonfarbe muss nicht unbedingt farbig sein – der „Vollton" kann auch ein bestimmter Druckeffekt sein. Ein **Lack** ist zum Beispiel ein gedruckter Überzug aus Schellack oder Kunststoff. Damit kann eine ganze Seite oder nur ein einzelner Seitenbereich überzogen werden. Wahrscheinlich haben Sie schon partielle Lackierungen gesehen. Ein bestimmter Seitenbereich erscheint dann im Vergleich zum Rest der Seite oder des Einbands sehr glänzend. Dieser Lack wird durch einen Volltonauszug vorgegeben.

Beim **Prägedruck** wird Text oder ein Bild in die gedruckte Seite eingeprägt und somit eine erhabene Oberfläche erzeugt. Auch dieses Verfahren wird über eine Volltonfarbe definiert, obwohl beim Prägen keinerlei Druckfarbe auf die Seite aufgebracht wird.

Volltonfarben definieren

Es ist ein Kinderspiel, Volltonfarben zu definieren. Anstatt der Einstellung Prozessfarbe verwenden Sie in Ihrem Farbwähler den Farbtyp „Vollton".

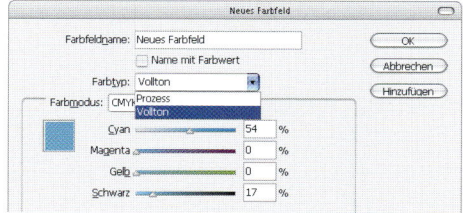

Am einfachsten lässt sich eine Volltonfarbe durch Auswahl des Farbtyps „Vollton" erzeugen.

Nachdem Sie eine Volltonfarbe definiert haben, erscheint neben der Farbbezeichnung ein Symbol. Dieses weist darauf hin, dass es sich nicht um eine Prozessfarbe handelt.

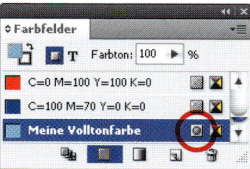

Der Kreis im Quadrat neben dem Farbnamen weist darauf hin, dass die Farbe als Volltonfarbe definiert wurde.

Volltonfarben richtig benennen

Für die größte Verwirrung beim Erstellen von Volltonfarben sorgt die Namensgebung. Am wichtigsten ist, dass Sie einer Farbe exakt denselben Namen geben, wenn Sie diese in zwei unterschiedlichen Programmen definieren! Wenn Sie beispielsweise eine Volltonfarbe in einem Programm „Meine Volltonfarbe", in einem anderen Programm aber „meine volltonfarbe" nennen, dann haben Sie in diesem Moment zwei Volltonfarben angelegt, die auf unterschiedlichen Farbauszügen erscheinen. Wenn Sie also in Ihrem Seitenlayout-Programm und in einem Illustrationsprogramm ein und dieselbe Volltonfarbe erstellen, dann müssen die Namen dieser beiden Farben genau übereinstimmen. Das betrifft die Buchstabenfolge, Leerzeichen sowie Groß- und Kleinschreibung.

Eine von Ihnen erstellte Volltonfarbe benötigt genau wie Prozessfarben einen Rasterwinkel. Glücklicherweise brauchen Sie sich um die Einstellung des Rasterwinkels von Volltonfarben nicht zu kümmern, es sei denn, Sie verwenden sie für ein Duplex-Bild (behandelt auf Seite 146). Wenn Sie Schwarz in einem Duplex mit einer Volltonfarbe mischen möchten, sollten Sie gegebenenfalls die beste Einstellung des Rasterwinkels mit Ihrer Druckerei besprechen.

Farbmusterbücher für Volltonfarben verwenden

Volltonfarben lassen sich unter Umständen nur schwer auf Desktop-Druckern wiedergeben. Mit nur vier Druckerpatronen ist es schwierig bis unmöglich, die von einem Unternehmen eingesetzte Volltonfarbe auszudrucken. Das kann zum Problem werden, wenn Sie einem Kunden einen Proof des Projekts zeigen möchten.

Verlassen Sie sich nicht auf den Bildschirm, sondern auf ein Farbmusterbuch

Jeder Hersteller von Volltonfarben hat Bücher herausgegeben, die zeigen, wie seine Volltonfarben gedruckt aussehen. Außerdem stellen die Herstellerfirmen Software für Desktop-Publishing-Anwendungen bereit, mit deren Hilfe Sie Farben aus deren Farbbibliotheken direkt aus Ihrer Anwendung heraus auswählen können. Diese Volltonfarben entsprechen den in den Musterbüchern abgedruckten Farben. Anstatt auf die Farben des Tintenstrahldruckers zurückzugreifen, können Sie dem Kunden das tatsächlich Farbmuster aus dem Musterbuch zeigen.

Erstellen Sie keine Farbe am Bildschirm, von der Sie dann erwarten, dass Sie in gedruckter Form genauso aussieht. Darauf können Sie lange warten. Sie können Ihren Bildschirm per Software kalibrieren (die Farben auf einen Industriestandard einstellen). Dann können Sie Farben in der Bildschirmdarstellung besser mit denen anderer kalibrierter Monitore vergleichen. Aber damit ist immer noch nicht sichergestellt, dass die Druckfarbe auf dem Papier genau wie Ihre Bildschirmdarstellung aussieht. Kümmern Sie sich nicht darum, wenn die Farben auf Ihrem Bildschirm nicht dem gedruckten Buch entsprechen. *Es ist egal, wie sie auf Ihrem Bildschirm aussehen* – was zählt ist, dass sie richtig gedruckt werden.

Effekte mit Volltonfarben

Sobald Sie einmal mit Volltonfarben arbeiten, werden Sie feststellen, dass Sie mit nur zwei Farben eine Reihe von Spezialeffekten mit unterschiedlichem Erscheinungsbild anwenden können. Einige dieser Effekte lassen sich sehr leicht realisieren, für andere benötigen Sie spezielle Software. Nachfolgend erhalten Sie eine kleine Auswahl der Effekte, die mit Volltonfarben möglich sind.

Farbtöne

Nachdem Sie eine Volltonfarbe definiert haben, können Sie einen Farbton davon erstellen. Sie verwenden dann also einfach anstatt von 100 Prozent dieser Farbe einen anderen Prozentwert, zum Beispiel 10 Prozent. Die Druckmaschine druckt winzige Punkte der Druckfarbe; diese winzigen Punkte erwecken in Verbindung mit dem weißen Hintergrund den Anschein einer helleren Farbe.

Druckfarben mischen

Es ist sehr einfach, eine Volltonfarbe aufzuhellen. Aber wie können Sie eine Volltonfarbe abdunkeln? Wie können Sie ihr Schwarz hinzufügen? Das Zusammenmischen von Schwarz und einer Volltonfarbe ist eine spezielle Technik. In InDesign heißt sie **Mischdruckfarben**, in QuarkXPress **Mischfarben**. Mit Mischfarben können Sie eine breitere Farbspanne auf Ihrer Seite erzeugen als mit der Volltonfarbe und ihren Farbtönen alleine.

Überdrucken

Wenn sich in einem Layout zwei Objekte überlagern, wird der vom oberen Objekt verdeckte Teil des unteren Objekts für gewöhnlich nicht gedruckt. Das obere Objekt stanzt das untere aus. Wird das obere Objekt jedoch auf **Überdrucken** gesetzt, werden auch die unter dem oberen Objekt verborgenen Teile des unteren Objekts gedruckt. Die Druckfarbe des oberen Objekts verbindet sich also mit der des unteren Elements. Dadurch mischen sich die beiden Farben.

Mithilfe des Überdruckens lassen sich Volltonfarben gemeinsam einsetzen. Für einen Lack müssen Sie zum Beispiel einstellen, dass er die darunterliegenden Bilder überdruckt. Dadurch bleiben die Bilder unter der Lackplatte sichtbar. Wenn Sie diese Einstellung nicht treffen, werden die Bereiche unter dem Lack nicht gedruckt. Überdrucken wird sowohl mit Vollton- als auch mit Prozessfarben eingesetzt. Ein Beispiel für das Überdrucken finden Sie in Kapitel 19.

Fotos einfärben

Mit Volltonfarben können Sie auch das Aussehen von Fotos verändern. Am einfachsten ist es, das Schwarz in einem Foto wie unten dargestellt durch eine Volltonfarbe zu ersetzen.

Ein Beispiel für ein eingefärbtes Graustufenbild. Die schwarze Farbe des linken Bildes wurde hier gegen die Magentaplatte ausgetauscht. Auf diese Weise lässt sich ein Foto sehr einfach einfärben.

Zum Einfärben eines Fotos in einem Seitenlayout-Programm müssen Sie zunächst ein Graustufenbild importieren. Nachdem Sie das Bild auf der Layoutseite platziert haben, können Sie es einfärben – markieren Sie dazu einfach das Bild und wählen Sie eine Farbe aus der Farbpalette aus. Alle schwarzen Bildpixel werden dann in einer anderen Farbe dargestellt.

Volltonfarben erkennen

Manchmal ist es zum Verständnis der unterschiedlichen mit Volltonfarben erzielbaren Effekte hilfreich, wenn Sie den Einsatz von Volltonfarben erkennen können. Betrachten Sie unterschiedliche Print-Produkte und versuchen Sie dabei, die Volltonfarben zu finden. Fluoreszierende Farben oder Metallic-Effekte sind leicht zu erkennen. Etwas schwieriger wird es, wenn vier unterschiedliche Farben verwendet wurden.

Eine schnelle Methode zum Unterscheiden von Vollton- und Prozessfarben ist, nach dem beim Vierfarbdruck verwendeten Punktraster zu suchen. Wenn Sie in einer Farbe ein Punktraster erkennen, dann handelt es sich höchstwahrscheinlich um eine Prozessfarbe. Wenn eine Farbe wie Orange oder Grün ganzflächig (ohne Punkte) vorliegt, dann handelt es sich höchstwahrscheinlich um eine Volltonfarbe.

Eine simulierte Darstellung von Volltonfarben unter einem Vergrößerungsglas. Ein ganzflächiger Bereich einer einzelnen Farbe oder einfarbige Punkte deuten auf eine Volltonfarbe hin. Ein Punktmuster aus einer oder mehreren Prozessfarben (rechts als Gelb und Magenta dargestellt) deutet auf eine Prozessfarbe hin.

Duplex

Ein Graustufenfoto kann zwar auf einem Monitor bis zu 256 verschiedene Grautöne enthalten, eine Druckmaschine kann jedoch lediglich um die 80 Grauwerte wiedergeben. Beim Zweifarbdruck können Sie ein Graustufenfoto als **Duplex** ausgeben. Bei diesem speziellen Prozess lassen sich zwei verschiedene Druckfarben in einem Foto zusammenmischen. Jede Farbe verfügt über 80 Abstufungen, was die Tiefe des Fotos beträchtlich erhöht.

Sie können auch **Triplex-Bilder** mit drei Farben und **Quadruplex-Bilder** mit vier Farben produzieren.

Duplex in Photoshop

Die fortschrittlichste Methode zur Erzeugung eines echten Duplex-Bildes bietet heute die patentierte Technologie in Adobe Photoshop. Sie wählen die beiden Druckfarben aus, die Sie in dem Duplex verwenden möchten. Meist ist das Schwarz und eine Volltonfarbe. Sie passen die „Kurven" der einzelnen Farben an. Dadurch verändert sich die zum Drucken eingesetzte Druckfarbenmenge. Im Wesentlichen erhalten Sie dadurch die beiden Versionen des Rasters, die zum Drucken eines Duplex-Bildes benötigt werden.

Die Anpassung der Kurven eines Duplex-Bildes ist nicht narrensicher. Einige Volltonfarben wie etwa helle Gelbtöne benötigen andere Einstellungen als zum Beispiel dunkle Brauntöne. Auch unterschiedliche Bilder erfordern unterschiedliche Einstellungen; so verwendet man etwa für ein menschliches Gesicht andere Kurven als für eine glänzende Teekanne aus Metall. Wenn Sie sich nicht sicher sind, wie Sie die Kurven einstellen sollen, sprechen Sie mit der Druckerei. Dort wird man Ihnen Hinweise zur optimalen Kurveneinstellung für Ihr Bild geben können.

Das falsche Duplex-Bild auf der linken Seite entstand durch Hinterlegen der Schwarzplatte mit einem Cyan-Hintergrund. Im Vergleich zum echten, in Photoshop erzeugten Duplex (rechts) wirkt es flau und kontrastarm.

Sie können mit den Duplex-Einstellungen auch eine der Prozessfarben zu einem Graustufenbild hinzufügen. Das oben abgebildete Duplex-Bild ist ein Beispiel für das Hinzufügen der Prozessfarbe Cyan zu einem Schwarzweißbild.

Falsches Duplex-Bild

Wenn Sie Photoshop nicht zum Erstellen eines echten Duplex-Bildes mit unterschiedlichen Bildern für jede Farbe verwenden möchten (oder können), dann können Sie immer noch ein Graustufenbild über einen Farbton legen und so ein falsches Duplex-Bild erzeugen. Diese falschen Duplex-Bilder sind jedoch weniger interessant als ein echtes, in Photoshop erstelltes Duplex-Bild.

Volltonfarbprojekte

Nehmen Sie sich für diese Projekte ruhig Zeit. Hier sollen Sie lernen, Druckmaterialien ganz allgemein im Hinblick auf Volltonfarben zu betrachten.

Projekt 1

Betrachten Sie die Umschläge einiger Postwurfsendungen und Direktwerbungen. Achten Sie auf solche, die nur mit Schwarz und einer anderen Farbe bedruckt sind. Wenn Sie nur zwei Farben auf dem Umschlag sehen, handelt es sich sehr wahrscheinlich um eine Volltonfarbe.

Projekt 2

Suchen Sie in einer Zeitschriftenauslage nach Zeitschriften mit hellen Orange- oder anderen Neontönen auf dem Umschlag. Diese Neonfarbe ist meist eine Volltonfarbe. (Stehen Sie dort nicht zeitschriftenlesend herum, wenn Sie nichts kaufen möchten!)

Projekt 3

Gehen Sie in eine Buchhandlung und betrachten Sie einige Einbände von Schauerromanen oder Science-Fiction-Taschenbüchern. Suchen Sie nach Beispielen für Lackierungen, Metallic-Druckfarben oder Prägedruck.

Projekt 4

Gehen Sie zum Waschmittelregal Ihres Supermarkts. Schauen Sie sich die Verpackungen der Waschmittel an. Sehen Sie all diese leuchtenden Farben? (Vielleicht brauchen Sie eine Sonnenbrille.) Das sind fluoreszierende Volltonfarben.

Projekt 5

Nehmen Sie ein paar Speisekarten von Lieferdiensten für Pizza oder chinesisches Essen zur Hand. Zählen Sie die Farben. Wurde die Karte mit zwei oder vier Farben gedruckt? Wenn sie nur zweifarbig ist, hat der Lieferservice wahrscheinlich Geld gespart und es nur in Schwarz und einer Volltonfarbe drucken lassen. (Das Chinarestaurant bei mir nebenan verwendet sowohl für seine Karte als auch für die Verpackung der Essstäbchen Schwarz und eine Volltonfarbe.)

Wie viele Farben drucken?

Eine der wichtigsten Entscheidungen bei einem Druckjob betrifft die Anzahl der zu druckenden Farben. Sie müssen wissen, wie viele Farben Sie verwenden können, bevor Sie mit dem Erstellen von Bildern und dem Layouten von Grafiken und Text beginnen.

Diese Entscheidung hängt davon ab, welche Arten von Druckfarben Sie verwenden möchten: Prozessfarben, Volltonfarben oder beides.

Anzahl der Farben auf einer Druckmaschine

Mit der Anzahl der *Farben* auf einer Druckmaschine ist die Anzahl der auf das Papier aufgebrachten *Druckfarben* gemeint. Auch ein vollfarbiger Job wird (wie Sie in Kapitel 9 gelernt haben) mit nur vier Druckfarben gedruckt. Jede Druckfarbe zählt als Farbe. Generell lässt sich sagen, dass der Druck umso teurer wird, je mehr Farben ein Dokument enthält.

Einfarbdruck

Einfarbdruck ist die preiswerteste Druckmethode. Es gibt nur eine Druckplatte und auf dieser befindet sich nur eine einzelne Druckfarbe. Meist wird schwarze Druckfarbe für Einfarbjobs verwendet, aber die Druckerei kann für Sie stattdessen auch eine Volltonfarbe einsetzen. Wenn Sie statt Schwarz eine Farbe wünschen, berechnet Ihnen die Druckerei möglicherweise eine kleine Reinigungsgebühr, weil Ihre Volltondruckfarbe nach dem Druck im Druckwerk abgewaschen werden muss.

Ändern Sie Ihre elektronischen Dateien für den Einfarbdruck nicht von Schwarz in eine Volltonfarbe! Sagen Sie der Druckerei einfach, dass der schwarze Text und die schwarzen Grafiken (die „Schwarzplatte") tatsächlich in der von Ihnen gewählten Farbe gedruckt werden sollen. Man wird dort dann eine andere Farbe auf der Druckmaschine einsetzen.

Wenn Sie einen Desktop-Farbdrucker zur farbigen Ausgabe des Dokuments verwenden – vielleicht, um einem Kunden zu zeigen, wie es in Farbe aussieht – werden alle Farben auf eine Seite gedruckt und es ist relativ egal, wie viele Farben Sie in der Datei verwendet haben. Wenn Sie die endgültige Ausgabe des Dokuments jedoch anderweitig durchführen wollen, definieren Sie die Farbe unbedingt als Volltonfarbe. Andernfalls wird die Farbe in ihre einzelnen CMYK-Komponenten zerlegt, wenn Sie sie dem Dienstleister oder der Druckerei zur Ausgabe liefern.

Zweifarbdruck

Zweifarbdruck ist teurer als eine einzelne Farbe. Meist kommen beim Zweifarbdruck Schwarz und eine weitere Farbe zum Einsatz. Das kann entweder eine Volltonfarbe oder eine der Prozessdruckfarben sein. Sie können aber eine beliebige Kombination zweier Druckfarben einsetzen – Schwarz und Prozess-Cyan, Schwarz und Vollton-Grün, Vollton-Grün und Vollton-Violett, Prozess-Magenta und Vollton-Gelb oder jede andere Kombination zweier Druckfarben. (Denken Sie daran, dass die Papierfarbe nicht mitzählt – diese Farbe bekommen Sie umsonst.)

Wenn Sie sich für den Einsatz zweier Farben entschieden haben, sollten Sie sich überlegen, wie sich diese beiden Farben kombinieren lassen. Ein Farbton eines Vollton-Grüns ließe sich etwa mit einem Farbton eines Vollton-Violetts zu einer dritten Farbe, Braun, kombinieren (siehe Kapitel 10 für Beschreibungen von Farbtönen). Sprechen Sie mit Ihrer Druckerei, wenn Sie Farbtöne von Volltonfarben miteinander mischen möchten. Dort kann man Ihnen am ehesten sagen, welche Farbtöne welcher Farben sich gut miteinander mischen lassen. Möglicherweise hat man dort auch Musterbücher, die Ihnen zeigen, was passiert, wenn bestimmte Druckfarben auf bestimmte Papiersorten treffen.

Berücksichtigen Sie die Papierfarbe

Bei der Arbeit sollten Sie daran denken, dass die Papierfarbe nicht als „Farbe" des Druckjobs betrachtet wird. Wenn die Druckfarbe schwarz und das Papier rosa ist, handelt es sich trotzdem um einen Einfarbdruck, weil nur eine Druckfarbe nötig ist. Die Papierfarbe kann das Aussehen der Druckfarbe beeinflussen. Grüne Druckfarbe sieht auf rosa Papier anders aus als auf braunem Papier. Wählen Sie Druck- und Papierfarbe entsprechend aus.

Dreifarbdruck

Man hört kaum von Projekten, die in drei Farben gedruckt werden; das liegt an der Art und Weise, wie Farben gedruckt werden. Ein einfarbiger Job wird üblicherweise auf einer Druckmaschine mit einem Druckwerk und einer Platte gedruckt. Für einen zweifarbigen Job kommt eine Druckmaschine mit zwei Druckwerken und zwei Druckplatten zum Einsatz. Es gibt aber keine **Dreifarbdruckmaschine** – die nächste Größe ist eine Vierfarbdruckmaschine mit vier Druckwerken und vier Druckplatten für vier Druckfarben. Der Druck auf einer Vierfarbdruckmaschine ist wesentlich teurer als auf einer Zweifarbdruckmaschine. Wenn Sie aber drei Farben für Ihr Projekt benötigen, dann wird dieses sehr wahrscheinlich auf einer Vierfarbdruckmaschine gedruckt werden. Da Sie dann ohnehin für die Verwendung der Vierfarbdruckmaschine bezahlen, können Sie ebensogut die zusätzliche Farbe mitverwenden. Beim Drucken gibt es also fast immer einen Sprung von zwei auf vier Farben.

Vierfarbdruck

Mit Prozessdruckfarben bestückte **Vierfarbdruckmaschinen** bilden das gängigste Druckverfahren für Zeitschriften, Direktwerbung, Kataloge, Grußkarten, farbige Postkarten und so weiter. **Vierfarbdrucke mit Prozessfarbe**n (CMYK; siehe Kapitel 9) lassen sich ziemlich leicht erkennen – sobald Sie ein farbig gedrucktes Foto sehen, wissen Sie, das der Job unter Verwendung von mindestens vier Farben gedruckt wurde.

Da im Vierfarbdruck zumeist Prozessdruckfarben verwendet werden, wird dieses Verfahren häufig auch als **Vierfarb-Prozessdruck** bezeichnet. Die Druckfarben Cyan, Magenta, Gelb und Schwarz ergeben in Kombination alle anderen Farben. Das heißt aber nicht, dass alle Vierfarbdrucke Prozessdrucke sind – Sie können eine beliebige Farbkombination auf Vierfarbdruckmaschinen einsetzen. Vielleicht möchten Sie zum Beispiel Schwarz mit drei Volltonfarben kombinieren. Die Möglichkeiten auf einer Vierfarbdruckmaschine geben Ihnen eine größere Flexibilität zur Erzeugung bestimmter Farben oder für Spezialeffekte mit Metallic-Farben. Die Verpackungen vieler Seifen oder Zahnpasten werden mit vier Volltonfarben bedruckt. So kommen sie zu den speziellen Metallic-Farben. Wenn Sie aber ein Foto auf der Verpackung sehen, dann handelt es sich dabei um Prozessfarben.

Sechsfarbdruck

Sechsfarbdruck ist, wie Sie wahrscheinlich bereits vermuten, noch teurer als Vierfarbdruck. Sechsfarbdruck kommt meist für Verpackungen zum Einsatz, auf denen die vier Prozessfarben mit zwei zusätzlichen Volltonfarben kombiniert werden. (Mit dem Fünffarbdruck verhält es sich übrigens ebenso wie mit dem Dreifarbdruck. Sobald Sie eine Sechsfarbdruckmaschine nutzen, können Sie für Ihr Geld auch ebenso gut alle sechs Farben verwenden.) Eine im Sechsfarbverfahren bedruckte Verpackung kann ein vollfarbiges Foto und zusätzlich noch das Unternehmenslogo in einer Volltonfarbe darstellen. Müslipackungen sind ein hervorragendes Beispiel für den Sechsfarbdruck – mit den vier Prozessfarben wird die Schale mit köstlichem Müsli, Obst und Milch abgebildet und zusätzlich kommen zwei Volltonfarben für den Druck des Firmenlogos oder -namens in den eigenen Spezialfarben zum Einsatz.

Einige sehr teure Broschüren, etwa für neue Autos, werden ebenfalls mit sechs Farben gedruckt. Dadurch kann der Designer das Auto in einem vollfarbigen Foto darstellen und zusätzliche Texte oder Grafiken in Silber oder Gold hinzufügen. Bei manchen Broschüren wird die sechste Farbe nicht als Farbe, sondern als Lack eingesetzt. Das Bild wird dadurch stärker hervorgehoben. (Mehr zu Volltonfarben lesen Sie in Kapitel 10.)

High-Fidelity-Farbdruck

Eine andere Art des Sechsfarbdrucks stellt der **High-Fidelity-Farbdruck** (häufig auch als **HiFi-Farbdruck** bezeichnet) dar. HiFi-Farbdruck ist ein Ergebnis der Tatsache, dass die vier Prozessfarben nicht immer den kompletten Farbbereich von Fotos abdecken. Anstatt Fotos also mit nur vier Farben zu drucken, kommen beim HiFi-Farbdruck noch zwei weitere Farben hinzu. Mit sechs Druckfarben erweitert sich der mögliche Farbbereich für Fotos. Man sagt, der HiFi-Farbdruck bietet einen größeren Farbgamut.

Das HiFi-Druckverfahren **Hexachrome**® kommt vom Unternehmen Pantone. Bei Hexachrome kommen zu den Prozessdruckfarben noch orangefarbige und grüne Druckfarben hinzu. Mithilfe dieser beiden Druckfarben lassen sich Hauttöne besser darstellen und die große Vielfalt der in der Natur vorkommenden Grüntöne wird originalgetreuer wiedergegeben. Einige Softwarepakete wie InDesign und QuarkXPress ermöglichen Ihnen,

Farben im Hexachrome-System zu definieren. Wenn Sie HiFi-Farben einsetzen möchten, stellen Sie sicher, dass Ihre Druckerei diese wiedergeben kann. Fragen Sie auch, wie Sie gescannte Bilder aufbereiten sollen.

Farbauszüge

Beim Anfertigen von Farbdrucken sollten Sie sicherstellen, dass die korrekte Anzahl von *Farbauszügen* für die Druckmaschine erstellt wird (eine Erklärung zu Farbauszügen finden Sie in Kapitel 9). Auf keinen Fall sollte Ihr Drucker mehr Farbauszüge ausgeben, als Sie Farben eingeplant haben. Wenn Sie zum Beispiel einen zweifarbigen Job geplant und budgetiert haben, dann sollten Sie auch sicherstellen, dass Ihre Datei in zwei Auszügen ausgegeben wird. Sollte das nicht der Fall sein, kostet Sie die Lösung des Problems durch den Dienstleister oder die Druckerei zusätzliche Zeit und zusätzliches Geld, das Sie nicht eingeplant hatten.

Papierfarbauszüge

Als ich anfing, mit Computergrafiken zu arbeiten, ließen sich Probleme nur durch die Anfertigung so genannter **Papierfarbauszüge** vermeiden: Ehe ich die Datei an den Dienstleister übermittelte, öffnete ich das Dialogfenster „Drucken" und wählten „Farbauszüge erstellen". Dann zählte ich die Blätter, die aus dem Drucker kamen. Jede Druckplatte entsprach einem Blatt Papier; vier für den Vierfarbdruck, zwei für einen zweifarbigen Job; eines für einen einfarbigen Job. Natürlich wurden alle Farbauszüge nur mit schwarzem Toner gedruckt.

Bildschirmfarbauszüge

Heutzutage ist es viel einfacher (und baumfreundlicher), die in Programmen wie Adobe Acrobat und InDesign integrierten Funktionen für elektronische Farbauszüge zu verwenden. Anstatt Papierseiten zu zählen, können Sie einfach die Symbole für die einzelnen Auszüge ein- und ausschalten und so ein Auge darauf haben, wie die Seite separiert wird. (Ich mache das sehr gerne, um zu sehen, wie sich die Prozessfarben zusammensetzen.)

In InDesign öffnen Sie das Bedienfeld „Separationsvorschau" und aktivieren die Einstellung „Separationen". Es werden alle Prozessfarben und
möglicherweise im Dokument enthaltenen Volltonfarben aufgeführt.
Dann klicken Sie zur Betrachtung der verschiedenfarbigen Platten auf
die entsprechenden Augensymbole.

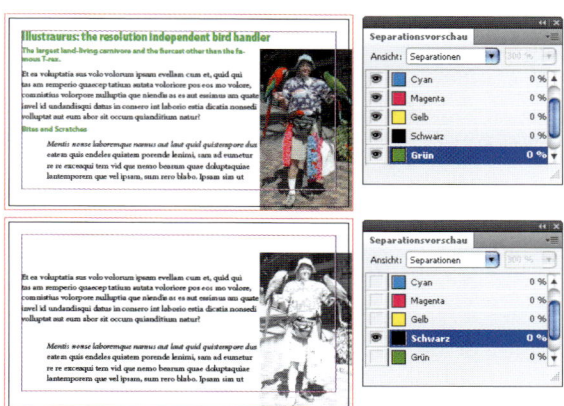

Das Bedienfeld „Separationsvorschau" in InDesign stellt die Farbplatten einer Seite dar. Das obere Bild zeigt hier alle vier
Prozessfarben und eine fünfte Volltonfarbe. Im unteren Bild wird nur die Schwarzplatte angezeigt.

In Acrobat rufen Sie im Bereich „Druckproduktion" den Befehl „Ausgabevorschau" auf. Steuern Sie die Anzeige der verschiedenen Platten über
die Kontrollkästchen. In diesem Bedienfeld können Sie auch die Anzeige
von Schwarz und den Papierfarben verändern. Mit solchen elektronischen Farbauszügen sollten Sie alle unerwarteten Auszüge vermeiden
können, wenn Ihr Job in die Druckerei geht.

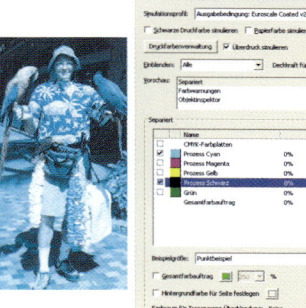

Das Bedienfeld „Ausgabevorschau" von Acrobat zeigt sowohl die Farbplatten als auch zusätzliche Informationen für die
Druckvorstufe an. Hier werden die Schwarz- und die Cyanplatte dargestellt.

Farbzähl-Projekte

Für diese Projekte sollten Sie es nicht eilig haben. Es handelt sich um einen ausgedehnten Ausflug in die Untersuchung sämtlicher gedruckter Materialien. Es geht darum, wie die Farben gedruckt wurden.

Projekt 1

Finden Sie Beispiele für Einfarbdrucke. Welche Farbe wird meist eingesetzt?

Projekt 2

Finden Sie Beispiele für Einfarbdrucke, bei denen kein Schwarz verwendet wurde. Suchen Sie in diesen Beispielen nach Fotos. Sehen sie gut aus oder nicht? Wenn nicht, warum?

Projekt 3

Finden Sie Beispiele für Zweifarbdrucke. In wie vielen wird Schwarz als Primärfarbe mit einer zusätzlichen Volltonfarbe verwendet?

Projekt 4

Betrachten Sie die Farben auf einer Getränkedose. Gibt es Weiß auf der Dose? Welche Farbe hat die Dose selbst? Wenn die Dose selbst nicht weiß ist, wie kam dann der weiße Bereich auf die Dose? Finden Sie weitere Beispiele, in denen Weiß als zusätzliche Volltonfarbe verwendet wird.

Projekt 5

Untersuchen Sie die auf einen Müslikarton gedruckten Farben. Öffnen Sie die Laschen des Kartons (nehmen Sie zuerst das Müsli heraus) und suchen Sie nach farbigen Quadraten. Wenn der Müslikarton mit nur vier Farben bedruckt wurde, dann werden Sie nur vier Quadrate vorfinden. Wenn der Karton mit sechs Farben bedruckt wurde, dann werden Sie sechs Quadrate vorfinden – vier Prozessfarben und zwei Volltonfarben.

Ein Beispiel für die Farbbalken auf der Innenseite einer Verpackung. Beachten Sie die zusätzlichen Farben Grün und Dunkelblau.

Projekt 6

Wenn Sie eine mit sechs Farben bedruckte Verpackung finden, versuchen Sie zu erkennen, wo die beiden zusätzlichen Volltonfarben eingesetzt wurden. Hinweis: Sehr wahrscheinlich dienen die beiden zusätzlichen Farben der Wiedergabe des Firmenlogos oder des Produktnamens.

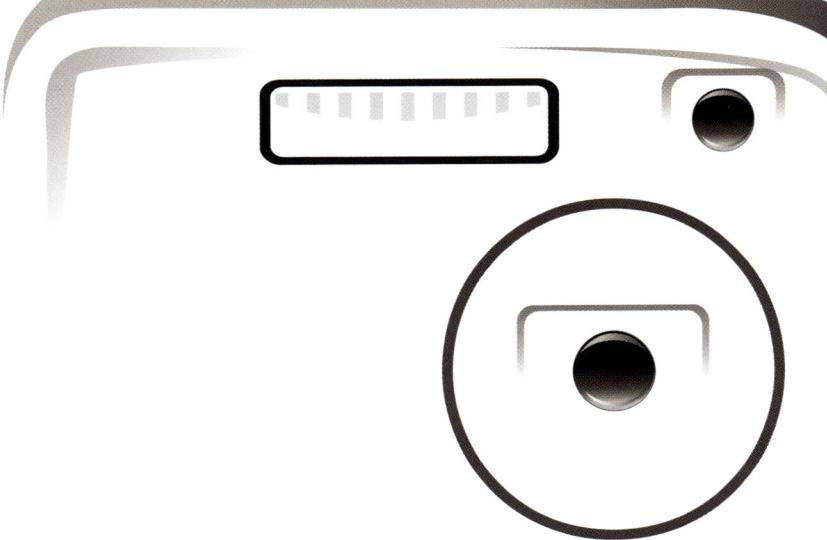

MATERIALIEN IN DEN COMPUTER ÜBERNEHMEN

Damit Ihre Projekte beim Verlassen des Computers gut aussehen, müssen Sie darauf achten, dass bereits die dafür in Ihren Rechner übernommenen Rohdaten gut aussehen. Hier erhalten Sie Hinweise, wie Sie Bilder und Schriften korrekt in den Computer übernehmen.

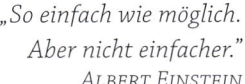

„So einfach wie möglich.
Aber nicht einfacher."
ALBERT EINSTEIN

Digitalkameras

Zu Beginn waren Digitalkameras noch professionellen Studiofotografen vorbehalten. Mit der Weiterentwicklung der Technik (und dem Sinken der Preise) wurden Digitalkameras jedoch auch bei Verbrauchern immer beliebter.

Heute trifft man kaum noch jemanden, der nicht irgendeine Digitalkamera besitzt – sei es eine einfache Schnappschusskamera für die Hemdtasche, eine hochwertige, für zahlreiche Objektive ausgelegte Spiegelreflexkamera oder einfach die winzige Kamera im Mobiltelefon.

Der besondere Nutzwert von Digitalkameras besteht darin, dass sich die Bilder leicht auf den Computer übertragen, sofort auf dem Monitor betrachten, elektronisch anpassen und dann in ein elektronisches Layout einfügen lassen.

Wie Digitalkameras funktionieren

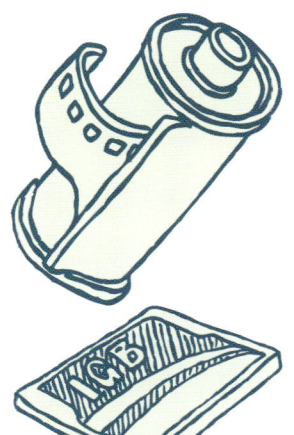

Wenn Sie alt genug sind, um sich noch an Filmkameras zu erinnern, dann wissen Sie sicherlich, dass diese Kameras Bilder aufnahmen, indem ein kleines Loch (die Blende) geöffnet wurde, durch das Licht in die Kamera einfallen konnte. Das Licht wurde dann auf den Kamerafilm fokussiert, der das Bild durch eine chemische Reaktion aufzeichnete.

Bei Digitalkameras tritt anstelle des Films ein elektronischer Sensor. Auf dem elektronischen Sensor trifft das Licht auf einzelne Pixel für die roten, grünen und blauen Anteile des Lichts. Wenn Sie das an die Beschreibung von RGB-Bildern in Kapitel 5 erinnert, dann aus gutem Grund: Digitalfotos werden als RGB-Dateien aufgenommen.

Die allermeisten Digitalkameras legen ihre Bilder auf kleinen elektronischen Speicherkarten ab, die sich aus der Kamera herausnehmen lassen.

Die Größe der Speicherkarte wirkt sich auf die Anzahl der möglichen Aufnahmen aus, ehe Sie die Bilder auf einen Computer übertragen müssen. Eine gefüllte Speicherkarte können Sie zum Beispiel einfach gegen eine leere austauschen. Haben Sie nur eine Speicherkarte, müssen Sie die Bilder herunterladen, wenn die Karte voll ist.

Von der Kamera zum Computer

Es gibt viele unterschiedliche Möglichkeiten, Bilder von Ihrer Digitalkamera in den Rechner zu bekommen. Sie können Kamera und Computer mit einem Kabel verbinden. Sie können die Karte aus der Kamera herausnehmen und sie in einen an den Computer angeschlossenen Speicherkartenleser stecken. Sie können die Bilder per E-Mail an sich selbst oder an andere schicken. Schließlich gibt es sogar Möglichkeiten, jedes Foto nach dem Drücken des Auslösers automatisch per **Bluetooth** oder WLAN zu übertragen.

Es ist egal, welche Methode Sie verwenden. Sobald Ihre Bilder im Computer sind, können Sie diese mit sämtlichen Funktionen von Bildbearbeitungsprogrammen bearbeiten. Sie können die Dateien in CMYK umwandeln und sie zur Veröffentlichung in Ihr Seitenlayout-Programm einfügen.

Digitalkameratypen

Es gibt keine starren Regeln zur Kategorisierung von Digitalkameras. Was manch einer als Profikamera betrachtet, wird anderen vielleicht nur ein müdes Lächeln entlocken.

Professionelle Digitalkameras

Im professionellen Bereich am weitesten verbreitet sind digitale **Spiegelreflexkameras** (SLR). Diese Kameras sehen so aus wie traditionelle 35-mm-Kameras. Bei diesen Kameras dient ein einzelnes Objektiv sowohl zur Wahl des Bildausschnitts als auch zur Belichtung. Beim Betätigen des Auslösers wird im Kameragehäuse ein Spiegel geschwenkt und das Licht wird nicht in den Sucher geleitet, sondern fällt dann direkt in den hinteren Teil der Kamera. Berufsfotografen schätzen an dieser Bauweise die Möglichkeit, den Bildausschnitt exakt auszuwählen.

Jeder Profifotograf wird Ihnen bestätigen, dass das Objektiv der wichtigste Bestandteil der Kamera ist. Bei allen professionellen Spiegelreflexkameras lässt sich das Objektiv gegen ein anderes austauschen. Sie können ein Teleobjektiv, das weit entfernte Motive aufnimmt, gegen ein Makroobjektiv für Nahaufnahmen austauschen. Die meisten Berufsfotografen verwenden zwei oder drei unterschiedliche Objektive, zwischen denen sie nach Bedarf wechseln.

Ein Beispiel für eine professionelle Spiegelreflexkamera mit Wechselobjektiven.

Nachfolgend sind einige weitere Funktionen beschrieben, die an einer professionellen Kamera nicht fehlen dürfen:

▶ **Blendeneinstellung**. Durch die Blendenöffnung gelangt Licht in die Kamera. Bei professionellen Kameras kann die Blende von Hand eingestellt werden.

▶ **Belichtungszeit**. Nachdem die Blende den Lichteinfall in die Kamera freigegeben hat, schließt sie sich nach einer gewissen Zeit wieder. Je länger die Blende geöffnet bleibt, desto mehr Licht tritt in die Kamera ein. Profis stellen die Belichtungszeit manuell ein und können die Belichtung dadurch verstärken oder abschwächen.

▶ Beeinflussung der **Tiefenschärfe**. Die Tiefenschärfe ist der Entfernungsbereich, in dem Objekte scharf erscheinen. Bei Profikameras lässt sich die Tiefenschärfe durch das Zusammenspiel von Objektivbrennweite und verwendeter Blende beeinflussen.

▶ **Belichtungsreihen.** Die meisten Fotografen verlassen sich nicht nur auf eine Kombination aus Blendenwert und Belichtungszeit. Daher greifen sie auf Belichtungsreihen zurück, bei denen mit einem Druck auf den Auslöser drei Aufnahmen gemacht werden. Ein Bild wird dabei leicht unter- und eines leicht überbelichtet. Die andere Aufnahme erfolgt mit normalen Einstellungen. Durch diese drei Aufnahmen hat der Fotograf schließlich mehr Auswahlmöglichkeiten.

▶ **Zusätzliche Dateiformate.** Neben dem gängigen JPEG-Dateiformat beherrschen die meisten professionellen Kameras auch das Abspeichern der Bilder als RAW-Dateien. Anders als die komprimierten JPEG-Dateien werden RAW-Dateien unkomprimiert und ohne weitere Bildverbesserungen aufgenommen. Sie gelten als das am wenigsten verfälschte Bildformat überhaupt. RAW-Dateien müssen jedoch vor dem Einsatz in Layouts in andere Dateiformate umgewandelt („entwickelt") werden.

Das sind die wichtigsten Funktionen professioneller Kameras. Lassen Sie sich von dem Begriff *professionell* aber nicht in die Irre führen. Ich kenne genug Leute, die unbedingt eine professionelle Kamera kaufen wollen. Dann schalten Sie aber alle Automatikfunktionen ein und machen nur Schnappschüsse. Vielleicht besitzen sie zwar eine professionelle Kamera, aber dann wenden sie diese äußerst unprofessionell an.

Studiokameras

Kameras mit Einzelobjektiv sind tragbar; selbst mit einem starken Teleobjektiv können Sie diese also immer noch mit sich herumtragen. Es gibt aber auch noch einen weiteren Kameratyp, die Studiokameras. Diese verfügen über viel größere Sensorflächen, und sie sind deshalb viel größer als eine gewöhnliche Spiegelreflexkamera. Sie nehmen Bilder in sehr hoher Qualität auf, sind aber viel zu groß für den mobilen Einsatz. Außerdem benötigen Sie in der Regel ein großes Studiostativ auf Rollen.

Kompaktkameras

Billiger sind Kompaktkameras, die manchmal auch als Consumer-Kameras bezeichnet werden. Sie sind viel kleiner als professionelle Spiegelreflexkameras und finden problemlos in der Hemdentasche Platz.

Ein Beispiel für eine kompakte Digitalkamera. Beachten Sie das kleine, fest eingebaute Objektiv und die kompakte Bauform.

Als die beiden Hauptunterschiede zwischen Kompakt- und Spiegelreflexkameras lassen sich das fest eingebaute Objektiv der Kompaktkamera und deren vom Objektiv getrennte Sucheroptik nennen.

Was diesen Kameras an hochwertigen Objektiven abgeht, das machen sie durch Spezialfunktionen und daraus hervorgehender einfacher Bedienbarkeit wieder wett. Dazu gehören automatische Fokussierung, Belichtung und Bildstabilisierung. Mit diesen Kameras können Sie auch einfache Videos mit Ton aufnehmen. Kompaktkameras sind hervorragend geeignet zur Aufnahme von Bildern für Webseiten, zum Ausdruck auf Tintenstrahldruckern in Fotoqualität, für Videopräsentationen oder für Projekte, die auf Desktop-Druckern ausgegeben und auf Kopierern vervielfältigt werden.

In einigen Fällen lassen sich kompakte Digitalkameras auch für journalistische Zwecke oder sogar für Werbung einsetzen. Sie sollten sich

Prosumer-Kameras

Irgendwo zwischen teuren Spiegelreflex- und preiswerten Kompaktkameras sind die **Prosumer-** (professional + consumer) Kameras angesiedelt. Die Angebote richten sich oftmals auch an den „ambitionierten Amateur", der wahrscheinlich leichter zu finden ist als ein nachlässiger Profi.
Prosumer-Kameras liegen im Preis etwas über den einfachen Kameras, aber unter einer professionellen Kamera. Meist handelt es sich um Spiegelreflexkameras, deren Objektiv sich nicht austauschen lässt.
Die Kameras werden nicht unbedingt als Prosumer-Geräte angeboten. Sie erkennen sie am Preis.

jedoch mit deren Funktionsweise auseinandersetzen, ehe Sie sie für Ihre eigenen Druckprojekte verwenden.

Kamerahandys

Es ist schwer, ein Mobiltelefon ohne eingebaute Kamera zu finden. Heißt das, dass Digitalkameras überflüssig geworden sind? Kann jeder einfach die Digitalkamera in seinem Handy für Werbung und Verlagswesen einsetzen? Wohl kaum! Auch wenn einige der neuen Handykameras sehr hohe Auflösungen bieten – die Sensoren der Kameras sind nicht besonders hochwertig und die Objektive sind zu primitiv, um erstklassige Bilder damit aufzunehmen. Nicht einmal für Ihre Urlaubsfotos sollten Sie sich auf die Kamera Ihres Mobiltelefons verlassen.

Wozu sind sie also gut? Für spontane Erinnerungsfotos und als Gedächtnisstütze. Wenn Sie sich zum Beispiel nach einem neuen Haus umsehen, können Sie damit hervorragend die einzelnen Räume dokumentieren. Und weil sich die Bilder häufig in E-Mails einbinden lassen, können Sie sie auch gleich an Ihren Partner schicken, um ihn um seine Meinung zu bitten.

Auflösung von Digitalkameras

Wenn Sie sich für einen Digitalkameratyp entschieden haben, ist als Nächstes die Auflösung von Interesse. Diese ergibt sich aus der Gesamtzahl der Pixel auf der Aufnahmefläche. Wenn die Aufnahmefläche also eine Breite von 3000 Pixeln und eine Höhe von 2000 Pixeln hat, dann ergibt sich als Gesamtanzahl der Pixel 6.000.000. Jede Million Pixel ist ein **Megapixel.** Sechs Millionen Pixel sind also 6 Megapixel.

Die fehlenden Megapixel

Für das tatsächliche Ausgabeformat können Sie sich nicht auf die Megapixelangabe auf Ihrer Kamera verlassen. Mein iPhone nimmt zum Beispiel Bilder mit 1.600 x 1.200 Pixeln auf. Das sind insgesamt 1.920.000 Pixel. Apple (und alle anderen Hersteller von Digitalkameras auch) spricht von einer 2,1-Megapixel-Kamera. Wo sind die fehlenden Pixel?

Der Unterschied ist nicht mathematisch begründet. Stattdessen gibt es im Bildsensor Pixel zur Steuerung der elektronischen Schaltkreise. Streng genommen verfügt die Kamera also über mehr als zwei Millionen Pixel. Nur dass sie nicht alle zur Auflösung des fertigen Bildes beitragen.

Megapixel oder Megabyte?

Hiermit komme ich immer wieder durcheinander. Sagen wir, ich nehme ein Bild mit einer 6-Megapixel-Kamera auf. Das ergibt sechs Millionen Bildpixel. Wenn ich die Datei aber in Photoshop öffne, hat das Bild „17,2 M". Sollte das nicht 6 M heißen?

OK, als erstes müssen wir uns darüber klar werden, dass 17,2 M für 17,2 *Megabyte* und nicht für Megapixel steht. Ein Megabyte ist die Größe des zur Speicherung des Bildes auf der Festplatte benötigten Speicherplatzes. Ich kann hier zwar nicht auf die ganze Mathematik eingehen, aber ein Pixel entspricht nicht genau einem Byte. Das stimmt zwar ungefähr, aber nicht genau. Tatsächlich ergeben 6 Megapixel 5,72 Megabyte.

Warum wird die Bildgröße dann also nicht als 5,72 M angezeigt? Das liegt nun wieder daran, dass die Bildinformationen in drei verschiedenen Kanälen gespeichert werden: Rot, Grün und Blau. Das verdreifacht also die 5,72 Megabyte, was dann 17,2 Megabyte ergibt. Noch wichtiger ist aber, dass die Originalauflösung nach wie vor bei 3000 Pixeln Breite und 2000 Pixeln Höhe liegt.

Sobald diese Pixel im Kasten sind, kann der Pixel-pro-Zoll-Wert (ppi) je nach geplantem Verwendungszweck des Bildes verändert werden (in Kapitel 6 wird beschrieben, wie sich die Druckgröße eines Bildes mit seiner Auflösung verändert).

Noch vor wenigen Jahren lag die maximale Auflösung einer professionellen Digitalkamera bei 6 Megapixeln. Heute gibt es Kamerahandys mit 12,1 Megapixeln! Auflösung allein sagt aber noch nichts über eine gute Bildqualität aus. Sie müssen auch auf die Größe des Bildsensors und die Optik achten.

Sensortypen

In Digitalkameras kommen zwei unterschiedliche Bildsensortypen zum Einsatz. Die meisten Kameras verwenden einen **CCD**-Sensor (**charge coupled device**). Andere arbeiten mit **CMOS**-Sensoren (**complementary metal oxide semiconductor**). Die physikalische Funktion der einzelnen

Graustufen-Digitalkameras?

Als Heranwachsende musste ich immer entscheiden, ob ich einen Farb- oder Schwarzweißfilm in meine Kamera einlegen wollte. Heutzutage gibt es aber keine Graustufen-Digitalkameras. Wenn ich ein Graustufenbild möchte, konvertiere ich das entsprechende RGB-Bild mit einem Bildbearbeitungsprogramm.

Sensortypen müssen Sie nicht lernen, aber Sie sollten die Vor- und Nachteile der beiden Systeme kennen.

▶ **CCD-Sensoren erzeugen bessere Bilder mit weniger Bildrauschen.** Als Rauschen bezeichnet man unerwünschte Bildpixel. Diese verrauschten Pixel lassen das Bild meist fleckig erscheinen. CMOS-Sensoren sind anfälliger für Bildbereiche mit sichtbarem Rauschen.

▶ **CMOS-Sensoren sind stromsparender.** Sie eignen sich besser für Kameras mit kleineren Batterien.

▶ **CMOS-Sensoren sind billiger als CCD-Sensoren.** Deshalb werden CMOS-Sensoren gerne in preiswerteren Kameras verbaut.

▶ **CCD-Sensoren haben eine bessere Pixelqualität** und die Pixel lassen sich auf ihnen dichter packen.

Dateigröße und Komprimierung

Nur weil eine Kamera 12 Megapixel liefert, heiß das noch lange nicht, dass Sie Ihre Bilder mit den kompletten 12 Megapixeln abspeichern müssen. Bei den meisten Kameras können Sie auch eine geringere Bildauflösung einstellen. Wenn ich weiß, dass ich meine Fotos nur für die Bildschirmdarstellung verwenden möchte, dann schraube ich normalerweise die Bildauflösung der Kamera herunter. Dadurch bekomme ich mehr Bilder auf die Speicherkarte der Kamera.

Sie können Ihre Bilder mit Digitalkameras auch in unterschiedlichen Formaten abspeichern. Professionelle Kameras verwenden verlustfreie Formate (siehe Seite 114) wie TIFF oder RAW. Dabei bleibt der Detailgehalt der Dateien unverändert. Diese Formate benötigen mehr Speicherplatz auf der Kamera, liefern aber die höchstmögliche Bildqualität.

Bei hochwertigen Kameras können Sie auch JPEG-Dateien mit sehr geringer Komprimierung abspeichern. Das beeinträchtigt die Bildqualität nur sehr wenig.

Kompaktkameras speichern Ihre Bilddaten in der Regal als JPEG-Dateien. Bei diesen Kameras können Sie in der Regel die Bildqualität wählen: gut, besser, am besten. Bei der besten Qualitätsstufe kommt die geringste Komprimierung zum Einsatz; bessere Qualität bedeutet etwas höhere Komprimierung, und bei guter Qualität wird am stärksten komprimiert.

Digitalfotos betrachten und sortieren

Wenn Sie schon einmal bei einem professionellen Fotoshooting waren, dann wissen Sie, dass die Fotografen dort nicht einfach nur Schnappschüsse machen. Sie machen Hunderte von Aufnahmen, um jeden erdenklichen Blickwinkel und alle möglichen Belichtungen abzudecken. Nach den Aufnahmen werden routinemäßig Hunderte von Dateien gesichtet, um die guten herauszufiltern.

Traditionelle Kontaktabzüge und Leuchtkästen

Als Fotografen 35-mm-Aufnahmen machten, brauchten sie eine Methode um Hunderte von Fotos zu betrachten, ohne gleich jedes auf einem separaten Fotopapier zu entwickeln. Dazu legten die Fotografen entwickelte Filmstreifen auf ein Stück Fotopapier und belichteten dieses anschließend.

Ein Beispiel dafür, wie ein Teil der Bilder auf einem Kontaktabzug aussieht. Zum Betrachten brauchte man ein Vergrößerungsglas.

Nach dem Entwickeln des Papiers waren die Fotos als Reihen kleiner Bilder innerhalb des Filmstreifens zu erkennen. (Der Begriff Kontaktabzug kommt von den Negativen, die Kontakt mit dem Fotopapier hatten.) Der Fotograf und die Kunden verwendeten dann ein Vergrößerungsglas zum Betrachten der Bilder auf dem Papier. Die Favoriten wurden dann markiert.

Einzelne 35mm-Dias ordneten Fotografen vor speziellen **Leuchtkästen** an. Durch diese gelangte Licht durch die Dias. Wieder verwendeten sie ein Vergrößerungsglas zum Betrachten der Bilder und zur Bildauswahl.

Digitale Kontaktabzüge und Leuchtkästen

Mit Digitalkameras können Sie sehr einfach Tausende von Bildern aufnehmen, ohne die Speicherkarte zu wechseln. Glücklicherweise gibt es Softwareanwendungen, die wie die traditionellen Kontaktabzüge und Leuchtkästen funktionieren. Diese Anwendungen lassen Sie Digitalfotos betrachten, sortieren, anordnen und bearbeiten, ohne dazu explizit Hunderte von Dateien zu öffnen.

Sowohl Adobe Bridge, Adobe Photoshop Lightroom, Apple iPhoto als auch Apple Aperture ermöglichen Ihnen, problemlos Hunderte von Bildern zu sortieren. Das schlichteste Programm ist dabei iPhoto. Bridge wird mit allen Adobe-Programmen mitgeliefert. Bei Lightroom und Aperture handelt es sich um professionelle Produkte mit stark spezialisierten Einstellungsmöglichkeiten zum gleichzeitigen Bearbeiten tausender Bilder.

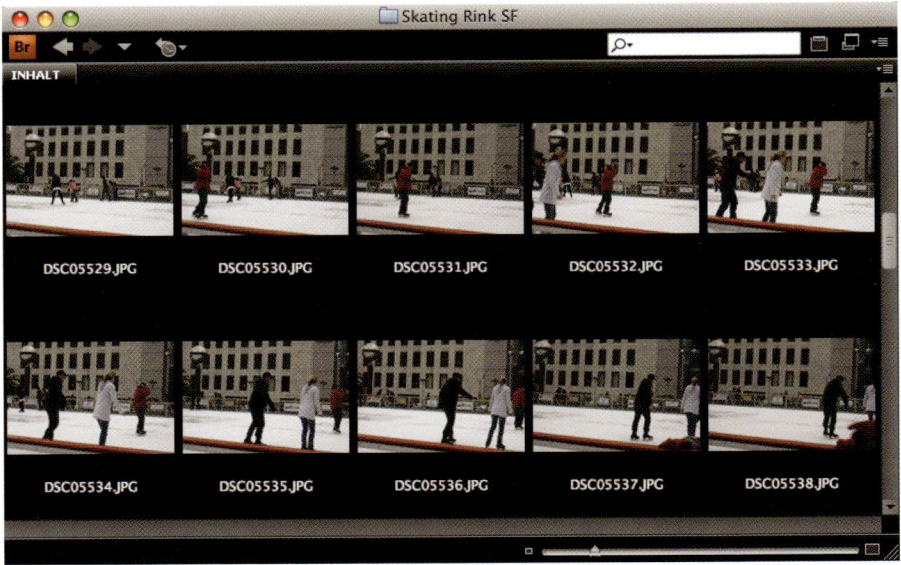

Adobe Bridge ist eine elektronische Version eines Kontaktabzugs oder des alten Leuchtkastens. Sie können damit Digitalbilder betrachten, sortieren, anpassen und bearbeiten.

Digitalkamera-Projekte

Für diese Projekte benötigen Sie die unterschiedlichsten Digitalkameras. Sie brauchen sie sich nicht alle selbst zu kaufen. Fragen Sie einen Bekannten, ob Sie Ihre Kamera mit ihm tauschen können.

Projekt 1

Suchen Sie sich eine Digitalkamera, bei der Sie die Bildauflösung verändern können. Schalten Sie von der kleinsten Pixelauflösung auf die größte um. Achten Sie darauf, wie sich die Anzahl der möglichen Aufnahmen auf der Kamera verändert.

Projekt 2

Verändern Sie auf derselben Kamera wie in Projekt 1 die Qualität der JPEG-Komprimierung. Verändert sich dadurch die Anzahl der möglichen Aufnahmen?

Projekt 3

Suchen Sie sich eine hochwertige Kamera, mit der Sie im RAW-Format arbeiten können. Sehen Sie nach, wie viele Bilder in diesem Format auf der Kamera gespeichert werden können.

Projekt 4

Nehmen Sie ein Kamerahandy zur Hand und suchen Sie darauf nach Bildeinstellungen. Ist ein Blitz vorhanden? Gibt es Fokuseinstellungen? Können Sie die Auflösung der Aufnahme verändern? Lässt sich die JPEG-Komprimierung einstellen? Kann man überhaupt irgendwelche Einstellungen vornehmen?

Projekt 5

Machen Sie einige Bilder mit einem Kamerahandy. Laden Sie diese auf den Computer und sehen Sie nach, wie groß sie sind. Senden Sie die Bilder dann per E-Mail vom Handy auf den Computer. Sind die gemailten Fotos genauso groß wie die heruntergeladenen? (Von meinem iPhone aus sind sie das nicht.)

Projekt 6

Suchen Sie sich sehr schlechte Beleuchtungsverhältnisse. (Ein romantisches Restaurant mit Kerzenlicht eignet sich gut.) Machen Sie ein paar Bilder. Übertragen Sie die Bilder später auf Ihren Computer. Betrachten Sie die Schattenbereiche der Bilder. Gibt es fleckige Bereiche? Das ist das Bildrauschen von den schlechteren Bildsensoren.

Projekt 7

Nehmen Sie ein paar Digitalkameras mit auf Fotosafari. Machen Sie mit den verschiedenen Kameras Aufnahmen von demselben Motiv. Laden Sie die Bilder auf Ihren Computer und vergleichen Sie. Erkennen Sie die Unterschiede zwischen den Fotos?

Projekt 8

Suchen Sie sich eine professionelle Digitalkamera und untersuchen Sie die Einstellungen. Sind Belichtungsreihen möglich? Falls ja, machen Sie ein paar Aufnahmen mit dieser Funktion. Laden Sie die Bilder auf Ihren Rechner und beurteilen Sie die Auswirkungen der Belichtungsreihe auf die Bilder.

Scanner und Scannen

Ein Scanner ist das Bindeglied zwischen greifbaren Objekten und digitalen Bildern – mit einem Scanner können Sie Objekte außerhalb des Computers erfassen und sie damit in den Computer hineinholen.

Es gibt viele unterschiedliche Scannertypen und viele unterschiedliche Preise – manche kosten nur ein paar Euro, andere Hunderte oder Tausende von Euro. Doch egal, wie teuer der Scanner ist, der Scanvorgang läuft nicht so automatisiert ab wie bei einer Schnappschusskamera; wenn Sie den Scanner nicht richtig einstellen, erhalten Sie keine guten Ergebnisse.

Vor Jahren besaßen alle Designer in meinem Bekanntenkreis einen sehr teuren Scanner. Sie scannten damit Fotoabzüge und -negative ein, die sie in ihren Designs verwendeten.

Heute ist alles ganz anders. Neulich hat mir ein absoluter Photoshop-Experte per E-Mail mitgeteilt, dass er überhaupt keinen Scanner mehr verwendet, außer um seine Hotel- und Restaurantbelege für Steuerzwecke zu archivieren. Der Bedarf an Scannern hat mit der zunehmenden Verfügbarkeit und den sinkenden Preisen professioneller Digitalkameras dramatisch nachgelassen. Ich bin mir jedoch sicher, dass viele Leute immer noch einen Schuhkarton voll alter Bilder besitzen. Deshalb folgt nun eine grundlegende Einführung zu Scannern und zum Scanvorgang.

Scannergrundlagen

Wenn Sie schon mal einen Kopierer verwendet haben, kennen Sie das Grundprinzip eines Scanners bereits. Wie bei einem Kopiergerät wird ein Bild auf die Scanneroberfläche gelegt und dort von einer Lichtquelle abgetastet. Wenn das Licht auf das Bild trifft, verändert es sich je nach Bildinhalt. Diese Lichtveränderungen werden dann von einer Scannerzeile erfasst und in einer digitalen Datei gespeichert, die als **Scan** oder **gescanntes Bild** bezeichnet wird.

Wie in Kapitel 2 erwähnt, teilt auch ein Desktop-Drucker viele grundlegende Gemeinsamkeiten mit einem Kopiergerät. Sehr einfach betrachtet, sind Desktop-Scanner und -Drucker also nichts weiter als Kopiergeräte mit leistungsstarken Computern zur Bildbearbeitung dazwischen. In der Tat können Sie auch Drucker mit eingebautem Scanner kaufen, die wie ein Kopiergerät funktionieren.

Fast alle Scanner arbeiten mit CCD-Sensoren, wie sie auch in einigen Digitalkameras zu finden sind. Je mehr Sensoren der Scanner enthält, desto mehr Informationen kann er aufnehmen.

Die besten Scanner verwenden eine Technologie namens PMT (photomultiplier tubes) zum Auslesen der CMYK-Farbwerte eines Bildes. Diese Information wird dann in RGB-Daten übertragen. (Haben Sie Kapitel 5 zu RGB und CMYK gelesen?) Die PMT-Technologie ist fast ausschließlich in professionellen Trommelscannern zu finden (siehe Seite 177). Mit Sicherheit arbeitet Ihr Scanner mit CCD oder CMOS, nicht mit PMT.

Es gibt unterschiedliche Scannertypen, die ich auf den Seiten 174-177 bespreche. Die Auswahl des richtigen Scanners für ein Projekt hängt vom Originalbild und dem geplanten Verwendungszweck der Datei ab.

Scanner verwenden RGB

Scanner erfassen die Farbinformationen als RGB (Rot, Grün und Blau, wie bereits in Kapitel 5 besprochen). Das ist leicht nachzuvollziehen, denn ein Scanner soll ein Bild ja schließlich in einen Computer übertragen, der zur Anzeige von Farben RGB verwendet. In mancher Scansoftware gibt es eine CMYK-Option (siehe ebenfalls Kapitel 5), aber die Farbwiedergabe ist damit nicht so zuverlässig wie in RGB. Wenn Sie eine Grafik in CMYK ausgeben möchten, bearbeiten Sie Ihre Datei in RGB und konvertieren Sie sie als letzten Schritt vor dem Einsetzen in ein für die Druckausgabe bestimmtes Seitenlayout nach CMYK. Wenn Sie jetzt total verwirrt sind, haben Sie wahrscheinlich Kapitel 5 nicht gelesen …

Originalbilder

Scanvorlagen lassen sich in zwei Kategorien einteilen: reflektierend und transparent. Manche Scanner können mit beiden Vorlagentypen umgehen, andere Geräte sind speziell für die eine oder andere Art von Vorlagen konzipiert.

- ▶ **Reflektierende Vorlagen** oder Bilder sind greifbare Dinge wie zum Beispiel Fotos, Leinwände, Zeichnungen oder Objekte. Der Scanner zeichnet vom Original reflektiertes Licht auf.

- ▶ **Transparente Vorlagen** oder Bilder umfassen Film, Dias, Präsentationsfolien usw. Der Scanner zeichnet das durch das Originalbild fallende Licht auf.

Bittiefe

Die Bittiefe eines Scanners gibt an, wie viele Farbinformationen ein Scanner aufzeichnen kann (in Kapitel 5 erhalten Sie ausführliche Informationen zu Bittiefe und Farbmodi). Ein 1-Bit-Scanner kann nur Strichgrafiken erfassen. Ein 8-Bit-Scanner eignet sich zum Scannen in Graustufen. Ein 24-Bit-Scanner zeichnet RGB-Bilder auf.

Die meisten Desktop-Scanner arbeiten mit 30 Bit, während hochwertigere Grafikscanner 36 Bit und mehr verwenden. Sie können also zusätzliche Farbinformationen aus einem Bild aufzeichnen. Diese erhöhte Bittiefe ergibt weitere Informationen, die zur Farb- und Tonwertkorrektur eines Bildes eingesetzt werden können. Sie erkennen die zusätzlichen Informationen vielleicht nicht auf dem Bildschirm, aber der Computer kann darauf zurückgreifen und sie verarbeiten.

Scannerauflösung

Die **optische Auflösung** eines Scanners gibt an, wie viele Details der Scanner aufzeichnen kann. Die optische Auflösung wird mit zwei Zahlenwerten angegeben, zum Beispiel 600 x 1200 ppi. Die erste Zahl, 600,

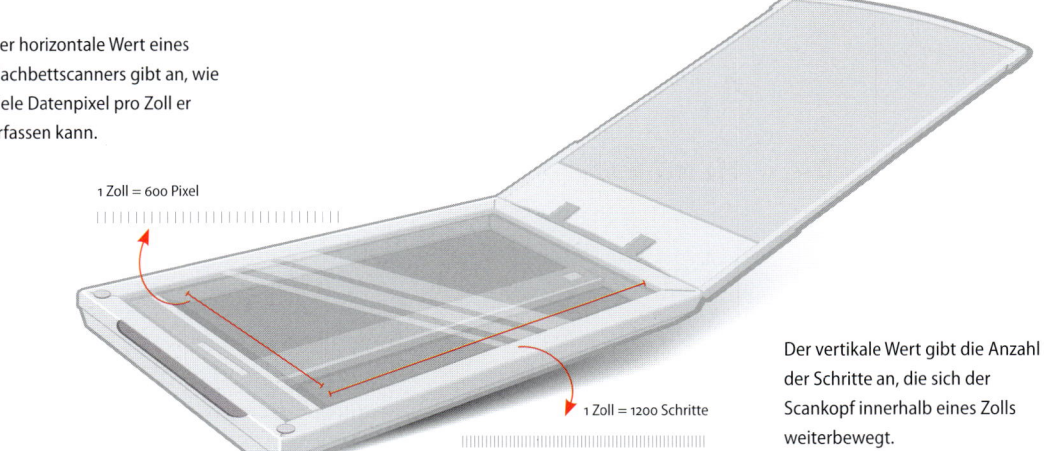

Der horizontale Wert eines Flachbettscanners gibt an, wie viele Datenpixel pro Zoll er erfassen kann.

1 Zoll = 600 Pixel

Der vertikale Wert gibt die Anzahl der Schritte an, die sich der Scankopf innerhalb eines Zolls weiterbewegt.

1 Zoll = 1200 Schritte

ist die Anzahl der Pixel pro Zoll, die ein Scanner in horizontaler Richtung aufzeichnet. Je mehr Pixel pro Zoll, desto feinere Details kann der Scanner erfassen.

Die zweite Zahl, 1200, bezieht sich auf die Anzahl der Schritte, die sich der Scankopf in vertikaler Richtung fortbewegt. Die tatsächliche Bildauflösung hängt nur von der Pixelanzahl, nicht von der Anzahl der Schritte ab.

Möglicherweise finden Sie bei einem Scanner auch die Angabe einer **interpolierten** oder **optimierten Auflösung**. Die interpolierte Auflösung liegt deutlich über der optischen Auflösung. Ein Scanner mit einer optischen Auflösung von 600 x 1200 ppi könnte zum Beispiel über eine interpolierte Auflösung von 9600 verfügen. Das bedeutet, die Scannersoftware kann aus der wirklichen Auflösung einen höheren Wert interpolieren (quasi vortäuschen). Die Interpolation erhöht in Wirklichkeit nicht den Detailgehalt des gescannten Bildes – das Bild wird lediglich vergrößert, ohne dass offensichtliche Treppeneffekte auftreten.

Scannertypen

Nachfolgend sind die heutzutage gängigsten Scannertypen beschrieben.

Handscanner

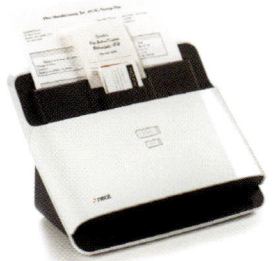

Am preiswertesten sind die kleinen Scanner, die Sie **von Hand über eine Bildvorlage ziehen**. Diese Scanner sollen es Ihnen erleichtern, bei einem Bibliotheksbesuch Notizen von wichtigen Seiten zu machen. Das sind fantastische Geräte, aber zum Drucken eines hochwertigen Bildes würde ich sie nicht empfehlen. Wenn Sie etwa ein Beispiel für ein bebildertes Manuskript zeigen möchten, dann sollten Sie dieses Bild *nicht* mit einem Handscanner erfassen.

Einzugsscanner

Auf der nächsten Stufe stehen die Einzugsscanner. Sie gleichen dem oberen Teil eines Faxgeräts und können Papiervorlagen einziehen. Die Geräte kommen mit allen möglichen Papierformaten zurecht, angefangen von Visitenkarten bis hin zu A4-Vorlagen. Am liebsten verwende ich meinen Neat-Receipts-Einzugsscanner, um zu Steuerzwecken Kopien meiner Hotelrechnungen anzufertigen. Ich speichere die Scans als PDF-Dateien ab, die ich am Jahresende meinem Steuerberater übermittle.

Einige Einzugsscanner können mehrere hundert Seiten auf einmal verarbeiten. Damit eignen sie sich hervorragend dazu, tonnenweise Papier in elektronische Dokumente umzuwandeln. Ich würde aber keinen Einzugsscanner verwenden, um ein Bild für ein professionelles Druckdokument aufzuzeichnen. Die Qualität reicht einfach nicht aus. Und weil das Papier über den Scannerkopf transportiert wird und nicht umgekehrt, kann es entlang der gescannten Zeilen zu Unregelmäßigkeiten kommen.

Flachbettscanner

Flachbettscanner sind die am weitesten verbreiteten Desktop-Scanner, und sie gleichen am stärksten dem Oberteil eines Bürokopierers. Alle Flachbettscanner können mit reflektierenden Vorlagen umgehen, und einige haben auch Aufsätze für transparente Vorlagen.

Für dieses Bild wurden eine Handvoll Münzen und U-Bahn-Wertmarken auf den Scanner gelegt.

Früher mussten Sie für einen professionellen, hochwertigen Flach-bettscanner Tausende von Euro ausgeben. Heute lassen sich sehr gute Resultate mit Flachbettscannern für unter hundert Euro erzielen.

Diascanner

Diascanner sind speziell zum Scannen transparenter Vorlagen wie (raten Sie mal!) Dias ausgelegt. Einige dieser Scanner verarbeiten nur 35-mm-Dias; andere kommen mit vielen verschiedenen Filmformaten zurecht. Für viele Flachbettscanner erhalten Sie Diaaufsätze, auch wenn Sie damit nicht ganz die Qualität eines speziellen Diascanners erzielen.

Diascanner arbeiten mit extrem hohen Auflösungen, um die 35-mm-Bilder seitenfüllend und ohne deutlich sichtbare Pixel wiedergeben zu können.

Da immer weniger Fotografen Filmkameras einsetzen, gehört der Diascanner inzwischen auf die Liste der bedrohten Arten. Er wird nur noch selten in Grafikdesignfirmen gesichtet.

Trommelscanner

Trommelscanner sind die hochwertigsten Geräte. Für einen Trommelscan wird das Bild (Foto, Leinwand, Illustration, Stoff und so weiter) um einen transparenten Zylinder gewickelt. Dieser dreht sich, während das Licht auf das Bild fokussiert wird.

Trommelscanner können sowohl reflektierende als auch transparente Vorlagen einscannen. Die Vorlage muss sich jedoch auf dem Zylinder befestigen lassen. Sie können einen Trommelscanner also nicht für die Seiten eines Buchs oder auf starren Karton aufgezogene Vorlagen verwenden.

Die ersten Trommelscanner waren extrem teure Geräte, die einen halben Raum ausfüllten und speziell geschultes Personal benötigten. Viele Druckereien boten entsprechende Dienstleistungen an: Sie gaben dort eine Vorlage ab und erhielten das Bild auf einer CD zurück. Dann konnten Sie den Scan bearbeiten und in ein Seitenlayout einfügen.

Heute werden kaum noch Trommelscanner verwendet. High-End-CCD-Scanner erreichen praktisch dieselbe Qualität und sind dabei flexibler.

Texterkennungssoftware (OCR)

Scanner machen Bilder von Bildern – sie lesen keinen Text. Wenn Sie eine Textseite, etwa aus einem Buch oder einen getippten Brief, einscannen, dann erhalten Sie ein *Bild* von dem Text. Sie können den Text nicht bearbeiten, umformatieren oder durchsuchen.

Es gibt jedoch spezielle OCR-Software (**Optical Character Recognition**), die einigen Scannern bereits beiliegt, oder die Sie separat erwerben und mit Ihrem bestehenden Scanner verwenden können. Diese Software erkennt die Formen der Buchstaben und erzeugt aus der eingescannten Seite eine bearbeitbare Textdatei.

Texterkennungssoftware ist hilfreich zur Umwandlung großer gedruckter Informationsmengen in bearbeitbaren Text. Je nach Lesbarkeit des Originaltexts kann es einige Zeit und Mühen kosten, den gesamten Text korrekt zu übertragen. Bei einer einzelnen Textseite könnte ein flotter Tipper schneller und genauer sein als die OCR-Software; bei umfangreichen zu digitalisierenden Texten ist OCR eine tolle Lösung.

Scanvorbereitungen

Beim Einsatz eines Flachbettscanners sollten Sie für die besten Scanergebnisse einige Grundregeln befolgen.

▶ **Reinigen Sie die Glasscheibe**. Stellen Sie sicher, dass die Glasscheibe des Scanners so sauber wie möglich ist. Achten Sie auf kleine Spuren – Staub, Kratzer und Fingerabdrücke wirken sich allesamt negativ auf das Scanergebnis aus. Sehen Sie in der Bedienungsanleitung des Scanners nach, welche Reinigungsmittel und Materialien gefahrlos zur Reinigung der Glasscheibe eingesetzt werden können.

▶ **Passen Sie auf die Vorlage auf**. Behandeln Sie die Vorlage vorsichtig, damit Staub, Fingerabdrücke, Kratzer und so weiter das Ergebnis nicht beeinträchtigen.

▶ **Verwenden Sie Hochglanzfotos**. Fotos auf glänzendem Papier lassen sich besser einscannen als Fotos mit matter Oberfläche. Die matte Oberfläche hat Tausende kleiner Dellen im Papier, die sich auf die Scanqualität auswirken. Ein glänzendes Foto hat eine saubere Oberfläche und wird gleichmäßig reflektiert.

▶ **Richten Sie das Bild gerade aus**. Achten Sie darauf, das Bild möglichst gerade auszurichten. Sie können das Bild an der Glaskante ausrichten. Die optische Qualität des Glases ist jedoch in der Mitte besser, deshalb sollten Sie das Bild besser in die Mitte des Scanners legen. Einigen Scannern liegen Pappschablonen bei, die Ihnen auch in der Mitte des Glases eine gerade Kante bieten.
Wenn Sie Ihr Bild schief eingescannt haben, können Sie es auch in einem Programm wie Photoshop gerade rücken. Verlassen Sie sich jedoch nicht auf diese elektronische Bilddrehung. Dabei müssen nämlich die Bildpixel **neu berechnet** werden (siehe Seite 93), was zu einem Detailverlust führt. Es ist viel besser, sofort ganz gerade zu scannen, falls das möglich ist.

▶ **Das Bild auf dem Glas aufliegen lassen**. Klappen Sie die Oberseite des Scanners auf die Vorlage herunter, damit das Bild gleichmäßig angedrückt wird. Dadurch werden alle Bildbereiche scharf eingescannt.

▶ **Vermeiden Sie Vibrationen und Bewegung**. Stoßen Sie das Gerät während des Scanvorgangs nicht an, damit die gleichmäßige Bewegung der Lichtquelle über das Bild nicht gestört wird. Wenn das Gerät angestoßen wird, dann sehen Sie auch „Stöße" im Scan.

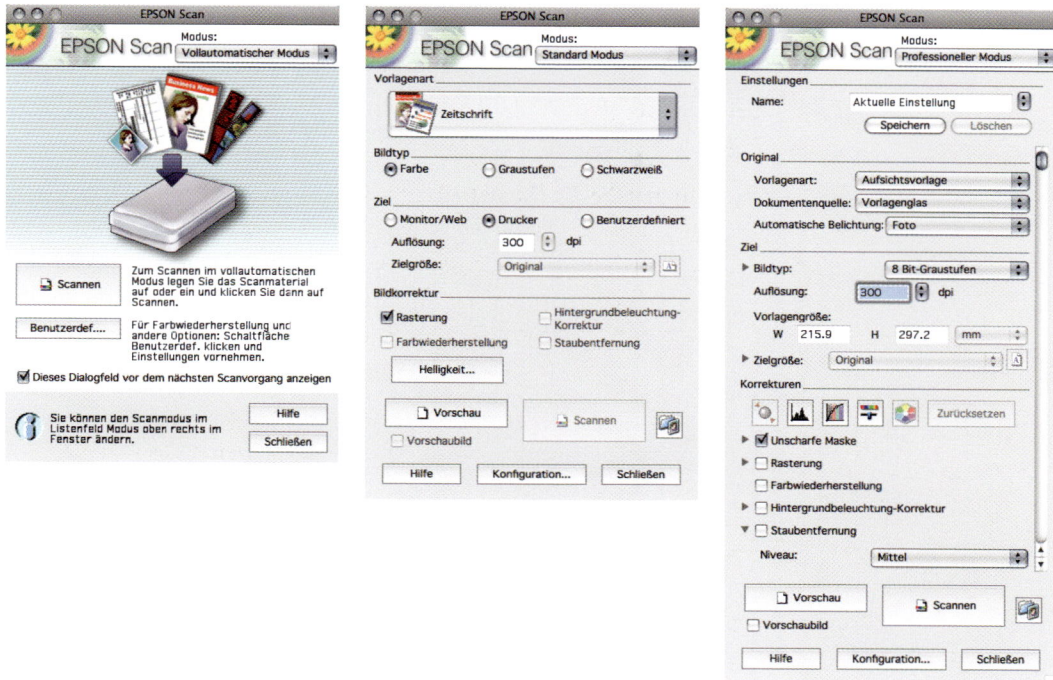

Ein Beispiel für die mit meinem Epson-V500-Scanner eingesetzte Software. Wie Sie sehen, gibt es einen einfachen „Vollautomatischen Modus", einen etwas detaillierteren „Standardmodus" und den superkomplexen „Professionellen Modus." Der Scanner bleibt immer derselbe, aber die Software bietet je nach Erfahrungslevel des Anwenders zusätzliche Optionen.

Scannersoftware

Sie werden feststellen, dass der Scanner selbst nur sehr wenige Bedienelemente besitzt. Die Bedienelemente des Scanners sitzen alle in der Software. Jeder Scannerhersteller verwendet seine eigene Software. Bei meinem Epson V500 gibt es drei auf die jeweiligen Ansprüche des Anwenders abgestimmte Softwareversionen, die hier abgebildet sind. Ich verwende immer den professionellen Modus.

Die Auflösung einstellen

[Ich gehe davon aus, dass Sie, bevor Sie diesen Abschnitt lesen, bereits das Kapitel 6 gelesen haben, damit Sie sich mit Bildschirm- und Druckerauflösung, lpi und dpi, Rasterweiten und Halbtönen und all den anderen Aspekten der Auflösung auskennen.]

Bei den meisten Scannern können Sie die Scanauflösung auf ein oder zwei Arten einstellen: durch Auswahl der **tatsächlichen Bildauflösung** oder durch Auswahl der Zielgröße für Vorlagen, die vergrößert oder verkleinert werden sollen.

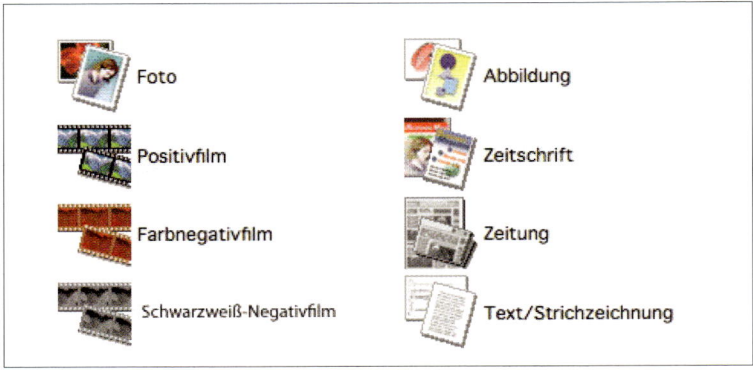

Ein Beispiel für eine Scannersoftware, die verschiedene Vorlagentypen auflistet.

Farbmodus

Bei manchen Scanprogrammen gibt es zwei Möglichkeiten zur Einstellung des Farbmodus: In einem Fall werden Computerbegriffe wie Strichgrafik, Graustufen, RGB und so weiter verwendet. Die andere Methode basiert auf allgemeinen Beschreibungen der Vorlagen. Beide Optionen können zum gewünschten Scanergebnis führen, solange Sie wissen, was mit den Begriffen gemeint ist. In Kapitel 5 können Sie die kompletten Beschreibungen der einzelnen Farbmodi nachlesen.

Größenänderung beim Scannen

Wie in Kapitel 6 angesprochen, sollten Sie ein Bild nicht in der Größe verändern, solange Sie nicht genau wissen, wie sich dabei seine Auflösung verändert. Glücklicherweise lassen sich Bilder *beim Scannen* vollkommen problemlos in der Größe verändern (skalieren). Wenn Sie zum Beispiel ein 10 x 12 cm großes Bild bei 150 lpi und in einer Größe von 20 x 24 cm drucken möchten, dann stellen Sie den Scanner auf 300 ppi ein (die doppelte Rasterweite) und scannen Sie mit 200%. Die Scannersoftware führt alle erforderlichen Berechnungen durch und Sie erhalten ein gescanntes Bild mit 300 ppi und einer Größe von 20 x 24 cm.

Schärfen

Einige Scanprogramme ermöglichen Ihnen, während des Scannens eine **Schärfung** durchzuführen (auch bekannt als **Unscharf maskieren**). Die Schärfung gleicht die beim Scannen entstehende leichte Unschärfe aus, indem Farbunterschiede im Bild gesucht und betont werden. Dadurch wirken die Kanten im Bild besser definiert. (Anmerkung: Die Schärfung *verstärkt* keine Bilddetails; sie sind dadurch nur besser zu erkennen.)

Meine Scannersoftware hat vier Schärfungseinstellungen: keine, gering, mittel und hoch. Ich kann die Schärfung also nicht so gut beeinflussen wie in Photoshop. Deshalb schärfe ich lieber nach dem Scannen in Photoshop.

Schärfen Sie mit maximal 60-80 Prozent der möglichen Maximalstärke. Wenn die Software also zum Beispiel eine Schärfung von 500 Prozent zulässt, beginnen Sie mit 200 Prozent. Überprüfen Sie das Scanergebnis. Dann erhöhen Sie die Prozentzahl und scannen erneut, bis Sie mit dem Ergebnis zufrieden sind. Zu starkes Schärfen verfremdet Ihr Bild und erzeugt Schärfungsartefakte. Wenn Ihre Scannersoftware keine Schärfungsoptionen bietet, können Sie das Foto auch in einem Bildbearbeitungsprogramm schärfen.

Ein Beispiel für die Verbesserung eines gescannten Bildes durch „Unscharf maskieren". Das Bild oben links wurde ohne Schärfung gescannt. Beim Bild oben rechts wurde eine „niedrige" Schärfungseinstellung angewendet. Es ist ein leichter Unterschied erkennbar. Beim Bild unten links wurde eine „mittlere" Schärfungseinstellung verwendet. Es erscheint etwas detailreicher. Beim Bild unten rechts kam eine „starke" Schärfung zum Einsatz. Es wirkt am besten.

Diese Bilder zeigen, wie viel mehr Spielraum Photoshop beim Schärfen bietet. Das linke Bild erscheint heller als mit der höchsten Einstellung der Scannersoftware. Das rechte Bild ist jedoch überschärft und zeigt Halos.

Kontrast- und Farbeinstellungen

Die meisten Scanner verfügen über irgendwelche Einstellungsmöglichkeiten für die Farben und den Kontrast des Bildes. Die meisten dieser Einstellungen finden sich auch in Programmen wie Adobe Photoshop oder Corel Paint Shop Pro Photo wieder. Allgemein gesprochen ist es besser, die Einstellungen gleich beim Scannen zu treffen, als die Bilder später in einem anderen Programm zu bearbeiten.

Es könnte jedoch sein, dass Ihr Bildbearbeitungsprogramm bessere Einstellungsmöglichkeiten für Farbe und Kontrast bietet als Ihr Scanner. Dann werden Sie wahrscheinlich lieber in diesem Programm arbeiten. Experimentieren Sie mit Ihrem Scanner und prüfen Sie, wie Sie die besten Ergebnisse erzielen.

Gedruckte Vorlagen einscannen

In einer perfekten Welt hätten Sie immer ein Originalfoto, -bild, -negativ oder überhaupt eine Originalvorlage zum Scannen. Niemals hätten Sie nur das Bild aus dem letzten Jahresbericht, weil irgend jemand den Umschlag mit den Dias verkramt hat. Niemals hätten Sie nur die gedruckte Anzeige aus einer Zeitschriftenausgabe aus dem Jahr 1957, die Sie für eine Retrospektive der Produkte Ihres Unternehmens verwenden möchten. Nein, Sie hätten immer das Original und müssten niemals Bilder scannen, die bereits gedruckt wurden. Aber wir leben nicht in einer perfekten Welt und wir müssen auch bereits gedruckte Bilder einscannen. Das Problem dabei ist, dass Sie beim Scannen auch die ursprüngliche Rasterfrequenz miterfassen. (Erinnern Sie sich noch an die Ausführungen über die Rasterweite in Kapitel 6?) Sehen Sie sich die Vorlage unter einer Lupe oder einem Vergrößerungsglas an; wenn Sie Punkte erkennen, dann handelt es sich um das Raster.

Beim Betrachten eines solchen Scans auf dem Monitor werden Sie wahrscheinlich keinerlei Probleme feststellen. Beim Drucken des Bildes treten die Probleme aber zutage: Die ursprüngliche Rasterfrequenz verbindet sich mit der Rasterfrequenz des neuen Scans und es entsteht ein Moiré-Muster (auf Seite 131 finden Sie weitere Informationen zu Moiré-Mustern). Sie können beim Scannen gedruckter Grafiken einige Schritte zum Vermeiden von Moiré-Mustern befolgen, aber diese führen nicht immer zum Erfolg. Wenn Sie unbedingt gedruckte Bilder einscannen müssen, befolgen Sie die Richtlinien auf den nachfolgenden Seiten, um die Probleme zu minimieren.

Gedruckte Strichgrafiken scannen

Beim Scannen bereits gedruckter Strichgrafiken gibt es nicht allzu viele Probleme. Sie müssen nur daran denken, dass alle grau erscheinenden Bereiche nicht wirklich grau sind – tatsächlich handelt es sich dabei um ein Punktraster. Scannen Sie also nicht in Graustufen (dadurch würden sich die Punkte vervielfältigen), sondern im 1-Bit-Modus (auch als Lineart bezeichnet). Die vollflächig schwarzen Bereiche erscheinen dann vollflächig schwarz, und die Punkte erscheinen als Punkte. Dabei sollte kein Moiré-Muster entstehen, weil Sie kein Raster digitalisieren – sie kopieren lediglich Punkt für Punkt.

Das linke Bild wurde direkt aus einem Buch mit alten Filmwerbungen als **Strichgrafik bei 1200 ppi** gescannt. Wie Sie sehen, sind die grauen Bereiche in Wirklichkeit mit Punkten gefüllt. Außerdem kommen die Kanten um die schwarzen Bereiche klar und deutlich zum Ausdruck.

Das rechte Bild wurde als **Graustufenbild bei 300 ppi** gescannt. Die grauen Bereiche wirken verschwommen, außerdem haben die schwarzen Bereiche unscharfe Kanten und die weißen Flächen sind „verrauscht".

Ein Nachteil beim Scannen gedruckter, gerasterter Grafiken ist, dass Sie die Größe des Scans nicht verändern können: Beim Vergrößern tritt das Raster stärker in den Vordergrund; beim Verkleinern verschmelzen die Punkte im Raster miteinander.

Farbige Strichgrafiken einscannen

Alle Strichgrafiken liegen beim Einscannen oder Erzeugen als 1-Bit-Grafik vor; das heißt aber nicht, dass sie unbedingt in schwarz gedruckt werden müssen. Viele Strichgrafiken wurden einfarbig gedruckt – vielleicht mit einer Volltonfarbe oder 100 Prozent einer Prozessfarbe – und können dennoch als Strichgrafik eingescannt werden. Der Scanner kann die Farbe schließlich nicht „sehen". Wenn die Strichgrafik in einer hellen Farbe wie Gelb vorliegt, müssen Sie den Schwellenwert in den Scaneinstellungen erhöhen, so dass der Scanner die helle Farbe aufzeichnen kann (auf Seite 70 haben wir der Schwellenwert für 1-Bit-Bilder erläutert).

Diese Grafik ist zwar farbig, es handelt sich dabei aber dennoch um ein einfarbiges Bild ohne Raster. Diese Grafik sollte im 1-Bit-Modus als vollfarbig schwarze Grafik gescannt werden. Das Bild lässt sich dann in einem Seitenlayout-Programm neu einfärben.

Wenn Sie dieses Bild ausdrucken möchten, denken Sie daran, dass Sie nicht unbedingt schwarze Druckfarbe verwenden müssen; Sie können es in jeder beliebigen Volltonfarbe ausgeben. Es ist nur wichtig, dass Sie die Strichgrafik mit der Auflösung des Ausgabegeräts einscannen, maximal bei 1200 ppi (wie auf Seite 92 beschrieben).

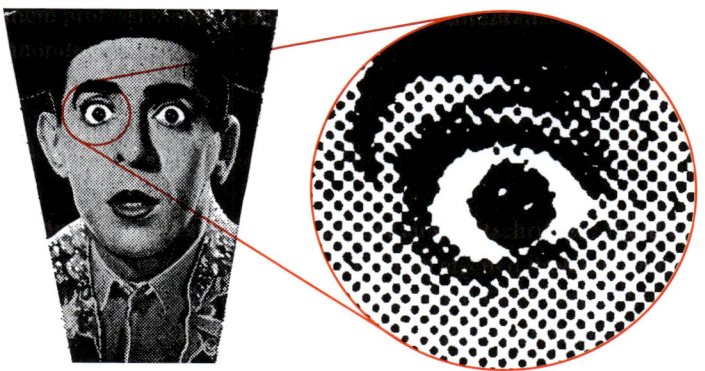

Dieses Bild von Eddie Cantor lag zunächst als Graustufenfoto vor, wurde dann aber als Halbtonbild gedruckt. Ich habe es bei 1200 ppi als Strichgrafik eingescannt. In der Vergrößerung erkennen Sie, dass das Bild einfach nur aus einer Reihe von Punkten besteht.

Gedruckte Graustufenbilder einscannen

Das Einscannen gedruckter Graustufenbilder ist eigentlich dasselbe wie das Einscannen gedruckter Strichgrafiken, da die grauen Bereiche bereits in ein Punktraster umgewandelt wurden. Sie brauchen also nur diese

Originalpunkte mit der Auflösung des Ausgabegeräts als Strichgrafik, 1-Bit, einzuscannen. Allerdings gelten hier dieselben Einschränkungen wie bei Strichgrafiken: Sie können die Bildgröße nicht verändern. Außerdem sind keine Retuschen im Bildbearbeitungsprogramm möglich, denn dabei zerstören Sie das Punktraster. Versuchen Sie es, und Sie werden schnell feststellen, dass es nicht funktioniert.

Gedruckte Farbbilder einscannen

Farbige Drucke lassen sich wahrscheinlich insgesamt am schwierigsten so einscannen, dass sie hinterher auch gut aussehen. Wenn Sie das gescannte Bild wieder in Farbe drucken möchten, dann müssen Sie es als RGB-Farbe (nicht als Strichgrafik) einscannen, in CMYK umwandeln (falls Sie es nicht als RGB auf einem Tintenstrahldrucker drucken möchten) und dann Farbauszüge erstellen. Sie müssen auch eine Entrasterung (siehe unten) durchführen, um ein Moiré-Muster zu vermeiden. Entrasterung ist keine optimale Lösung, aber sie ist besser als gar nichts.

Gedruckte Bilder entrastern

Die meisten Scanprogramme haben eine Einstellung zum **Entrastern (Descreening)** gedruckter Bilder. Theoretisch führt diese Funktion das Punktraster zu einer Gruppe aus kompakten Pixeln zusammen – theoretisch! In der Praxis werden dabei Moiré-Effekte aufs Geratewohl vermieden. Gleichzeitig wird das Bild aber weichgezeichnet und verzerrt und es fällt sofort auf, dass es sich nicht um ein normales Bild handelt.

Die Descreening-Einstellungen entsprechen in der Regel der Rasterfrequenz, die Sie verschleiern möchten: 150 lpi, 133 lpi, 120 lpi und so weiter. Wenn Sie die verwendete Rasterfrequenz kennen, wählen Sie diese; ansonsten experimentieren Sie mit verschiedenen Einstellungen. Je kleiner der gewählte Wert, desto stärker die Weichzeichnung. Bedenken Sie, dass die Entrasterung sich nicht nur auf die Punkt beschränkt, sondern auf das ganze Bild angewendet wird; auch die vollfarbigen Bildbereiche werden daher weichgezeichnet.

Wenn Ihre Scannersoftware keine Descreening-Funktion hat, können Sie versuchen, das Bild selbst weichzuzeichnen und wieder zu schärfen. Auch werden bei der Ausgabe auf einen Tintenstrahldrucker die Rastereffekte alleine durch die verwendete Drucktechnik reduziert.

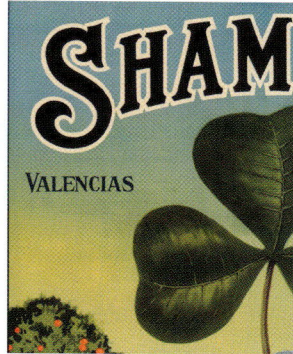

Das linke Bild wurde aus einem gedruckten Buch gescannt. In der Mitte wurde dasselbe Bild mit aktivierter Descreening-Funktion gescannt. Achten Sie auf den aufgetretenen Detailverlust. Das Bild rechts wurde mit einem professionellen Scanner und allerlei Farbkorrekturen, Entrasterung und anderen Anpassungen eingescannt.

Fazit: Wenn Sie nicht über eine sehr teure Ausrüstung und jahrelange Erfahrung verfügen, erwarten Sie keine allzu hochwertigen Ergebnisse beim Scannen bereits gedruckter Bilder. Wenn die Illustration so aussehen muss, als sei sie niemals gedruckt worden, lassen Sie den Scan von einem professionellen Scandienstleister durchführen. So würde ich es zumindest machen.

Ein rechtlicher Hinweis zum Scannen

Sie können nicht einfach ein Buch oder eine Zeitschrift zur Hand nehmen und daraus gescannte Inhalte in ihren eigenen Projekten veröffentlichen. (Dasselbe gilt für irgendwelche Bilder auf Webseiten.) Irgendwo sitzt irgendwer, der die Rechte an diesem Bild besitzt. Bei den meisten Zeitschriften gilt das Urheberrecht für die gesamte Ausgabe. Die Fotos gehören möglicherweise den Fotografen. Das Urheberrecht von Anzeigen liegt bei den Unternehmen, die sie in Auftrag gegeben haben. Und Websites haben immer ein Copyright.

Sie denken vielleicht: „Oh, außer hier in meinem Nest wird niemand mein kleines Druckprojekt jemals zu Gesicht bekommen." Aber Sie können nie wissen. Ein weit von Ihnen entfernt lebender und arbeitender Fotograf hat vielleicht einen Verwandten in Ihrer Heimatstadt, der das Bild möglicherweise wiedererkennt. Wenn Sie keine Erlaubnis zur Verwendung eines Bildes bekommen können, verwenden Sie es nicht.

Scan-Projekte

Projekt 1

Unterschreiben Sie auf einem leeren Blatt Papier mit unterschiedlichen Schreibwerkzeugen (Filzstifte, Kugelschreiber, Buntstifte, Bleistifte, Füller usw.). Scannen Sie das Blatt als Strichgrafik. Welche Unterschrift sieht am besten aus? Denken Sie das nächste Mal daran, wenn jemand seine Unterschrift in ein Dokument einsetzen möchte.

Projekt 2

Scannen Sie dasselbe Blatt wie in Projekt 1 als Graustufen- oder Farbbild ein. Vergleichen Sie die Ergebnisse. Welchen Modus denken Sie, sollten Sie zukünftig verwenden?

Projekt 3

Scannen Sie einige Fotos ein. Verwenden Sie unterschiedliche Schärfungsstufen. Finden Sie eine, die gut aussieht. Merken Sie sich diese.

Projekt 4

Scannen Sie eine Anzeige aus einer Zeitung oder Zeitschrift. Sehen Sie das Raster (die Punkte)? Wenden Sie den Befehl zum Entrastern an. Sind Sie zufrieden? Ich habe Ihnen ja gesagt, dass es schwer ist, die Raster loszuwerden.

Projekt 5

Finden Sie in Ihrer Umgebung einen Dienstleister für High-End-Scans. Geben Sie dort einige der Fotos ab, die Sie in Projekt 3 gescannt haben. Vergleichen Sie die High-End-Scans mit Ihren Scans aus Projekt 3. Sehen Sie den Unterschied?

Agenturfotos und Cliparts

Ihr Budget ist möglicherweise nicht groß genug, um einen weltberühmten Fotografen mit den Fotos für Ihre Broschüre zu beauftragen. Vielleicht reicht es nicht einmal für einen ortsansässigen Fotografen. Eventuell möchten Sie ein paar einfache Illustrationen in Ihre Broschüre einfügen, aber Sie können sich niemanden leisten (oder finden niemanden), der besser als Ihre fünfjährige Tochter zeichnen kann. (Und die ist bereits zu beschäftigt damit, Computerprogramme zu schreiben).

Sie müssen für gute Bilder kein Vermögen ausgeben – es gibt große Sammlungen professioneller Fotos und Illustrationen, die wie maßgeschneidert für Sie sind. Die Bezeichnungen dafür lauten Agenturfotos und Cliparts. Einige Designer und Artdirectors werden über die Verwendung von Agenturfotos oder -illustrationen zwar die Nase rümpfen, aber es gibt daran absolut nichts auszusetzen. Wenn Sie wissen, was Sie tun, können Sie unter Verwendung dieser tollen Quellen sogar hervorragende Ergebnisse erzielen.

Geschichte der Agenturfotos und Cliparts

Agenturfotos und Cliparts gibt es schon seit sehr vielen Jahren. Sie entstanden lange vor Beginn der Computer-Ära.

Das Konzept ist also nicht neu; aber die Auswahlverfahren und Vertriebswege für diese Bilder haben sich verändert. Ganz früher (so etwa vor 20 Jahren) versandte eine Fotoagentur ein gewaltiges Buch mit Fotomustern zur Ansicht an Artdirectors und Designer. Der Artdirector wählte dann ein Foto aus, rief die Agentur an, bekam einige Tage später ein Dia von dem Bild geliefert und ließ von diesem Dia dann außer Haus Farbauszüge anfertigen, die für die Produktion in den Film montiert wurden. Puh.

ClipArt-Agenturen versandten große Bögen mit Bildern (etwa im Format einer großen Zeitungsseite) an Abonnenten, die die Bilder ausschnitten und von Hand ins Layout montierten.

Heute werden Agenturfotos und Cliparts entweder auf CD oder über das Internet elektronisch vertrieben. Wenn Sie spät in der Nacht arbeiten und plötzlich ein Foto benötigen, können Sie dieses sogar um 3 Uhr morgens noch finden, kaufen und herunterladen!

Bei diesem Agenturfoto von Photospin.com gibt es keine Herstellerlogos auf der Kamera oder der Uhr. Das Bild ist völlig neutral gehalten.

Wie man sie bekommt

Agenturfotos und Cliparts werden auf Websites angeboten. Am liebsten suche ich auf **iStockphoto.de** nach preiswerten Fotos und Illustrationen. Daneben gibt es noch weitere Microstock-Bildagenturen wie **fotolia.de, dreamstime.com** oder **shutterstock.de**. Eine hervorragende Quelle für Vektor-ClipArts ist **ClipArtLab.com**. Dort erhalten Sie sowohl ganze Kollektionen als auch einzelne Grafiken.

Das Beste an diesen Seiten sind ihre fantastischen Suchfunktionen. Sie können eine bestimmte Bildanfrage eingeben und erhalten Hunderte von Auswahlmöglichkeiten. Wenn Sie also nach einem roten Bleistift auf einem gelben Notizblock suchen, dann werden Sie ihn finden!

Auch in Katalogen für Computersoftware können Sie CDs mit Cliparts oder Agenturfotos finden. Diese CDs sind üblicherweise mit einer Art „Browsersoftware" ausgestattet, die Ihnen die Suche nach bestimmten Bildern erleichtert.

Layout-Bilder

Fotoagenturen bieten normalerweise eine kostenlose, mit einem Wasserzeichen des Unternehmens versehene Bildversion mit einer Auflösung von 72 ppi zum Download an. Ein solches Layout-Bild können Sie in ein Layout einarbeiten, das Sie dann einem Kunden präsentieren. Wenn der Kunde sich dann entschließt, das Bild zu kaufen, erhalten Sie die hochauflösende Datei. Sie sollten jedoch keine Layout-Bilder in einem fertigen Projekt verwenden. Vielleicht geraten Sie in Versuchung, das Wasserzeichen der Fotoagentur herauszuschneiden oder zu verstecken – tun Sie es nicht. Das ist nicht nur unmoralisch, sondern auch illegal. Außerdem sieht ein mit 72 ppi gedrucktes Bild furchtbar aus.

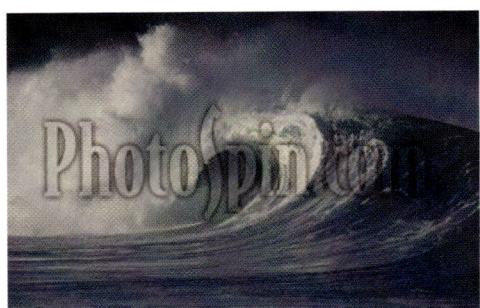 

Diese beiden Layout-Bilder von PhotoSpin.com und iStockphoto.de sind jeweils mit einem Wasserzeichen des Unternehmens versehen.

Agenturfoto-Formate

Die einzelnen Fotoagenturen bieten ihre Bilder in unterschiedlichen Dateiformaten an (zu Dateiformaten lesen Sie Kapitel 8). Manche Unternehmen verwenden TIFF-Bilder, andere setzen auf JPEG-Dateien in der niedrigsten Komprimierungsstufe. Unabhängig vom Dateiformat sollten Sie beim Kauf von Agenturfotos einige Dinge beachten.

Die Auflösung von Agenturfotos

Viele Fotoagenturen verlangen abhängig von der Bildauflösung unterschiedliche Preise. Sie zahlen also weniger für kleine Bilder, die sich vielleicht nur zum Einsatz auf einer Website oder in einer Bildschirmpräsentation eignen. Dementsprechend teurer sind größere, für den Abdruck in Zeitschriften und Anzeigen geeignete Bilder.

Die Anzahl der verfügbaren Formate ist von geringerer Bedeutung als das größte erhältliche Format. Wenn das größte Bild bei 300 ppi nur 14 x 20 cm misst, dann können Sie damit keine ganze A4-Seite füllen.

Welcher Farbmodus?

Bei fast allen qualitativ hochwertigen Agenturfotos handelt es sich um RGB-Bilder. Wenn Sie die Fotos für ein Vierfarbprojekt (CMYK; Kapitel 9) einsetzen möchten, arbeiten Sie zunächst mit den RGB-Dateien. Sie können diese retuschieren, ihre Farben korrigieren, sie mit anderen Bildern kombinieren und mit Sondereffekten versehen. Wandeln Sie die Dateien dann vor der endgültigen Ausgabe in CMYK-Bilder um.

Freisteller

Agenturfotos haben nur eine Bildebene; sie sind reduziert. Ein Bild mit einem weißen Hintergrund lässt sich also nicht über ein anderes Foto oder einen farbigen Hintergrund legen. Daher suche ich immer nach Bildern, die mit Pfaden versehen sind.

Wenn ein Agenturfoto einen Pfad enthält, haben Sie die Möglichkeit, einen Teil des Bildes auszuwählen und vom Hintergrund abzusetzen. Sie brauchen dann nicht stundenlang eine Kante in einem Bild nachzuziehen, sondern können den Freistellungspfad in einem Programm wie Adobe Photoshop direkt auswählen. Mithilfe dieses Pfads erhalten Sie dann eine Bildsilhouette vor einem transparenten Hintergrund. Das gibt Ihnen die größtmögliche Flexibilität in Ihrem Seitenlayout-Programm.

Das linke Agenturfoto von der neuseeländischen Flagge enthielt einen entlang der Flaggenumrisse verlaufenden Pfad. Mithilfe dieses Pfads markierte ich die Flagge und erzeugte für das mittlere Bild einen transparenten Hintergrund. Diese transparente Flagge wurde dann vor einem neuen Hintergrund der heißen Quellen von Rotorua platziert.

Alphakanäle

Ebenso wie mit Auswahlpfaden können Sie auch mithilfe von Alphakanälen Teile eines Bildes markieren, um sie zu isolieren oder sie einem anderen Bild hinzuzufügen. Achten Sie beim Kauf von Agenturfotos auf Alphakanäle und Auswahlpfade.

Cliparts

Der Begriff **Clipart** bezieht sich eher auf Zeichnungen und Illustrationen als auf Fotos. Das können Cartoons, Logos, Embleme, Symbole, Flaggen, Karten und so weiter sein – einfach alles außer einem Foto. Ebenso wie professionelle Agenturfotos können Sie auch professionell erstellte Cliparts kaufen.

Dateiformate

Es gibt zwei Arten von Cliparts:

- **Cliparts in einem EPS-Format** bestehen aus Vektorobjekten (siehe Kapitel 7 für Details und Beispiele). Sie können diese Bilder mit einem beliebigen Vektorgrafikprogramm wie CorelDraw oder Adobe Illustrator öffnen und sie dort nach Herzenslust verändern. Dies ist die vielseitigste Sorte von Cliparts, denn Sie können problemlos Farben verändern, Objekte umherschieben oder mehrere Objekte miteinander kombinieren.

- **Bilder in einem TIFF- oder JPEG-Format** sind Rastergrafiken (siehe Kapitel 6). Diese Art von Bildern ist weit weniger vielseitig. Die Illustrationen lassen sich nur in einem Bildbearbeitungsprogramm wie Adobe Photoshop retuschieren. Bevor Sie solche Cliparts kaufen, vergewissern Sie sich, dass keine Veränderungen notwendig sein werden.

Vollständige Objekte

Die Qualität von Cliparts hängt von der Vorgehensweise bei der Erstellung ab. Sie sollten zum Beispiel darauf achten, dass das Bild aus vollständigen Objekten besteht. Alle Teile der Illustration sollten also vollständig vorhanden sein, selbst wenn sie von anderen Objekten verdeckt werden. Gehen wir zum Beispiel von der Illustration einer Person mit Hut aus. Vielleicht möchten Sie diesen Hut in Ihrem Vektorgrafikprogramm entfernen. Wenn Sie den Hut von einem vollständigen Objekt abnähmen, würden Sie den oberen Teil des Kopfes erkennen; bei einem unvollständigen Objekt hätte der Kopf anschließend ein großes Loch.

Bei „vollständigen" Vektor-Cliparts wurden alle übereinanderliegenden Objekte komplett gezeichnet. Hier ist ein Beispiel für ein unvollständiges Objekt; wenn Sie die Olive und den Käse entfernen, tauchen hinter diesen Objekten Lücken auf.

Verschachtelte Gruppen

Ebenso sollten Sie auf *intelligente* oder *verschachtelte Gruppen* achten. Eine verschachtelte Gruppe erleichtert die Auswahl eines kompletten Elements innerhalb einer Zeichnung. In dem unten angeführten Beispiel, besteht die Kamera etwa aus Dutzenden von Einzelobjekten (wie auf Seite 102 beschrieben). Ohne verschachtelte Gruppen müssen Sie jedes einzelne Objekt innerhalb eines Elements auswählen, wenn Sie dieses verändern oder verschieben möchten. Mit verschachtelten Gruppen genügt ein einzelner Klick zur Auswahl des Elements.

Dieses Clipart wurde mit verschachtelten Gruppen versehen, mit deren Hilfe ich die Grafiken problemlos voneinander trennen konnte. Selbst die Register des Buchs wurden zu einer Gruppe zusammengefasst. Zusatzfrage: Finden Sie heraus, welche Elemente in diesem Buch an anderer Stelle wieder auftauchen? Auf welcher Seite? Welches Programm könnte ich für die Veränderungen benutzt haben? Können Sie sagen, was ich gemacht habe?

Rechtliche Gesichtspunkte

Nur weil Sie ein Bild heruntergeladen haben, dürfen Sie es noch lange nicht beliebig verwenden. Es gibt immer noch einige rechtliche Gesichtspunkte, die Sie beachten sollten.

Lizenzvereinbarung

Sie *kaufen* das Agenturfoto oder Clipart nicht wirklich – Sie erwerben eine *Lizenz*, die Sie zu seiner Verwendung berechtigt. Es gibt zwei Arten von Lizenzvereinbarungen: **lizenzfrei** und **geschützt**.

▶ **Lizenzfrei** bedeutet, dass Sie einmal für das Bild oder die gesamte Clipart-CD bezahlen, und Sie die Bilder anschließend beliebig oft in unterschiedlichen Layouts und unterschiedlichen Produktionen verwenden können. Aber Vorsicht – einige Lizenzvereinbarungen fordern eine gesonderte Gebühr ein, wenn Sie das Bild als Teil eines kommerziell vertriebenen Produkts einsetzen. Sie können ein Bild dann also zum Beispiel in einer Werbebroschüre für Ihre Grußkartenserie einsetzen, dasselbe Bild aber nicht auf die verkäufliche Grußkarte setzen. Das Bild gehört Ihnen nicht wirklich.

▶ **Geschützt** bedeutet, dass Sie das Recht zur Verwendung eines Bildes *für ein bestimmtes Projekt* erwerben. Sie gehen einen Vertrag mit der Fotoagentur ein und machen genaue Angaben darüber, wie Sie das Bild verwenden: in einer Zeitungsanzeige, für wie viele Ausgaben, für welche Region und so weiter. Das scheint ziemlich aufwändig, aber im Gegenzug erhalten Sie einen wichtigen Nutzen: Kein Mitbewerber kann die Abbildung nutzen. Sie brauchen sich also nicht darum zu sorgen, dass Ihr größter Konkurrent exakt dasselbe Foto in seiner eigenen Anzeige oder Broschüre verwendet. (Es gibt eine tolle Anekdote über die beiden politischen Parteien in Kanada, die genau dasselbe Bild in ihren jeweiligen Broschüren verwendeten. Wie war das mit den fehlenden Unterschieden in der kanadischen Politik?)

Modelverträge

Jedes Foto von einer erkennbaren Person bedarf eines Modelvertrags, einem von dieser Person unterzeichneten Formular, in dem sie die Erlaubnis zur Verwendung des Fotos in einer bestimmten Art und Weise gibt. Wenn Sie zum Beispiel die Aufnahme einer Menschenmenge haben, in der viele Menschen unscharf sind, dann gelten diese Personen nicht als erkennbar. Bei einer scharfen Aufnahme einer direkt in die Kamera blickenden Person ist diese Person jedoch erkennbar. Eine gute Fotoagentur hat zu allen entsprechenden Bildern unterschriebene Modelverträge. (Einige Billiganbieter unter den Fotoagenturen verwenden im

Ausland aufgenommene Fotos und hoffen, dass die fehlenden Modelverträge der hiesigen Verwendung nicht entgegenstehen.)

Nur weil ein unterschriebener Vertrag vorliegt, können Sie das Bild aber noch lange nicht nach Gutdünken nutzen. Sie dürfen ein Bild nicht so verwenden, dass es die abgebildete Person verunglimpfen oder beleidigen würde. Wenn Sie zum Beispiel Werbung für Verhütungsmittel machen, sollten Sie sich zweimal überlegen, ob Sie ein Agenturfoto in Ihrer Broschüre verwenden – das abgebildete Model könnte sich diffamiert fühlen, wenn Sie den Eindruck erwecken, sie verwende Ihr Produkt.

Material aus dem Netz laden

Einige Menschen sehen das Internet als einzige große Gratisfotoagentur. So einfach sich Bilder über eine Google-Suche finden lassen, Sie dürfen sich nicht einfach eine Datei herunterladen und sie für Ihre eigenen Layouts verwenden. Ernsthaft! Das ist genauso wie beim Scannen von Bildern – Sie dürfen nicht einfach fremdes Material stehlen und als Ihr eigenes ausgeben.

Was also, wenn Sie ein Bild auf einer Unternehmens-Website finden, das Sie gerne in Ihrer Broschüre verwenden würden? Vielleicht möchten Sie gerne herausstellen, dass dieses Unternehmen etwas Gutes tut. Suchen Sie auf der Website nach einer Kontaktperson. Meist ist das jemand aus der Abteilung für Öffentlichkeitsarbeit. Bitten Sie diese Person um Erlaubnis zur Verwendung des Fotos in Ihrem Projekt. Sehr wahrscheinlich wird man Ihnen diese Erlaubnis erteilen. Vielleicht bekommen Sie sogar eine hochauflösende Version der Datei zugesandt.

Wenn Sie in einer gemeinnützig tätigen Agentur arbeiten, können Sie auch Fotografen und Künstler kontaktieren und sie um Beiträge für Ihre Projekte bitten. Fotografen und Künstler beteiligen sich gerne an wohltätigen Projekten – besonders, wenn sie in der Broschüre genannt werden.

Agenturfoto- und Clipart-Projekte

Die folgenden Projekte sollen Ihnen ein Gefühl für die Arbeit mit Online-Agenturfotos und -Cliparts vermitteln. Für die meisten Projekte müssen Sie kein Geld ausgeben. Für die letzten beiden Projekte benötigen Sie jedoch etwas Geld. Es ist nicht so schlimm, wenn Sie diese nicht abschließen können; sie sind nicht unbedingt erforderlich.

Projekt 1

Besuchen Sie iStockphoto.de, Shutterstock.com, PhotoSpin.com, Fotolia.de, Gettyimages.com, Corbis.com, BigStockPhoto.com, ClipArtLab.com und 123RF.com. Verschaffen Sie sich einen Eindruck von der Funktionsweise der einzelnen Sites und von den angebotenen Bildern. Sehen Sie nach, ob es kostenlose Probedownloads gibt. Wenn ja, laden Sie diese herunter. Lassen Sie die Sites für die folgenden Projekte geöffnet.

Projekt 2

Überlegen Sie sich einige Suchbegriffe (zum Beispiel *roter Bleistift gelber Notizblock*) und sehen Sie sich die Suchergebnisse der einzelnen Seiten an. Liefern manche Seiten mehr Ergebnisse als andere?

Projekt 3

Achten Sie auf die unterschiedlichen angebotenen Materialien. Es gibt sowohl Fotos als auch Illustrationen. Bietet das Unternehmen die Möglichkeit, Ihre Suche auf einen Bildtyp zu beschränken?

Projekt 4

Können Sie einige der Sites ausfindig machen, auf denen Filme und Sounddateien angeboten werden? Würden Sie diese für ein Druckprojekt verwenden? Für welche Art Auftrag würden Sie sie verwenden?

Projekt 5

Laden Sie einige Layout-Bilder von Ihren Suchergebnissen herunter. Ermitteln Sie mit einem Bildbearbeitungsprogramm deren Größe und Auflösung. Achten Sie auf das Wasserzeichen im Bild.

Projekt 6

Sehen Sie sich die Preise der Fotos an. Verlangt der Anbieter mehr für höher auflösende Bilder? Finden Sie das in Ordnung?

Projekt 7

Sehen Sie sich die Preise der Vektorillustrationen an. Verlangt der Anbieter verschiedene Preise für unterschiedlich große Versionen der Grafik? Wieso nicht? (Antwort am Ende dieser Projektliste.)

Projekt 8

Falls Sie es sich leisten können, kaufen Sie ein oder zwei Bilder von einer der Websites. Handelt es sich um JPEG- oder TIFF-Bilder? Falls es JPEG-Dateien sind, sind diese stark komprimiert?

Projekt 9

Falls Sie es sich leisten können, kaufen Sie ein oder zwei Cliparts von einer der Websites. Mit welchem Ihrer Programme können Sie die Dateien bearbeiten? Falls möglich, öffnen Sie die Datei und prüfen Sie, welche Veränderungen Sie treffen können.

Antwort auf die Frage in Projekt 7

Vektordateien werden nicht nach Größe ausgepreist, weil sie auflösungsunabhängig sind (siehe Kapitel 7). Sie können Vektorgrafiken also so stark vergrößern, wie Sie möchten. Daher gilt: ein Preis für alle Größen.

Antwort auf die Zusatzfrage auf Seite 195

Die Kamera und die CD-ROM finden sich auf Seite 158. Beide Grafiken wurden in Adobe Illustrator verändert. Bei der Kamera wurden die meisten Bildobjekte herausgenommen und nur ein paar Umrisse stehengelassen. Bei der CD-ROM kam an der Außenseite des Kreises ein Illustrator-Pinsel zum Einsatz.

Schriften, Pfade und Konturen

Wenn Sie mit Computergrafiken arbeiten, sollten Sie nicht nur auf Farbe und Auflösung achten. Ein wichtiger Punkt ist die Arbeit mit Schriften. Sie müssen verstehen, wie die Schriften installiert werden, welche Dateien Sie benötigen und wie Text gestaltet und verändert werden kann.

Sie sollten auch verstehen, was mit den Konturen von Objekten passiert, wenn Sie diese verkleinern oder vergrößern. Sonst könnten Sie einige unangenehme Überraschungen erleben.

Schließlich müssen Sie die Techniken kennen, mit denen sich Texte in Grafiken konvertieren lassen. Sie sollten verstehen, wann dies angebracht ist und wann nicht.

Schriftformate

Besonders wichtig sind die drei grundlegenden Schriftformate: **Type 1**, **TrueType** und **OpenType**.

Type-1-Schriften

Type-1-Schriften (auch **PostScript-Schriften** genannt) gehören zu den ältesten noch heute verwendeten Schriftformaten. Type-1-Schriften bestehen aus zwei separaten Dateien:

▶ Die **Bildschirmschriftdatei** verwendet der Computer, um die Schrift darzustellen.

▶ Die **Druckerschriftdatei** enthält die Information, die zur Wiedergabe der Schriftumrisse an den Drucker gesandt wird.

Wie Sie an den Namen erkennen können, wird diese Schrift anhand von PostScript-Informationen vom Drucker wiedergegeben. Vor vielen Jahren gab es einige Probleme beim Druck von Type-1-Schriften auf Druckern, die die PostScript-Sprache nicht verstanden. Aber das ist Vergangenheit und braucht Sie nicht zu kümmern.

Das häufigste Problem mit Type-1-Schriften tritt auf, wenn die Bildschirmschrift von der Druckerschrift getrennt wird. Beide Dateien müssen in demselben Ordner liegen, sonst funktioniert die Schrift nicht richtig.

Schauermärchen über TrueType-Schriften

Es ist unglaublich, wie viel blanker Unsinn über TrueType-Schriften im Umlauf ist. Der am weitesten verbreitete Mythos lautet: Verwenden Sie für die professionelle Ausgabe niemals TrueType-Schriften. *Es ist kein Problem, TrueType-Schriften zu verwenden.* Sie sind genauso „professionell" wie Type-1-Schriften. Sie werden einwandfrei ausgegeben. Dieser Mythos entstand durch die billigen Schriftsammlungen, die manche Leute im Web kauften. Diese Schriften wurden durch das Einscannen und grobes Vektorisieren alter Buchschriften erzeugt. Dadurch entstanden plumpe Buchstaben, die im Druck nicht korrekt verarbeitet werden konnten. Viele Druckereien hatten keine Lust mehr, mit diesen Billigschriften zu arbeiten. Also untersagten sie alle TrueType-Schriften. In Wirklichkeit versuchten sie aber nur, die Verwendung billiger TrueType-Schriften zu unterbinden. Heutzutage müssen Sie sich keine Gedanken über die Verwendung von TrueType-Schriften machen. Die auf Ihrem Computer vorinstallierten Schriften oder die Fonts, die Sie von seriösen Schriftfirmen kaufen, sind völlig in Ordnung.

TrueType-Schriften

TrueType-Schriften wurden entwickelt, um den Problemen mit Type-1-(PostScript)-Schriften entgegenzuwirken. Der Hauptvorteil der Arbeit mit TrueType-Schriften ist, dass Sie nur eine Datei benötigen. Diese enthält sowohl die Bildschirm- als auch die Druckerschrift.

Außerdem ist es kein Problem, TrueType-Schriften auf Nicht-PostScript-Druckern auszugeben.

Alle auf Macintosh-Rechnern mit OS X vorinstallierten Schriften sind TrueType-Variationen mit dem Namen **dfonts**.

OpenType-Schriften

Das neueste Schriftformat ist OpenType. Alle auf Windows-Computern vorinstallierten Schriften sind OpenType-Schriften.

OpenType-Schriften bestehen genau wie TrueType-Fonts aus einer einzigen Datei, wodurch die Schriftverwaltung leichter fällt.

Das Beste ist, dass OpenType-Schriften sowohl auf Windows- als auch auf Macintosh-Rechnern funktionieren. Damit lassen sich die bekannten Probleme mit Dateien vermeiden, die von einer Plattform auf die andere übertragen werden. Wenn ich in einem Dokument auf meinem Macintosh eine Type-1-Helvetica verwendet habe und diese Datei dann auf einem Windows-PC öffne, könnte sich der Umbruch ändern.

Denn auch wenn zwei Schriften identische Namen haben, könnten sich ihre Spezifikationen leicht, aber doch so deutlich voneinander unterscheiden, dass sich der Zeilenumbruch ändert.

OpenType-Schriften gibt es in zwei unterschiedlichen Ausprägungen. Die tatsächliche Schriftinformation in der Datei kann entweder in PostScript oder in TrueType vorliegen. Es spielt überhaupt keine Rolle, welche OpenType-Ausprägung Sie verwenden. Die mit Windows installierten OpenType-Schriften sind OpenType-Schriften mit TrueType-Informationen.

Schließlich können OpenType-Schriften sehr viel mehr Zeichen enthalten als TrueType- oder Type-1-Schriften. Das bedeutet, dass Sie echte Brüche oder echte Kapitälchen schnell und einfach setzen können.

Wenn Sie Schriften zur Installation auf Ihrem Computer kaufen möchten, empfehle ich Ihnen unbedingt, in OpenType-Schriften und nicht in Type-1- oder TrueType-Schriften zu investieren. (Adobe verkauft übrigens mittlerweile nur noch OpenType-Schriften.)

Schriftformatierung

Mit dem Begriff „Schriftformatierung" meine ich die Verwendung der automatischen Kursiv- oder Fett-Befehle in Ihrer Software, um eine Schrift in ihre kursive oder fette Version zu ändern.

Die Formatoptionen in QuarkXPress (links) und Microsoft Word (rechts), mit denen Sie Ihre Schriften fett und kursiv formatieren können.

Wenn Sie beispielsweise den Buchstaben „I" in den Formatoptionen anklicken, konvertieren Sie eine Schrift wie Chapparal Pro in *Chapparal Pro Italic*. Klicken Sie den Buchstaben „B" bzw. „F" in den Formatoptionen an, konvertieren Sie sie in **Chapparal Pro Bold**. In meinem Lieblingsprogramm InDesign funktioniert dies anders; hier muss ich den tatsächlichen Schriftschnittnamen auswählen, um den entsprechenden Schnitt zuzuweisen. Was ist also der Unterschied?

Warum die Schriftformatierung nicht immer funktioniert

Stellen wir uns vor, was passiert, wenn Sie einer Schrift die Formatoption „Kursiv" zuweisen. Bei einer Schrift wie Chapparal Pro wählt die Software (QuarkXPress oder Word) den Kursivschnitt der Schrift aus. So weit ist alles in Ordnung.

Was passiert aber, wenn Sie die „Kursiv"-Formatoption bei einer Schrift wie Comic Sans MS anklicken, die zwar einen Fett-, aber keinen Kursivschnitt besitzt? In QuarkXPress und Microsoft Word wird die Schrift einfach schräg gestellt. Das ist jedoch keine echte Kursivschrift. Es ist eine Pseudo-Kursivschrift! Die meisten professionellen Gestalter kennen sich so gut aus, dass sie keinen Pseudoschnitt verwenden, weil dies nicht gut aussehen würde. Das Gleiche passiert, wenn eine Schrift keinen richtigen Fettschnitt hat. Die Schrift wird einfach auf eine plumpe Weise gefettet.

Wie Sie Schriften korrekt formatieren

Finden Sie heraus, welche Schriften kursive oder fette Schnitte haben. Finden Sie heraus, welche Tastenkombinationen keinen Pseudoschnitt, sondern den echten Fettschnitt zuweisen. Drucken Sie Ihre Dokumente auf einem PostScript-Drucker oder erzeugen Sie eine PDF-Datei, um zu prüfen, ob die Formatierung korrekt zugewiesen wurde.

Kapitälchen

Es gibt noch eine andere Art der elektronischen Formatierung, auf die Sie achten sollten: Kapitälchen. Kapitälchen sehen sehr elegant aus. Hierbei sind die Großbuchstaben große und die Kleinbuchstaben kleinere Großbuchstaben. In Anwendungen wie QuarkXPress und InDesign können Sie Ihre Texte in Kapitälchen formatieren. Und hier wird es knifflig: Wenn es sich bei der Schrift um die „Pro"-Version einer OpenType-Schrift handelt, wird durch diese Formatierung der korrekte Kapitälchen-Schnitt der Schrift verwendet. Wenn Sie keinen OpenType-Pro-Font verwendet haben, konvertiert die Formatierung „Kapitälchen" den gesamten Text in Großbuchstaben und reduziert dann die Größe der vormaligen Kleinbuchstaben einfach. Die ehemaligen Kleinbuchstaben sehen nun neben den Großbuchstaben falsch aus.

WE GOT ELEGANCE
WE GOT ELEGANCE

Die echten Kapitälchen (oben) sehen besser aus als die simulierten Kapitälchen (unten). Der Buchstabe N rechts zeigt den Unterschied zwischen den elektronischen Kapitälchen und den echten Kapitälchen. Der graue Bereich zeigt, dass die elektronischen Kapitälchen dünner sind als die korrekten Kapitälchen (schwarz).

Farbiger Text

Vorsicht beim Einfärben von Text – besonders wenn dieser kleiner ist als 8 oder 9 Punkt. Wenn die Farbe in einen einzigen Auszug separiert wird, zum Beispiel Cyan, Magenta oder Gelb, gibt es kein Problem. Ist die Farbe hingegen eine Kombination aus zwei oder mehr Auszügen, zum Beispiel ein Grün, das sich aus Cyan, Gelb und Schwarz zusammensetzt, liegen diese drei Druckbilder im Druck möglicherweise nicht ganz exakt aufeinander. Das Ergebnis sind unscharfe Buchstaben, die eventuell schwer lesbar sind.

Roses are Red. . .Violets are Blue.
Grass is Green. . .And this doesn't rhyme.

Diese übertriebene Darstellung zeigt, warum es möglicherweise schwierig ist, farbigen Text in kleinen Graden zu lesen. Die Druckplatten liegen hier nicht exakt aufeinander; der Text wird nicht sauber wiedergegeben.

Text in Pfade konvertieren

Das ist eine der Situationen, in der Sie am Ende möglicherweise mehr wissen als die so genannten Experten in der Druckerei. Ich habe oft erlebt, dass Gestalter von ihrer Druckerei angewiesen wurden, alle Texte in ihren Dokumenten auszuwählen und in Pfade zu konvertieren.

Wenn Sie Text in Pfade konvertieren, haben Sie keinen echten Text mehr. Der Text wird in *Pfade* oder *Konturen* umgewandelt, wie sie von einem Vektorgrafikprogramm erzeugt werden.

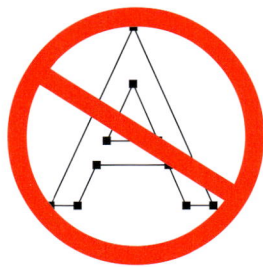

Es gibt verschiedene wichtige Gründe, warum Sie das vermeiden sollten. Zunächst haben Sie keine Möglichkeit mehr, Ihren Text später zu bearbeiten. Außerdem gehen bestimmte Effekte wie Unterstreichungen bei der Konvertierung verloren. Und schließlich – auch wenn es Ihnen nicht auffällt – wird der Text bei der Konvertierung in Pfade etwas stärker.

Der Grund für dieses stärkere Erscheinungsbild ist das Fehlen von **Hints**. PostScript-Schriften enthalten Hints, die die Darstellung der Buchstaben innerhalb des Pixel- oder Punktrasters des Monitors oder Druckers definieren und optimieren. Wenn Sie die Schrift in Pfade konvertieren, gehen die Hints verloren und die Schrift sieht auf dem Bildschirm möglicherweise stärker aus.

Je kleiner die Schrift, desto größer ist das Problem mit der Stärke; je höher die Auflösung, desto geringer ist das Problem.

Demnach sieht kleine, in Pfade konvertierte Schrift auf einem Laserdrucker schlimmer aus als dieselbe Schrift auf einem Laserbelichter. Schriften über 9 bis 10 Punkt sehen nach der Konvertierung in Pfade normalerweise nicht nur auf dem Laserbelichter, sondern auch auf jedem vernünftigen Laserdrucker gut aus.

Warum weisen also so viele Druckereien ihre Kunden an, den gesamten Text in Pfade zu konvertieren? Die üblichste Antwort ist, dass sie faul sind – sie vermeiden den Umgang mit komplizierten Dokumenten und nehmen an, dass sich die Datei mit den umgewandelten Texten leichter drucken lässt. Die andere Antwort ist, dass sie gemein sind – sie möchten es vermeiden, die richtigen Schriften für den Druck der Dateien zu kaufen.

Was sollen Sie also tun, wenn Ihre Druckerei Sie anweist, alle Texte in Pfade zu konvertieren? Suchen Sie sich nach Möglichkeit eine andere Druckerei. Mit einer Druckerei, die keinen derartig schlechten Workflow vorschlägt, sind sie besser dran. Wenn Sie die Druckerei nicht wechseln können, erzeugen Sie eine PDF-Datei aus dem Dokument. Damit vermeiden Sie sämtliche Probleme mit fehlenden Schriftarten. (Weitere Informationen über das Erzeugen von PDF-Dateien erhalten Sie in Kapitel 17.)

Wann sollten Sie Schriften konvertieren?

Es gibt legitime Gründe, warum Sie Texte in Pfade umwandeln sollten. Bei den meisten Firmenlogos werden die Texte in Pfade konvertiert, so dass es keine Probleme mit fehlenden Schriften gibt. Das trifft besonders auf ein neben dem Firmenlogo positioniertes Markenzeichen (®) zu. Die Firma möchte nicht, dass im Logo eine Schriftart fehlt, und deshalb wird der Text in Pfade konvertiert.

Ein anderer legitimer Grund für die Konvertierung von Text in Pfade sind Spezialeffekte. Sie können dann den Text als Grafik behandeln statt als Text – Sie können Bilder in die Buchstaben einfügen, sie verzerren oder sie auf verschiedene Arten einfärben.

Haarlinien

Eines der häufigsten Probleme, für die der Nutzer von Seitenlayout- oder Vektorgrafikprogrammen verantwortlich ist, sind Haarlinien. Im Post-Script-Code hat eine Haarlinie „die Breite eines Pixels des Ausgabegeräts". Im Klartext bedeutet das, dass *die Stärke der Haarlinie veränderlich ist, je nachdem, auf welchem Ausgabegerät Sie sie drucken.*

Haarlinien, die beim Ausdruck auf einem Laserdrucker sichtbar sind, verschwinden praktisch beim Druck auf einem hochauflösenden Ausgabegerät.

Ein anderer Teil des Problems ist, dass die Definition der Haarlinie nicht in allen Programmen gleich ist. Das bedeutet, dass die Haarlinien in einem Vektorgrafikprogramm eventuell nicht den Haarlinien in einem Seitenlayout-Programm entsprechen.

Statt die Linienbreite auf „Haarlinie" zu setzen, ist es viel besser, ein absolutes Maß zu wählen, zum Beispiel 0,25 Punkt. Obwohl es auch hier nach wie vor Unterschiede in der Stärke zwischen einem Laserdrucker und einer hochauflösenden Ausgabe geben mag, verschwindet die 0,25-Punkt-Linie bei der Laserbelichter-Ausgabe nicht.

Vektorlinien skalieren

Wie in Kapitel 7 besprochen, ist die Auflösungsunabhängigkeit der Grafiken ein Vorteil bei der Arbeit mit Vektorgrafikprogrammen. Sie können die Größe der Grafik ändern, ohne sich Gedanken über ineinanderlaufende oder vergrößerte Pixel zu machen. Es gibt hier keine Pixel. Wenn Sie die Grafik verkleinern, verkleinern Sie auch die **Linienstärke**. Zum Beispiel importieren Sie vielleicht eine Grafik aus einem Vektorgrafikprogramm in ein Seitenlayout-Programm und verkleinern sie dann, so dass sie auf die Seite passt.

Wenn Sie solche Illustrationen in Ihr Seitenlayout importieren, sollten Sie sie nicht so weit herunterskalieren, dass die Linienstärke geringer wird als 0,25 Punkt. Solche Linien sind im fertigen Druck möglicherweise nicht mehr sichtbar oder sie lassen sich nicht drucken.

Die linke Illustration enthält Linien mit 0,25 und 0,125 Punkt. Rechts wurde sie verkleinert, so dass manche Linien fast nicht mehr sichtbar sind.

Wenn die Linienstärke zu gering ist, müssen Sie die Originalgrafik öffnen und die Stärke der Linien erhöhen, so dass diese auch nach dem Verkleinern noch sichtbar sind. Wenn es sich bei Ihrer Grafik um ein Firmenlogo handelt, benötigen Sie gegebenenfalls zwei Versionen Ihrer Datei: Eine große Version des Logos mit normalen und eine kleinere Version mit verstärkten Linien.

Schrift- und Pfad-Projekte

Es folgen ein paar Projekte, die Ihr Verständnis für den Umgang mit Schriften erhöhen sollen. Wie alle Projekte in diesem Buch müssen Sie nicht alle auf einmal fertigstellen. Versuchen Sie sich vielmehr während Ihrer Arbeit immer wieder einmal daran.

Projekt 1

Betrachten Sie die Symbole für die Schriften auf Ihrem Computer. Gibt es unterschiedliche Symbole? Manche Schriften sind möglicherweise TrueType, andere OpenType.

Projekt 2

Setzen Sie einen Text im Normalschnitt einer Schrift. Setzen Sie denselben Text dann im Kursivschnitt der Schrift. Stimmen die schräg gestellten Zeichen in der kursiven Version mit denen des Normalschnitts überein? Oder sind die Buchstaben des Kursivschnitts anders geformt?

Projekt 3

Setzen Sie einen Absatz. Duplizieren Sie den Absatz und konvertieren Sie den Text dann in Pfade. Hat sich der Abstand zwischen den Buchstaben geändert? Wie finden Sie das?

Projekt 4

Wenn Sie OpenType-„Pro"-Schriften auf Ihrem Computer haben, formatieren Sie Text in einem Seitenlayout-Programm wie QuarkXPress oder InDesign mit korrekten Kapitälchen oder Brüchen. Vergleichen Sie dies mit Type-1- oder TrueType-Kapitälchen oder -Brüchen. Erkennen Sie, warum OpenType besser ist?

▶ DRUCK UND VERÖFFENTLICHUNG IHRER ARBEIT

Wenn Sie Ihren Job zur Veröffentlichung weggeben, ist das etwa so, als wenn Sie Ihr Kind zum ersten Schultag schicken. Was soll es mitbringen? Was soll es anziehen? Und hat die Schule für den Notfall Ihre Telefonnummer? Bei einem Druckjob müssen Sie wissen, welche Materialien die Druckerei benötigt. Sie müssen wissen, welche Probleme entstehen könnten. Und die Druckerei muss eine Möglichkeit haben, bei Fragen mit Ihnen Kontakt aufzunehmen.

„Die umsichtigsten Pläne
von Mäusen und Menschen scheitern."
ROBERT BURNS

Hochaufgelöste Ausgabe

Es ist schwierig, in diesem Buch und besonders in diesem Kapitel klar zwischen allen Bedeutungen des Wortes „Druck" zu unterscheiden. **Drucken** kann die Aktion Ihres Desktop-Druckers sein. „Würden Sie bitte eine Kopie des Zeitplans drucken?" Ein **Ausdruck** kann das Stück Papier sein, das aus Ihrem Desktop-Drucker kommt. „Kann ich einmal den Ausdruck der Speisekarte sehen?" **Druck** kann auch die Reproduktion eines Jobs auf der Druckmaschine sein. „Die Broschüren gehen morgen in den Druck". Ein **Drucker** kann Ihr Desktop-Gerät sein. „Ich brauche eine Patrone für den Drucker." Ein **Drucker** ist auch die Person, die die Druckmaschine bedient. „Fragen Sie den Drucker, wie viel es kosten wird."

Um jegliche Verwirrung zu vermeiden, verwende ich den Begriff **Ausgabe** für die Reproduktion auf einer elektronischen Druckmaschine, ob es sich dabei um Ihren Tintenstrahldrucker oder einen hochauflösenden Laserbelichter handelt. **Reproduktion** ist der Vorgang, fertige Exemplare Ihres Werks herzustellen, ob mit einem Kopiergerät oder einer Vierfarbdruckmaschine. Ich verwende den Begriff **Druckdienstleister** für die Firma, die diese Arbeit erledigt. Die **Druckmaschine** ist die dort eingesetzte Maschine. Und die Person, die die Druckerei betreibt, nenne ich **Druckereiinhaber**.

Was ist ein Druckdienstleister?

Beim Druck ist es heutzutage nicht mehr damit getan, einfach nur Druckfarbe auf Papier aufzubringen. Deshalb wurde der Begriff „Druckerei" durch den erweiterten Begriff **Druckdienstleister** ersetzt. Ein Druckdienstleister bietet eine Fülle von Dienstleistungen wie Scannen, Bildbearbeitung und Farbproofs für den herkömmlichen und den digitalen Druck.

Die herkömmliche Weise, Ihre Datei zu reproduzieren, beginnt mit einem **Laserbelichter**. Es handelt sich dabei um einen sehr hochentwickelten (und teuren) Drucker, der in mancher Hinsicht Ihrem Desktop-Laserdrucker ähnelt. Der Anwender sitzt an einem Computer, öffnet das Dokument, sieht die Datei durch, um sicherzustellen, dass sie in Ordnung ist, wählt „Drucken" aus dem Datei-Menü und das Dokument geht an den Laserbelichter. Der große Unterschied zwischen Ihnen und dem Druckdienstleister ist, dass der Laserbelichter nicht mit Toner oder farbigen Tintenpatronen druckt – er gibt bei extrem hohen Auflösungen wie 2.540 Punkte pro Zoll Separationen (siehe Kapitel 9) auf glattes Fotopapier, Negativfilm oder gleich auf Druckplatte aus (je nachdem, was für die jeweilige Druckmaschine notwendig ist). Eine tolle Sache.

Dann prüfen Sie diese Ausgabe sehr sorgfältig und hoffen, dass es keine Probleme, Tippfehler, Überraschungen usw. gibt.

Der Druckdienstleister fertigt den so genannten seitenglatten Film an und verwendet diesen Film, um die Platten für die Druckmaschine anzufertigen.

Statt eines Laserbelichters wird der moderne Druckdienstleister jedoch Ihre Computerdatei nehmen und direkt aus der Software und ganz ohne Papier oder Film eine Platte anfertigen. Dies wird **Computer-to-plate** oder CTP genannt.

Ausgabespezifikationen

Wenn Sie Ihre Dateien zur Ausgabe anliefern, müssen Sie ein Auftragsformular oder Job-Ticket ausfüllen, das alle Details des Jobs enthält. Das ist so wichtig, dass ich ein ganzes Kapitel darüber geschrieben habe; in Kapitel 18 erhalten Sie Informationen über das Ausfüllen des Formulars.

Was sollen Sie an die Druckerei liefern?

Um Ihre Dateien auszugeben, benötigt der Druckdienstleister alles, was etwas mit der Datei zu tun hat – alle Grafiken, die Schriften und natürlich die Datei selbst. Er lädt alle Dateien auf seinen Computer. Dann öffnet er Ihre Datei und druckt sie – nicht mit einem Desktop-Drucker, sondern mit dem hochauflösenden Laserbelichter (siehe vorige Seite). Er benötigt dazu Folgendes:

Native Datei: Das ist die Layoutdatei, die den Text und die Grafiken für Ihr Projekt enthält; das ist das Dokument, das Sie ausgeben möchten. Abhängig vom Projekt können Sie InDesign, Illustrator, QuarkXPress und CorelDraw als Seitenlayout-Programm verwendet haben.

Grafikdateien: Fügen Sie alle in das Seitenlayout eingefügten Bilder, Illustrationen und ClipArt-Grafiken bei. Auch wenn sich diese Bilder im Layout befinden, müssen die Dateien für die Bilder trotzdem mitgesandt werden. Manche Programme sind in dieser Hinsicht heikler als andere: Zum Beispiel benötigt QuarkXPress jeden einzelnen kleinen Schnipsel, den Sie auf eine Seite gesetzt haben; PageMaker und InDesign sind viel flexibler. Hier können Sie auf Wunsch die kompletten Bildinformationen im Dokument speichern, statt Dutzende von kleinen Dateien mitzuschicken.

Schriften: Sie müssen jede einzelne im Dokument verwendete Schrift mitliefern. Wie in Kapitel 15 dargestellt: Selbst wenn der Druckdienstleister eine Schrift hat, die denselben Namen wie der von Ihnen verwendete Font trägt, heißt das nicht, dass es sich um exakt dieselbe Version der Schrift handelt!

Wenn Sie am PC arbeiten, rufen Sie den Druckdienstleister an und vergewissern Sie sich, dass er Ihre Dateien ausgeben kann. Die meisten Druckdienstleister verwenden heutzutage nicht nur Macintosh-Rechner, sondern auch Windows-PCs, aber es gibt immer noch einige wenige, die eine PC-Datei auf einem Mac öffnen müssen. Das größte Problem sind dabei die Schriften.

Anwendungen: Sie müssen dem Druckdienstleister die Anwendung selbst nicht schicken – er besitzt die aktuellen Versionen aller großen DTP-Programme. Wenn Sie aber alte oder unbekannte Software verwenden, sollten Sie sicherstellen, dass der Druckdienstleister sie ausgeben kann.

Beachten Sie auch, dass ich keine Textverarbeitungsprogramme genannt habe – viele Druckdienstleister geben nicht aus Textverarbeitungsprogrammen aus. Wenn Sie Ihre gesamte Hauszeitschrift in Microsoft Word gestaltet haben, ist das schön – aber allein die Tatsache, dass Sie sie in einem Textverarbeitungsprogramm erstellt haben, deutet darauf hin, dass die Qualität Ihres Desktop-Druckers für die Ausgabe ausreicht.

Ausdruck: Fügen Sie immer einen Ausdruck von Ihrem Desktop-Drucker bei. Der Druckdienstleister weiß dann, was er zu erwarten hat und kann Probleme leichter erkennen, wenn etwas schief läuft. Schreiben Sie Notizen auf den Ausdruck, um auf Farben, angewandte Spezialeffekte und andere wichtige Dinge hinzuweisen.

Verpacken/Für Ausgabe sammeln

In manchen Programmen wie InDesign und QuarkXPress gibt es einen speziellen Befehl zum Sammeln aller notwendigen Dateien. InDesign nennt diese Funktion „Verpacken"; in QuarkXPress heißt sie „Für Ausgabe sammeln". Die Befehle erzeugen einen neuen Ordner und speichern darin automatisch eine saubere Dokument*kopie* sowie eine *Kopie* jeder für die Ausgabe des Dokuments erforderlichen Datei. Die Programme sammeln auch alle Schriften und legen sie zusammen mit den Dateien in einen Ordner. Sie können auch einen Bericht mit allen Details der Datei anfordern, zum Beispiel den Grafiken, Farben, Schriften usw. Möglicherweise verstehen Sie nicht alle Details dieses Berichts; aber ihr Druckdienstleister kommt damit klar und ist froh, den Bericht zusammen mit der Datei zu erhalten.

Der Datenträger für den Druckdienstleister

Sicherlich können Sie Ihr Projekt auf einen USB-Stick oder einen iPod kopieren. Meist ist es jedoch besser, wenn Sie Ihre Dateien auf eine CD oder DVD brennen.

Beschriften Sie den Datenträger! Der Druckdienstleister erhält jede Woche Hunderte von Datenträgern; also sollten Sie jedes Bestandteil Ihres Datenträgers – die Hülle, den Datenträger selbst, den Papiereinleger, den Umschlag usw. – mit Ihrem Namen, dem Datum und dem Namen des Druckjobs beschriften.

Geben Sie auch Ihrem Hauptdokument und dem Ordner einen sprechenden Namen, so dass die Druckereimitarbeiter sie leicht auf ihrem Computer finden.

Schließlich sollten Sie nicht den gesamten Inhalt des Ordners, der Ihren Job enthält, auf den Datenträger brennen. Sicherungskopien, alternative Layouts und Vorversionen des Projekts stiften in der Druckerei nur Verwirrung. Wenn Sie Ihre Dateien, wie im vorigen Abschnitt beschrieben, für die Ausgabe sammeln, kann das aber ohnehin nicht passieren. Unter dem Strich: **Liefern Sie alles, was für die Ausgabe des Jobs notwendig ist, und sonst nichts!**

Elektronische Datenübertragung

Eine schnellere Möglichkeit zur Übermittlung von Daten ist der elektronische Weg per **File Transfer Protocol** (FTP). Fast alle Druckdienstleister haben ihren eigenen FTP-Server, also einen speziellen Online-Speicherbereich, in den Sie Ihre Ausgabedateien elektronisch hochladen können. Wenn Ihr Job gedruckt ist, erhalten Sie die fertigen Seiten per Übernacht-Kurier. Das bedeutet, dass Sie nicht unbedingt mit den Druckdienstleistern in Ihrem Ort arbeiten müssen.

Überfüllen

Überfüllen ist eine der Techniken, über die Sie informiert sein sollten, die Sie aber wahrscheinlich niemals selbst anwenden müssen. Wenn zwei Farben einander überlappen, spart eine die andere aus. Das heißt, dass die zweite Farbe nicht wirklich *auf* die erste gedruckt wird, weil sie sich dadurch verändern würde. In Wirklichkeit wird die untere Farbe *entfernt,* so dass ein Loch entsteht und die zweite Farbe genau in dieses Loch gedruckt wird.

Nun wird auf der Druckmaschine zuerst die eine und dann die andere Farbe gedruckt. Wegen der Arbeitsweise der Druckmaschine, mit großen rotierenden Walzen und rasant hindurchgleitendem Papier, kann das Papier sehr leicht ein winziges Stück verrutschen. Wenn die zweite Farbe nicht exakt in das Loch gedruckt wird, sehen Sie im fertig gedruckten Exemplar eine papierweiße Lücke.

Überfüllung ist die Technik, mit der solche Lücken vermieden werden. Für einen Einsteiger ist das Anlegen von Überfüllungen sehr knifflig und komplex. Wenn Sie keine Erfahrung haben, sollten Sie selbst keine Überfüllungen anlegen. Es ist viel besser, die Aufgabe den Profis zu überlassen. Diese haben (sehr) teure Software, die dies automatisch erledigt. Auch wenn Sie die Überfüllungen nicht selbst anlegen, sollten Sie wissen, was das ist und was in diesem Zusammenhang erledigt werden muss. Es gibt Gestaltungstechniken, mit denen Sie die Notwendigkeit von Überfüllung ganz vermeiden (siehe Kapitel 19).

Dokumente ausschießen

Wie in Kapitel 1 beschrieben, bittet Ihre Druckerei Sie eventuell, die Reihenfolge Ihrer Seiten von der normalen Lesereihenfolge in **Druckbögen,** also die Reihenfolge, in der die Seiten gedruckt werden, zu ändern. Dies wird **Ausschießen** genannt.

Sowohl InDesign als auch QuarkXPress enthalten Funktionen, die in der Lesereihenfolge angeordnete Dokumentseiten in ein neues Dokument mit der für die Ausgabe notwendigen Reihenfolge kopieren.

Diese Funktionen sind toll, wenn Sie nur ein einfaches Programmheft auf Ihrem Desktop-Drucker ausgeben möchten. **Professionelles Ausschießen sollte hingegen ausschließlich von Profis erledigt werden!** Ich habe gehört, dass manche Druckereien unerfahrene Gestalter aufgefordert haben, ihre Dokumente selbst auszuschießen. Das ist total falsch!

Warum Sie nicht selbst ausschießen sollten

Ein Gestalter, der nicht genug über die Bindemethode, die Dicke des Papiers, die Anzahl der Seiten auf jedem Bogen (siehe Kapitel 1) weiß, kann ein Dokument nicht korrekt ausschießen. Ich halte mich selbst für recht bewandert in der Druckproduktion und selbst ich würde mir diese Arbeit nicht zutrauen.

Wenn eine Druckerei Sie auffordert, die Seiten selbst auszuschießen, versuchen Sie zu erklären, dass Sie dazu nicht qualifiziert sind. Bitten Sie sie, die Datei für Sie auszuschießen! Selbst wenn Sie eine Extragebühr zahlen müssen, ist dies den Seelenfrieden wert, zu wissen, dass sich Profis mit dem Job beschäftigen.

Acrobat-Dateien (PDF) für die Ausgabe liefern

Es ist eine gute Idee, der Druckerei statt Ihrer anfälligen nativen oder „offenen" Dateien mit allen verknüpften Dateien, Schriften und Vorgaben besser Adobe-Acrobat-PDF-Dateien zu übermitteln (PDF steht für **Portable Document Format**). In eine PDF-Datei sind alle Schriften und Grafiken eingebettet. Durch Komprimierung wird ihre Dateigröße so gering, dass sie sich schnell online übermitteln lässt. Die native InDesign-Datei dieses Kapitels hat mit allen Grafiken und Schriften beispielsweise 12,4 MB; die PDF-Datei desselben Kapitels einschließlich aller Grafiken und Schriften nur 960 K!

PDF-Dateien können Sie aus so gut wie jedem Dokument erzeugen. Je nach Software gehen Sie eventuell zum Datei-Menü und wählen einen Befehl wie „In PDF exportieren" oder Sie kaufen die Software Adobe Acrobat und erzeugen Ihre PDFs separat. Alle heutigen Desktop-Publishing-Anwendungen können PDF-Dateien erzeugen; ziehen Sie Ihr Handbuch zu Rate.

Dieses Thema ist so wichtig, dass ich ihm das nächste Kapitel gewidmet habe.

Anzeigen-Dateien übermitteln

Wenn Sie eine Anzeige in einer Zeitung oder Zeitschrift platzieren, müssen Sie das Material an den Verlag schicken, damit dieser es in seine Publikation einfügen kann. Nur ganz selten findet man einen Zeitungs- oder Zeitschriftenverlag, der keine elektronischen Dateien akzeptiert.

Am weitesten verbreitet ist hier das PDF-Format. Manche Verlage akzeptieren native InDesign- und QuarkXPress-Dokumente oder mit anderen DTP-Programmen erzeugte Dateien.

Bevor Sie irgendetwas an den Verlag schicken – eigentlich sogar bevor Sie mit der Gestaltung der Anzeige beginnen –, kontaktieren Sie die Medienberatungs- oder Produktionsabteilung und informieren Sie sich über die Anforderungen. (Erinnern Sie sich an Seite 5?)

Ausgabe-Quiz

Das folgende Quiz soll sicherstellen, dass Sie über die hochauflösende Ausgabe Bescheid wissen.

Projekt 1

Welche zu Ihrem Job gehörenden Dateien würden Sie nicht an die Druckerei schicken?

A. Schriften; B. Audiodateien; C. Native Dateien; D. Bilder

Projekt 2

Warum ist es eine gute Idee, eine PDF-Datei Ihres Jobs an die Druckerei zu schicken?

A. Sie enthält die Schriften; B. Sie enthält die Bilder; C. Der Umbruch des Layouts kann sich nicht ändern; D. Alles bisher Genannte

Projekt 3

Was sollten Sie nicht tun, bevor Sie viel Erfahrung haben?

A. Die Datei ausschießen; B. Die Datei überfüllen; C: A und B;
D. Weder A noch B

Projekt 4

Welches Dateiformat ist bei Zeitungs- und Zeitschriftenanzeigen am weitesten verbreitet?

A. Word; B. Screenshots; C. PDF; D. Keines der genannten (Formate)

Antworten zum Ausgabe-Quiz

Projekt 1

Welche zu Ihrem Job gehörenden Dateien würden Sie nicht an die Druckerei schicken?

Antwort B: Audiodateien sollten nicht an die Druckerei geschickt werden. Solche Dateien verwirren den Produktionsmanager nur. Außerdem ist es in einer Druckerei ohnehin so laut, dass man keine Musik hören kann!

Projekt 2

Warum ist es eine gute Idee, eine PDF-Datei Ihres Jobs an die Druckerei zu schicken?

Antwort D. Alles bisher Genannte: Das PDF enthält alle Bestandteile Ihres Jobs, die zur Ausgabe notwendig sind. Und das Layout ist fixiert, so dass keine Umbruchfehler entstehen können.

Projekt 3

Was sollten Sie nicht tun, bevor Sie viel Erfahrung haben?

Antwort C. A und B: Sie sind einfach nicht qualifiziert, die Überfüllungen anzulegen oder die Seiten auszuschießen. Diese Arbeit wird am besten von Profis gemacht.

Projekt 4

Welches Dateiformat ist bei Zeitungs- und Zeitschriftenanzeigen am weitesten verbreitet?

Antwort C. PDF-Dateien: Nur selten verlangt ein Zeitungsverlag ein anderes Dateiformat als PDF.

Acrobat und PDF-Dateien

Ein PDF-Dokument ist wie ein Reisekoffer. Wenn ich eine Reise antrete, packe ich alles Benötigte ordentlich in einen Koffer – Kleidung, Schuhe, Kulturbeutel, Computerkabel. Manchmal verwende ich eine Liste, damit ich auch sicher nichts vergesse. Ich befestige ein Namensschild am Koffer, damit er unterwegs nicht verloren geht. Am Ende verschließe ich alle Fächer sicher, damit niemand den Koffer öffnet und nichts herausfallen kann.

Eine für die Druckerei bestimmte PDF-Datei funktioniert ähnlich (PDF steht für Portable Document Format). Wenn Sie eine PDF-Datei erzeugen, haben Sie alle Seiten, Layouts, Bilder und sogar Schriften in den PDF-Koffer gepackt, der nun sämtliche zum Drucken des Dokuments benötigten Informationen enthält. Es gibt sogar eine Komprimierung (wie bei diesen wasserdichten Packsäcken zum Aufrollen), damit alles nur so wenig Platz wie nötig einnimmt.

Acrobat-Glossar

Im Zusammenhang mit Acrobat und PDF-Dokumenten werden unzählige Begriffe verwendet. Dieses kleine Glossar hilft Ihnen, sie zu verstehen.

Acrobat: Die Software von Adobe Systems zum Öffnen, Bearbeiten und Speichern von PDF-Dokumenten.

Acrobat Distiller: Das Softwaremodul zur Erstellung von PDF-Dateien. Distiller wird als Bestandteil von Acrobat mitgeliefert. Dies ist das Programm, das beim Einsatz des Adobe-PDF-Druckertreibers eine PDF-Datei erzeugt. (Näheres dazu finden Sie im Abschnitt über die Erstellung von PDF-Dateien in diesem Kapitel.)

Adobe PDF-Drucker: Der Druckertreiber, der nach der Installation der Acrobat-Software erscheint. Mit dieser Option können Sie PDF-Dateien erzeugen, im Hintergrund arbeitet dann der Acrobat Distiller.

Adobe Reader: Die kostenlose Software zum Öffnen und Betrachten von PDF-Dokumenten. Je nachdem, wie die ursprüngliche PDF-Datei gespeichert wurde, können Sie mit dem Adobe Reader (auch Reader genannt) eventuell Formulare ausfüllen und/oder Kommentare hinzufügen. Diese Anwendung hieß ursprünglich Acrobat Reader, der Name wurde aber abgeändert, um Verwechslungen mit dem kommerziellen Produkt zu vermeiden.

PDF: Das Dateiformat der mit Acrobat und anderen Programmen erstellten Dokumente. Das PDF-Dateiformat ist heute ein international anerkannter Standard und kann mit Software von Adobe oder anderen Herstellern erzeugt werden.

Ein wenig Hintergrundwissen

Acrobat und PDF kamen 1993 auf den Markt. PDF konnte sich als Dateiformat für Offsetdruckdaten zu Beginn noch nicht wirklich durchsetzen. Etwa im Jahr 1999 wurde das PDF-Dokumentformat dann jedoch um einen robusten Befehlssatz für Druckproduktionsfunktionen ergänzt.

Plötzlich konnten Druckereien nun Dokumente drucken, ohne sich um fehlende Elemente oder Umbruchprobleme sorgen zu müssen. Statt programmspezifischer Layoutdateien forderten sie nun verstärkt PDF-Dateien an. Damit beginnt die Erfolgsgeschichte von PDF.

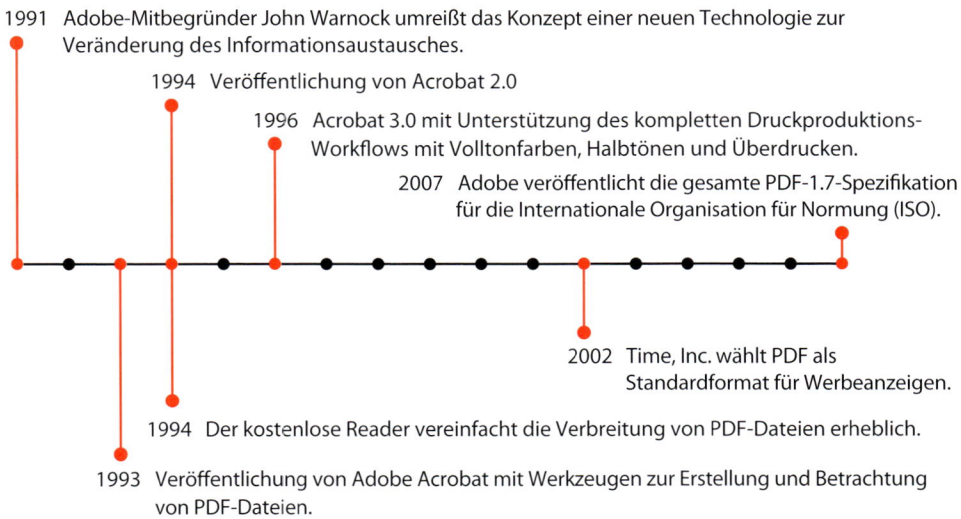

1991 Adobe-Mitbegründer John Warnock umreißt das Konzept einer neuen Technologie zur Veränderung des Informationsaustausches.

1994 Veröffentlichung von Acrobat 2.0

1996 Acrobat 3.0 mit Unterstützung des kompletten Druckproduktions-Workflows mit Volltonfarben, Halbtönen und Überdrucken.

2007 Adobe veröffentlicht die gesamte PDF-1.7-Spezifikation für die Internationale Organisation für Normung (ISO).

2002 Time, Inc. wählt PDF als Standardformat für Werbeanzeigen.

1994 Der kostenlose Reader vereinfacht die Verbreitung von PDF-Dateien erheblich.

1993 Veröffentlichung von Adobe Acrobat mit Werkzeugen zur Erstellung und Betrachtung von PDF-Dateien.

Eine Zeitleiste mit einigen der wichtigsten Ereignissen bei der Entwicklung von Adobe Acrobat und dem PDF-Dateiformat.

Vorteile der Erstellung von PDF-Dateien

Es gibt drei Hauptgründe für die inzwischen so hohe Popularität von PDF bei Designern und Druckunternehmen.

Portabilität

Der wichtigste Grund für die Verwendung von PDF-Dateien ist wahrscheinlich, dass sich alle zum Drucken eines Dokuments benötigten Elemente in eine einzelne Datei packen lassen. Alle zum Drucken erforderlichen Bilder, Schriften, Farb- und Seiteninformationen befinden sich in dieser einen PDF-Datei. Außerdem kann jeder Empfänger einer PDF-Datei diese mit der kostenlosen Adobe-Reader-Software öffnen. Sie brauchen sich nicht darum zu sorgen, dass er möglicherweise nicht dasselbe Layoutprogramm verwendet wie Sie.

Datenkomprimierung

Ein weiterer Grund für die Beliebtheit von PDF-Dateien ist die verwendete Datenkomprimierung. Eine PDF-Datei ist kleiner als die Summe der darin enthaltenen Elemente.

Fehlerbehebung

Schon die Erstellung einer PDF-Datei ist eine Art der Druckausgabe. Wenn es also ein Problem gibt, das einen erfolgreichen Drucklauf der Datei verhindern würde, dann stoßen Sie sehr wahrscheinlich bereits beim Erstellen der PDF-Datei darauf. Das wird zu einem wichtigen Maßstab bei der Fehlerbereinigung.

Es gilt aber auch das Gegenteil. Wenn Sie Ihre Datei ins PDF-Format konvertieren können, dann lässt sie sich in der Druckerei sehr wahrscheinlich auch korrekt ausgeben. PDF-Dateien werden auch etwas schneller gedruckt als programmspezifische Dateien, weil ein Teil des Druckvorgangs bereits erledigt wurde.

Möglichkeiten zum Erstellen von PDF-Dateien

Mit der zunehmenden Popularität des PDF-Dateiformats kamen auch immer mehr Möglichkeiten zur Erstellung von PDF-Dateien hinzu. Einige Lösungen stammen von Adobe, andere von Drittanbietern. Eines ist jedoch wichtig zu wissen: Nicht alle PDF-Dokumente entstehen auf dieselbe Weise. Bestimmte Techniken zur Erstellung von PDF-Dateien sind von Ihrer Druckerei möglicherweise unerwünscht.

Distiller verwenden

Im Laufe der Jahre wurde die Erstellung von PDF-Dateien immer einfacher. Ursprünglich mussten wir eine PostScript-Datei erzeugen, und diese dann an die Acrobat-Distiller-Software senden. Distiller erzeugte daraus dann ein PDF-Dokument mit den jeweiligen Einstellungen.

Heute haben wir es nun viel einfacher. Wenn Sie Adobe Acrobat installiert haben, brauchen Sie nur „Drucken" aus dem Menü Ihrer Software zu wählen. Im Druckdialog können Sie dann den Adobe PDF-Treiber auswählen. In diesem Dialogfenster können Sie alle gewünschten Einstellungen treffen. Und dann klicken Sie auf die Drucken-Schaltfläche.

Während Sie sich wieder der Arbeit zuwenden, Ihre E-Mails lesen oder die Katze füttern, erzeugt Acrobat Distiller über den Druckertreiber die PDF-Datei.

Programme verwenden

Wenn Sie mit Programmen wie InDesign, QuarkXPress, Illustrator, Photoshop oder anderen professionellen Layout- und Illustrationsanwendungen arbeiten, dann finden Sie die Optionen zur Erstellung von PDF-Dateien unter dem Menüpunkt „Exportieren" oder „Speichern unter". Diese Befehle erzeugen die PDF-Datei ohne die Hilfe von Distiller.

Im Wesentlichen sollten Sie auf die Export- und Speichern-unter-Befehle Ihrer Anwendung zurückgreifen. Wenn Sie nicht einen ausgefallenen Grund dagegen gefunden haben, sind die durch Exportieren erzeugten PDF-Dateien absolut in Ordnung.

Mac OS verwenden

Wenn Sie einen Mac mit OS X besitzen, haben Sie im Dialogfenster „Drucken" wahrscheinlich bereits die Funktion „Als PDF sichern" entdeckt. Wenn Sie diese schon ausprobiert haben, finden Sie sie sicherlich

Distiller oder Export-Befehl?

Es gibt einen Disput zwischen einigen Druckereien, die von ihren Kunden *nur* über Distiller erzeugte PDF-Dateien wünschen, und Menschen wie mir, die ihre PDF-Dateien mit den Exportfunktionen von InDesign oder QuarkXPress erzeugen. Ich verstehe es nicht und kann daher nur raten, warum sie auf Distiller beharren – wahrscheinlich weil sie schon immer so gearbeitet haben. Vielleicht haben sie auch versucht, eine mit dem Export-Befehl erzeugte PDF-Datei zu verarbeiten, und wussten nicht, wie sie die Exportoptionen einstellen sollten, um dieselbe Ausgabe wie mit Distiller zu bekommen. Das gilt besonders für InDesign, mit dem sich komplexere PDF-Dateien erzeugen lassen als mit Distiller.

Lassen Sie sich nicht von jenen einschüchtern, die behaupten, der Export-Befehl eigne sich nicht zum Erstellen von PDF-Dateien. Solange Sie wissen, was Sie tun, sollte die Verwendung dieser Funktionen keine Probleme verursachen.

Wenn ein paar alte Haudegen jedoch partout nur mit Distiller erzeugte PDF-Dokumente von Ihnen annehmen wollen, ziehen Sie mit, wenn Sie den Job nirgendwo anders drucken lassen können. Das Leben ist zu kurz, um sich über die Erstellung von PDF-Dateien zu streiten!

auch ziemlich toll. Keine zusätzlichen Schritte, keine Einstellungen und ganz eindeutig keine Wartezeit, bis Distiller gestartet ist und seine Arbeit erledigt hat. Also, was hat es mit dem Befehl auf sich? Warum verwendet nicht jeder die Funktion „Als PDF sichern" auf dem Macintosh? Warum Acrobat und Distiller kaufen? Warum sich durch all diese Schritte in InDesign oder QuarkXPress quälen?

Nun, so praktisch dieser Befehl auch ist, er war nie dazu gedacht, professionelle, druckfertige PDF-Dokumente zu erzeugen. Er wurde in OS X integriert, um Mac-Anwendern eine schnelle, kostenlose Lösung zur Übermittlung ihrer Dokumente an Freunde, die vielleicht keinen Macintosh, sondern zum Beispiel Windows verwenden, zu ermöglichen.

Aber die von Mac OS erstellten PDF-Dateien entsprechen möglicherweise nicht den neuesten PDF-Spezifikationen. (Erinnern Sie sich an die Zeitleiste auf Seite 223? An die von der ISO, der Internationalen Organisation für Normung, zertifizierten Spezifikationen?) Das ergibt keine Probleme, wenn Sie eine PDF-Datei mit Urlaubsbildern an Ihre Angehörigen schicken möchten. Eine Druckerei könnte Ihre Datei jedoch deswegen zurückweisen.

Software von Drittanbietern verwenden

Warum kauft also nicht einfach jeder die Produkte von Adobe und erzeugt PDF-Dateien mit Distiller oder den eingebauten PDF-Befehlen? Zwei Gründe: Erstens kann sich nicht jeder Distiller leisten. Zweitens wollen Firmen wie Quark Inc. möglicherweise keine Lizenzgebühren an Adobe abführen, um die Acrobat-Technologie zur Erzeugung von PDF-Dateien zu verwenden.

Es gibt also viele Produkte von Drittanbietern, die sich zur Erstellung von PDF-Dateien eignen. Einige davon sind ziemlich professionell, zum Beispiel der **Jaws PDF Creator** von **Global Graphics**. Diese Software basiert auf derselben Technologie, die auch im Harlequin RIP eingesetzt wurde – einer Software, die unter Druckvorstufenveteranen als absoluter Klassiker in puncto Zuverlässigkeit und Wiedergabetreue gilt. (Auf dieser Software beruht auch die PDF-Erstellung in QuarkXPress.) Ein weiteres Produkt ist der **Nuance PDF-Konverter.** Dieses Programm bietet eine Werkzeugleiste zum Einsatz in Microsoft Word.

Es gibt jedoch auch kostenlose, werbefinanzierte oder preiswerte Produkte zur PDF-Erstellung. (Ich erwähne keine Namen – sie bedürfen keiner Werbung durch mich.) Diese Produkte können teils geeignet oder teils ungeeignet zur Produktion druckfertiger PDF-Dateien sein.

Die einzige Möglichkeit, um herauszufinden, ob eine nicht von Adobe hergestellte PDF-Anwendung etwas taugt, ist, sie selbst auszuprobieren. Wenn Sie gute Ergebnisse bekommen, herzlichen Glückwunsch. Ansonsten behaupten Sie nicht, ich hätte Sie nicht gewarnt.

Die PDF-Einstellungen für den Druck treffen

Beim ersten Anblick der Einstellungen zur Erzeugung von PDF-Dateien fühlen Sie sich möglicherweise ein wenig überfordert. Es gibt buchstäblich hunderte möglicher Kombinationen. Wenn Sie aber erst einmal verstanden haben, was diese Einstellungen bewirken, dann werden Sie bemerken, dass es eigentlich gar nicht so kompliziert ist. Und glücklicherweise verwenden fast alle unterschiedlichen Programme zur Erstellung von PDF-Dateien dieselben Einstellungsmöglichkeiten.

Die Voreinstellungen verwenden

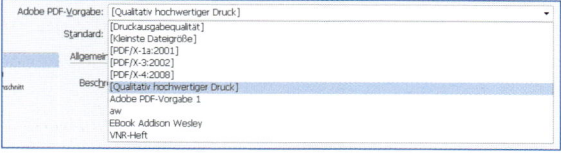

Mit etwas Glück können Sie eine der mit Acrobat oder anderen Programmen zur Erzeugung von PDF-Dokumenten mitgelieferten Voreinstellungen verwenden. Adobe hat Einstellungen wie **Druckausgabequalität** oder **Qualitativ hochwertiger Druck** vorbereitet. Bei beiden dieser Voreinstellungen werden alle anderen Einstellungen automatisch passend für die professionelle Druckausgabe getroffen.

Adobe hat auch eine Reihe von Voreinstellungen mit der Bezeichnung **PDF/X** beigefügt. PDF/X ist eine Sammlung von Einstellungen, auf die sich verschiedene Zeitschriften, Zeitungen und Druckereien als Standard für die Druckausgabe geeinigt haben. Wenn Sie darum gebeten werden, mit einer der PDF/X-Voreinstellungen zu arbeiten, dann wählen Sie diese einfach aus und exportieren Sie Ihre jeweilige PDF-Datei. Sie brauchen sich dann nicht mehr im Einzelnen um die Einstellungen zu kümmern.

Allgemein

Die allgemeinen Einstellungen betreffen das gesamte Dokument. Hier geben Sie die gewünschten Seiten an und bestimmen, was im Dokument enthalten sein soll. Sie können sich sehr einfach merken, was in einem für die Druckausgabe bestimmten PDF-Dokument enthalten sein soll: **Fügen Sie keine zusätzlichen Elemente ein!**

Seitenminiaturen, Tags und interaktive Elemente (die im weiteren Verlauf dieses Kapitels behandelt werden) werden bei Ihrem Druckdienstleister nur für Ärger sorgen. Möglicherweise verhindern Sie auch die korrekte Druckausgabe des Jobs.

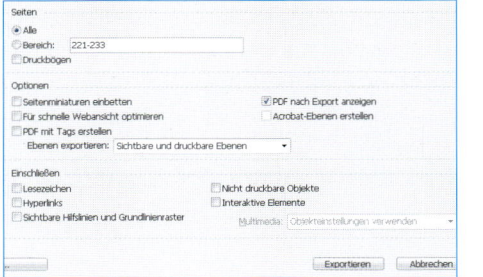
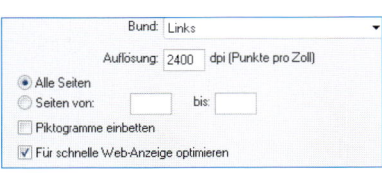

Die allgemeinen Einstellungen in InDesign (links) und Distiller (rechts).

Komprimierung

Die Komprimierungseinstellungen können auf den ersten Blick etwas abschreckend wirken. Ich vermittle Ihnen hier aber eine allgemeine Vorstellung von ihrer Funktionsweise. (Glauben Sie mir, ich behandle hier in diesem Kapitel nur die absoluten Grundlagen. Eine detaillierte Besprechung würde ein ganzes Buch füllen.) Der Zweck der Komprimierung besteht darin, die PDF-Datei kleiner zu machen als ein Verzeichnis, in das Sie einfach das Layout, die Bilder und die Schriften kopieren würden. Am effektivsten wirkt sich die Komprimierung auf die Größe der Bilddaten aus.

Sie können die Komprimierungsoptionen individuell für Farb-, Graustufen- und Monochrombilder (1-Bit) einstellen. (In Kapitel 5 werden diese einzelnen Bildtypen beschrieben.) Der Grund dafür ist, dass manche Anwender für ihre Farbbilder eine bessere Qualität benötigen als für die anderen Bildtypen. Mit drei verschiedenen Komprimierungseinstellungen lassen sich die unterschiedlichen Bilder flexibel handhaben.

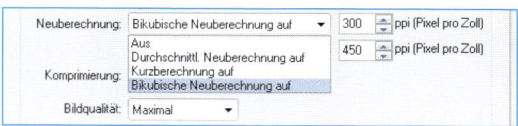

Das Menü zur Neuberechnung in Distiller.

Zum Verständnis der Komprimierungsoptionen müssen Sie einen Blick auf die Einstellungen zur **Neuberechnung** werfen. Zunächst müssen Sie sich darüber klar werden, dass Neuberechnung gleichbedeutend mit dem Verwerfen von Pixeln ist. Es gibt drei unterschiedliche Methoden, diese Pixel loszuwerden. **Bikubische Neuberechnung** ist die ausgefeilteste, die aber auch am meisten Zeit benötigt. **Durchschnittliche Neuberechnung** arbeitet etwas schneller, aber nicht so genau. **Kurzberechnung** bzw. **Subsampling** geht am schnellsten, erzeugt aber auch die gröbsten Ergebnisse.

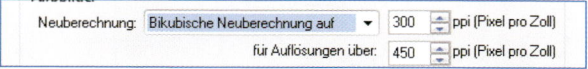

Das Neuberechnungsmenü mit den Auflösungseinstellungen.

Die als Nächstes besprochenen Einstellungen bestimmen, welche Pixel verworfen werden. Sagen wir, Sie haben ein 3872 Pixel breites und 2592 Pixel hohes Foto aufgenommen. (Pixel habe ich bereits in Kapitel 6 behandelt.) Wenn Sie dieses Bild auf eine **effektive Auflösung** von 300 Pixeln pro Zoll (ppi) herunterskalieren, dann liegen die Bildabmessungen in etwa bei 33 x 22 cm. Wenn Sie das Bild jedoch weiter auf 15 x 10 cm verkleinern, dann steigt die effektive Auflösung auf 660 ppi.

Diese höhere Auflösung schadet nun nicht dem Dokument, dem Bild oder dem Druckvorgang. Aber sie erhöht die Dateigröße des PDF-Dokuments. In diesem Fall ist eine Bildneuberechnung sinnvoll. Über die Zahlen in den Neuberechnungsoptionen geben Sie Acrobat die Anweisung: „Wenn ein Bild eine bestimmte Auflösung überschreitet, wirf' bitte die überzähligen Pixel weg, damit die Bildauflösung sinkt." Im professionellen Druckumfeld lautet die Regel für diese Einstellung meist wie folgt: **Verringere die Auflösung von Bildern über 450 ppi auf 300 ppi.**

Die letzte Einstellung betrifft das eigentliche, auf das Bild anzuwendende Komprimierungsverfahren. Das hat nichts mehr mit dem Verwerfen von Pixeln zu tun. Hier wird das bestehende Bild elektronisch verändert, um die Datei zu verkleinern. Es gibt unterschiedliche Komprimierungsmethoden. Am weitesten verbreitet ist die **JPEG-Komprimierung**. Diese Komprimierung erzeugt die blockigen Bilder, die Sie wahrscheinlich von Webseiten her kennen (und die ich in Kapitel 8 dargestellt habe).

Die Einstellung **Automatisch (JPEG)** wird für Farb- und Graustufenbilder verwendet. Dabei kommt automatisch die beste Qualität für die Bildarten zum Einsatz. Wenn Sie Komprimierung verwenden, dann ist dies die einfachste Methode. Bei der Einstellung **JPEG** wird die angegebene Bildqualität verwendet. Beide **JPEG**-Komprimierungseinstellungen sind **verlustbehaftet**. Einige der ursprünglichen Bilddaten gehen dabei also verloren. Eine geringere Qualitätseinstellung führt zu einem weniger perfekt aussehenden Bild. Eine geringere Bildqualität bedeutet aber auch eine kleinere Datei. Die **ZIP**-Komprimierungsoption ist **verlustfrei** (ohne Informationsverlust). Wenn Sie große einfarbige Bereiche in Ihren Bildern haben (zum Beispiel in Tabellen und Scans), dann wählen Sie die ZIP-Komprimierung.

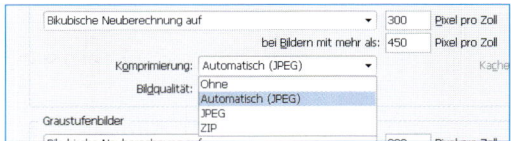 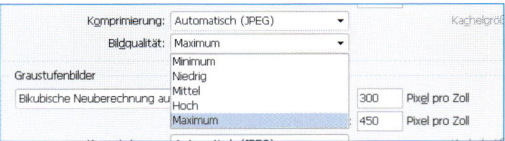

Das Menü Komprimierung (links) und das Menü Bildqualität (rechts).

Bei monochromen 1-Bit-Bildern ist alles etwas anders, denn diese Bilder werden mit mindestens 1200 ppi ausgegeben. Zunächst einmal ist die Auflösung also viel höher. Daher werden erst dann Pixel verworfen (Kurzberechnung), wenn die Auflösung über 1800 ppi liegt.

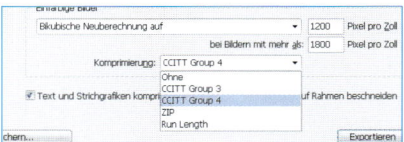

Das Menü Komprimierung für monochrome Bilder.

Auch die Komprimierungseinstellungen sind anders. Die Option **CCITT Group 3** eignet sich am besten für Faxbilder. Die Einstellung **CCITT**

Group 4 eignet sich allgemein für die Druckausgabe. **Lauflänge** ist die beste Einstellung für Bilder mit großen durchgängig weißen oder schwarzen Flächen.

Welche Einstellung ist also am besten zum Drucken geeignet? Das ist ganz einfach. Wählen Sie einfach eine der PDF/X-Voreinstellungen, und Sie können loslegen. Wenn Ihre Druckerei natürlich andere Einstellungen vorgibt, dann sollten Sie grundsätzlich diese verwenden.

Druckmarken und Beschnittzugaben

Wie in Kapitel 18 beschrieben, werden bei der professionellen Druckausgabe häufig bestimmte Marken und Informationen rund um den Druckbereich einer Datei eingesetzt. Möglicherweise müssen Sie auch eine Beschnittzugabe für Bilder, die bis an die Schnittkante reichen, einstellen. (Kapitel 4 enthält eine Erläuterung des richtigen Werts für die Beschnittzugabe.) Diese Einstellungen werden über die Optionen in der Kategorie **Marken und Anschnitt** im Dialogfenster „Adobe PDF exportieren" gesteuert.

Sie sollten in Ihrer Druckerei nachfragen, welche Einstellungen für Marken und Anschnitt Sie benötigen. In diesem Bereich helfen Ihnen die Voreinstellungen für PDF/X nicht weiter, weil sie keine Marken und Anschnittseinstellungen enthalten.

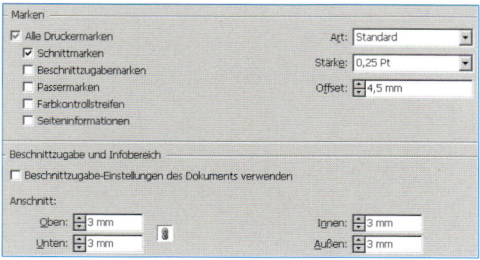

Die Optionen für Marken, Beschnittzugabe und Infobereich in InDesign.

Schriften

In den meisten Fällen werden Schriften automatisch in die PDF-Datei eingebettet. Einige Schrifthersteller aktivieren eine Option in ihrer Schrift, die ein Einbetten verhindert. Wenn Sie eine solche Schrift verwenden, geben Sie Ihrer Druckerei Bescheid. Solange diese die Schrift auf ihrem Rechner installiert hat, kann Ihre Datei problemlos ausgegeben werden.

Teilweise eingebettete Schriften stiften immer wieder Verwirrung. Wie bereits erwähnt liegt einer der Gründe für die Verwendung von PDF-Dokumenten darin, dass die Schrift im Dokument eingebettet wird. Sehr wahrscheinlich haben Sie nicht jedes einzelne in der Schrift enthaltene Zeichen verwendet. Ich bezweifle beispielsweise, dass Sie die Zeichen für japanische Yen (¥), eine Absatzmarke (¶) und ein Doppelkreuz (‡) gemeinsam in einem Dokument verwenden.

Möchten Sie also alle Zeichen mit in die Schrift einschließen, was die Datei vergrößern würde, oder möchten Sie nur die tatsächlich verwendeten Zeichen einbetten? Die tatsächlich verwendeten Zeichen werden als Untergruppen der Schrift bezeichnet.

Die InDesign-Einstellungen für Untergruppen in einer PDF-Datei.

Wenn im Untergruppen-Feld 100 % eingetragen sind, müssten Sie jedes einzelne Zeichen einer Schrift verwenden, so dass die gesamte Schrift in einer PDF-Datei eingebettet werden sollte. Da dieser Fall unwahrscheinlich ist, werden nur die von Ihnen verwendeten Zeichen in der PDF-Datei eingebettet – die Untergruppe. Dadurch wird die Dateigröße klein gehalten. Wenn im Untergruppenfeld 0 % eingetragen sind, erzwingen Sie das komplette Einbetten der Schrift in die PDF-Datei. Das erhöht die Dateigröße.

Warum sollten Sie überhaupt alle Zeichen einer Schrift einbetten? Angenommen, Sie betten Ihre Schriften teilweise ein und müssen später die Druckerei noch eine Änderung an der PDF-Datei vornehmen lassen. Vielleicht müssen sie einen Preis von Dollar in Yen umrechnen. Wenn Sie das Yen-Symbol bisher noch nicht in dem Dokument verwendet hatten, dann kann die Druckerei die Änderung nicht vornehmen, es sei denn, die Schrift ist auf deren Rechner installiert.

Weitere Einstellungen

Die meisten verbleibenden Einstellungen für PDF-Dateien sind viel zu komplex, um in diesem Buch behandelt zu werden. Am besten ist es jedoch immer, in Ihrer Druckerei nach den benötigten Einstellungen zu fragen. Wenn Sie komplett alleine arbeiten, wählen Sie eine der PDF/X-Einstellungen oder die Voreinstellung für **Druckausgabequalität**. Mit diesen Einstellungen sollten Sie sich Ihre Datei nicht vermurksen.

Sicherheit

Von den Sicherheitsoptionen sollten Sie jedenfalls *keine* aktivieren. Mithilfe der Sicherheitsoptionen können Sie Dateien so abriegeln, dass sie nicht von anderen Benutzern geöffnet oder verändert werden können. Tun Sie das nicht! Sie werden damit nur in Ihrer Druckerei für großen Ärger sorgen, wenn diese die Einstellungen wieder entsperren muss.

Nicht druckbare PDF-Elemente

Es lassen sich noch viele andere Funktionen und Attribute in PDF-Dateien einbinden. Die meisten davon finden in der professionellen Druckproduktion jedoch keine Anwendung. Die nachfolgenden Elemente sollten Sie *nicht* in eine für die Druckausgabe bestimmte PDF-Datei einbinden:

- ▶ Hyperlinks
- ▶ Filme
- ▶ Klänge
- ▶ Anmerkungen
- ▶ Ebenen
- ▶ Tags
- ▶ Lesezeichen
- ▶ Miniaturen, Thumbnails
- ▶ Kommentare

Überfüllung

Überfüllung ist ein bisschen wie der Kauf einer Yacht.

Hier sagt man: „Wenn Sie nach dem Preis fragen müssen, können Sie sich das Boot nicht leisten". Meine Meinung zum Thema Überfüllung ist: „Wenn Sie fragen müssen, was das ist, sollten Sie es bleiben lassen."

Tatsächlich höre ich beim Schreiben an diesem Kapitel überall die Produktionsmanager rufen: „Nein, nein! Schreiben Sie nicht über Überfüllung! Ihre Leser sollen sich nicht mit Überfüllung beschäftigen! Es wird sie nur verwirren."

Ich wünschte, ich könnte darauf verzichten, über Überfüllung zu schreiben; aber irgendjemand wird Ihnen gegenüber irgendwo Überfüllung erwähnen und dann ist es besser, wenn Sie wissen, worum es überhaupt geht.

Beachten Sie, dass dies kaum eine detaillierte Abhandlung über Überfüllung ist – es sind nur die Grundlagen mit ein paar Vorschlägen, wie Sie um eine Überfüllung herumkommen.

Was ist Überfüllung und wozu dient sie?

Bevor Sie verstehen, wie man überfüllt, müssen Sie verstehen, *warum* man überfüllt. Denken Sie an diese grässlichen Beilagen, die Sie mit der Sonntagszeitung bekommen – solche mit diesen Gutscheinen für Produkte, die Sie niemals kaufen würden. Haben Sie jemals eine dieser Seiten gesehen, wo alles leicht verrutscht ist, wo die Farben nicht genau in die dafür vorgesehenen Flächen passen, wo Elemente aussehen, als seien sie nicht richtig platziert? Wir nennen dies **Passerungenauigkeit**.

Passerungenauigkeiten treten aus verschiedenen Gründen auf: Das Papier auf der Druckmaschine verschiebt sich, die Platten bewegen sich, ein Meteor trifft das Gebäude (nur ein Scherz). Das Ergebnis ist auf jeden Fall, dass eine der Druckfarben ein kleines bisschen verschoben gedruckt wird. Dadurch entsteht eine Lücke zwischen den Farben, in der sich das weiße Papier zeigt.

Passerungenauigkeiten lassen sich nicht verhindern. Auf manchen Druckmaschinen sind Passerprobleme weniger wahrscheinlich; aber es gibt keine Druckmaschine, die immer perfekt druckt. Also müssen wir die unausweichlichen Passerungenauigkeiten ausgleichen. Hier kommt die Überfüllung ins Spiel.

Blitzer

Sagen wir, dass Sie ein Objekt in einer bestimmten Farbe über ein Objekt in einer anderen Farbe legen möchten. Was geschieht in dem Bereich, wo sich die beiden Objekte überlappen? Wenn Sie die Separationen für Ihre Datei erzeugen, stanzt das obere Objekt ein Loch in das untere Objekt. Wenn die beiden Farbplatten korrekt platziert sind, sitzt das obere Objekt perfekt im Loch. Wenn die beiden Farbplatten Passerungenauigkeiten aufweisen, verrutscht das obere Objekt leicht gegenüber dem Loch, wodurch die kleine Lücke, der Blitzer, entsteht. Wenn das Papier weiß ist, sehen Sie einen weißen Blitzer.

Die Farbe überfüllen

Der hässliche Blitzer tritt auf, weil das obere Objekt genau dieselbe Größe wie das Loch hat. Wäre das Loch etwas kleiner oder das Objekt etwas größer, gäbe es einen Bereich, in dem sich die beiden Farben **überlappen** würden. Wenn dann ein Objekt leicht verschoben würde, gäbe es trotzdem keine Lücke. Die **Überlappung ist die Überfüllung** und Sie erkennen sie an den Stellen, wo die Überlappung der beiden aneinandergrenzenden Farben eine dritte Farbe erzeugt hat.

Überfüllungsprobleme vermeiden

Die Sorge um Überfüllungen ist ein bisschen wie die Sorge, von einem Blitz getroffen zu werden: Ja, einige Leute haben Probleme mit Passerungenauigkeiten und mancher wird vom Blitz erschlagen; aber die meisten Menschen müssen sich keine Gedanken darum machen.

Die meisten heutigen Druckmaschinen haben viel weniger Probleme mit Passerungenauigkeiten als ältere Druckerpressen. Wenn Sie die Grundlagen der Überfüllung kennen, müssen Sie vielleicht niemals Überfüllungen vornehmen (und wenn Sie während eines Gewitters im Haus bleiben, werden Sie wahrscheinlich niemals von einem Blitz getroffen). Es folgen einige Möglichkeiten, wie Sie Überfüllungsprobleme vermeiden können.

Trennen Sie die Farben

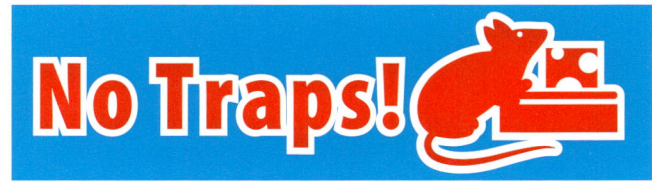

Das ist so einfach, dass die meisten Leute es vergessen. Wenn Sie Passerprobleme vermeiden möchten, sorgen Sie einfach dafür, dass sich die Farben nicht berühren. Wenn Sie beispielsweise rote Schrift auf einem blauen Hintergrund haben, machen Sie sich vielleicht Gedanken über

Passerungenauigkeiten. Wenn Sie eine weiße Kontur um die Schrift ziehen, haben Sie eine „Pufferzone" erzeugt, wo die beiden Farben sich nicht berühren. Wenn sich die Farben nicht berühren, müssen Sie sich keine Gedanken über Passerungenauigkeiten machen. Und wenn Sie sich keine Gedanken über Passerungenauigkeiten machen müssen, müssen Sie keine Überfüllungen erzeugen.

Milchtüten und Getränkebecher sind hervorragende Beispiele für die Trennung von Farben zur Vermeidung von Überfüllungen. Sie werden auf Druckmaschinen gedruckt, die das Potenzial für enorme Passerungenauigkeiten haben. Um hier Blitzer zu vermeiden, wären riesige und sehr sichtbare Überfüllungen notwendig. Deshalb vermeiden viele Gestalter die Notwendigkeit einer Überfüllung und umgeben die Elemente mit weißem Raum. Egal, wie ungenau die Farben übereinander gedruckt werden: Überfüllungen sind dann nicht notwendig, weil die Farben einander nicht berühren.

Überdrucken

Die einfachste Art, um Passerungenauigkeiten zu vermeiden, ist das **Überdrucken** von Farben. Beim Überdrucken entsteht kein Loch in der unten liegenden Farbe, so dass die obere Farbe einfach direkt auf der anderen Farbe gedruckt wird. Ohne das Loch kann kein Blitzer entstehen. In allen Vektorgrafik- und Seitenlayout-Programmen können Sie ausgewählte Objekte und Farben überdrucken.

Wenn Sie überdrucken, müssen Sie natürlich akzeptieren, dass sich Ihre Farben ändern. Wenn zum Beispiel Gelb über Blau gedruckt wird, entsteht Grün. Das ist nicht so schlimm, wenn Sie Grün erzeugen *wollen;* aber Sie haben ein kleines Problem, wenn nur die Hälfte des gelben Objekts Blau überdruckt: Die eine Hälfte des gelben Objekts wird grün; die andere Hälfte bleibt gelb.

Wenn Sie Software mit einer Überdruckenvorschau haben, können Sie die Auswirkungen am Bildschirm begutachten. Wenn nicht, müssen Sie im Druckdialog die Einstellung „Überdrucken simulieren" aktivieren, bevor Sie das Dokument ausgeben. Sie sollten das Überdrucken jedoch nicht willkürlich einschalten, weil dabei schmutzige Farben entstehen könnten. Wenn Sie unsicher sind, sprechen Sie mit Ihrem Druckdienstleister; er wird Ihnen den besten Rat geben.

Gemeinsame Platten nutzen

Überfüllung ist im Vierfarbdruck weniger problematisch (in Kapitel 9 erhalten Sie ausführliche Informationen über Prozessfarben) als im Volltonfarbdruck. (Milchtüten und Getränkebecher werden normalerweise mit Volltonfarben gedruckt.) Denken Sie daran: Durch die Überfüllung soll die papierweiße Lücke zwischen den Farben vermieden werden.

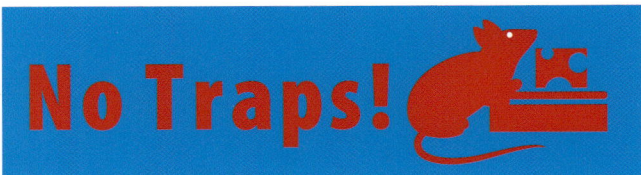

Wenn sich zwei Farben eine gemeinsame Platte (oder mehrere Platten) teilen, sind Passerungenauigkeiten weniger sichtbar. Wenn ein blauer Hintergrund beispielsweise etwas Magenta enthält und ein rotes Objekt ein bisschen Cyan, ist keine Überfüllung nötig.

Wenn die Passerungenauigkeit auftritt, passt die Grafik auch hier nicht exakt in das darunterliegende Loch. Aber statt eines weißen Blitzers entsteht eine Lücke mit entweder einem leichten Magenta- oder Cyanton. Dieser Farbton fällt weniger auf als das leuchtende Weiß.

Sollten *Sie* überfüllen?

Nehmen wir nun an, dass Sie sich entscheiden, die Überfüllung in Ihrer Software festzulegen (in Ihrem Kopf sollten jetzt die Alarmglocken läuten). Immerhin haben die meisten Anwendungen eingebaute Überfüllungsbefehle. Sie öffnen einfach das Dialogfeld, stellen ein paar Werte ein und fertig, oder? Nicht wirklich! Die richtige Überfüllungsgröße ist eine sehr exakte Wissenschaft. Sie müssen die Art der Druckmaschine und des Papiers kennen, die Druckfarben und deren mechanische Elemente, bevor Sie die Größe der Überfüllung festlegen können. Die Druckereimitarbeiter haben hier langjährige Erfahrung.

Nehmen wir aber an, dass Sie eine Vorstellung von der richtigen Größe der Überfüllung haben. Sollen Sie die Überfüllung dann selbst festlegen? Nein – besonders wenn Sie Texte in Ihrem Seitenlayout-Programm mit Fotos oder Vektorillustrationen kombinieren. Das Seitenlayout-Programm kann nur die Überfüllungen für Elemente festlegen, die in diesem Seitenlayout-Programm erstellt wurden – es kann keine Grafiken überfüllen, die von anderen Anwendungen importiert wurden. Eine Überfüllung für eine Überschrift in InDesign oder QuarkXPress hätte gar keine Auswirkungen, wenn diese Überschrift über einer aus Illustrator importierten Grafik liegt.

Die beste Lösung ist: Lassen Sie die Druckerei die Überfüllungen vornehmen! Hier hat man spezielle Anwendungen, die zum Überfüllen aller Elemente auf Ihrer Seite gleichzeitig gemacht sind. **Spezielle Überfüllungssoftware ist für das Anfertigen von Überfüllungen am besten geeignet. Die Mitarbeiter in der Druckerei eignen sich zur Bedienung dieser Software am besten.** (Überfüllungssoftware kostet übrigens Tausende von Euro. Sie ist nicht für arme Kreaturen wie Sie und mich gedacht. Gott sei Dank.)

Überfüllungs-Quiz

Projekt 1

In der linken oberen Ecke Ihrer Seite befindet sich ein blauer Kreis; in der rechten unteren ein gelber. Müssen Sie Überfüllungen definieren?

Projekt 2

Sie haben schwarzen Text auf gelbem Untergrund auf Überdrucken gesetzt. Müssen Sie Überfüllungen definieren?

Projekt 3

Sie haben grünen Text (C: 100, M: 0, Y: 100, K: 0) auf einem blauen (C: 100, M: 20, Y: 0, K: 0) Hintergrund. Müssen Sie Überfüllungen definieren?

Projekt 4

Sie haben einen einfarbigen Job mit Vektorgrafiken. Müssen Sie Überfüllungen definieren?

Projekt 5

Das Ausgabemedium für Ihren Job ist der Desktop-Drucker. Müssen Sie Überfüllungen definieren?

Projekt 6

Sie möchten eine Yacht kaufen, kennen aber den Preis nicht. Sollen Sie sie kaufen?

Projekt 7

Ein Freund schlägt vor, dass Sie die Überfüllungen für Ihr Layout definieren, bevor Sie es an Ihre Druckerei senden. Sollen Sie die Überfüllungen definieren?

Anworten zum Überfüllungs-Quiz

Die schnelle Antwort lautet für alle Projekte: „Nein!" Unten erkläre ich Ihnen, warum.

Projekt 1

Weil die beiden Farben einander nicht berühren, muss nicht überfüllt werden.

Projekt 2

Wenn eine Farbe die andere überdruckt, muss nicht überfüllt werden.

Projekt 3

Die gemeinsame Cyanplatte macht eine Überfüllung unnötig.

Projekt 4

Es spielt keine Rolle, ob es sich um Vektor- oder Rasterbilder handelt. Ein einfarbiger Job muss nicht überfüllt werden.

Projekt 5

Es gibt keine Separationen, wenn Sie den Job an einen Desktop-Drucker senden. Also muss nicht überfüllt werden.

Projekt 6

Wenn Sie nach dem Preis fragen müssen, sollten Sie das Boot nicht kaufen.

Projekt 7

Nein. Überfüllung ist eine Technik, die den Profis vorbehalten sein sollte.

Ausgabespezifikationen

Wenn Sie die Website eines Druckdienstleisters oder diesen persönlich besuchen, erhalten Sie ein Auftragsformular, das Sie ausfüllen sollen. Wenn Sie das noch nie getan haben, kann dieses Formular einschüchternd wirken, weil in ihm die verschiedensten seltsamen Begriffe vorkommen, die Sie möglicherweise nicht verstehen. Wenn Sie dieses Buch bis hierhin gelesen haben, sollten Sie mit den Begriffen glücklicherweise bereits etwas vertraut sein.

Um diesen Vorgang „im Trockendock" zu üben, wollen wir zusammen ein Beispielformular ausfüllen und sehen, worum es bei den einzelnen Punkten geht!

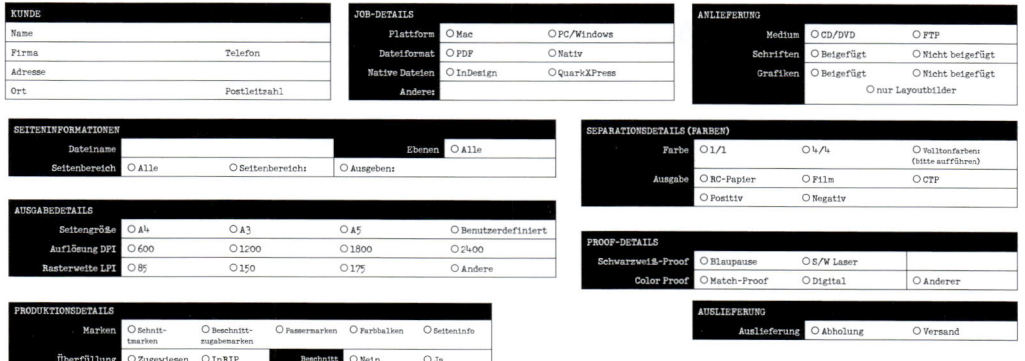

Das Formular ausfüllen

Das Ausfüllen eines Auftragsformulars muss kein unangenehmes Erlebnis sein. Es geht nur darum, der Druckerei mitzuteilen, auf welche Weise Ihre elektronischen Daten ausgegeben werden sollen.

Das Formular ist normalerweise in zwei Informationseinheiten unterteilt: Informationen über Sie und Informationen über den Auftrag. Die Informationen über sich selbst kennen Sie sicherlich und damit haben Sie schon einen Teil des Formulars ausgefüllt!

Obwohl jeder Druckdienstleister sein eigenes, spezielles Auftragsformular hat, ist das folgende Formular ziemlich standardmäßig und sollte Ihnen helfen zu verstehen, was gefordert wird.

Nicht alle Druckdienstleister fragen nach den folgenden Punkten. Andere Druckdienstleister fragen Sie vielleicht nach anderen Informationen. Denken Sie nur daran, dass Sie durchaus nicht dumm dastehen, wenn Sie die Antwort auf eine bestimmte Frage nicht wissen.

Fragen Sie! Druckdienstleister mögen es, wenn Gestalter ihnen Fragen stellen. Sie wissen dann, dass Sie einen korrekt ausgefüllten Auftrag abliefern möchten.

Informationen über den Kunden

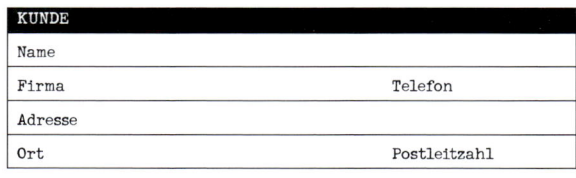

Wer ist der Kunde? Diese simple Frage ist knifflig: Sie arbeiten vielleicht für jemanden, den Sie *Ihren* Kunden nennen, was den Druckdienstleister angeht, sind Sie aber *sein* Kunde. Also sind mit den Kundeninformationen im Formular *Ihr* Name, *Ihre* Firma, Adresse usw. gemeint. Manche Betriebe fragen nach einer Büro- und einer Handynummer, weil sie nachts an Ihrem Job arbeiten. Wenn also ein Problem mit der Datei auftritt, würden sie Sie gerne kontaktieren, nachdem Sie Ihr Büro verlassen haben.

Details zum Job

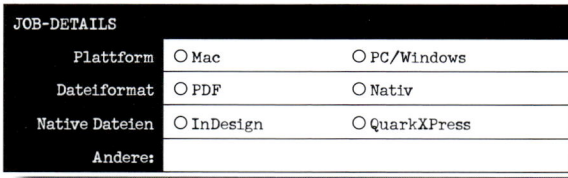

Das ist einfach: Der Druckdienstleister muss wissen, welche Dateiart Sie liefern. Er möchte die Plattform kennen, auf der die Datei erstellt wurde (wichtig für die Arbeit mit Schriften), welche Dateiart (nativ oder PDF) und – bei einer nativen Datei – welches Programm Sie verwendet haben.

Für den Fall, dass Probleme mit den Grafiken auftreten und diese geöffnet werden müssen, möchte der Druckdienstleister auch wissen, welche Programme und Versionsnummern Sie für die Grafiken im Dokument verwendet haben.

Ich habe schon Druckauftragsformulare von einer Druckerei gesehen, in der man die Annahme von nicht mit der neuesten Version des Seitenlayout-Programms erstellten Dateien rundweg ablehnte. Das ist verwunderlich; die meisten Gestalter beschweren sich eher, dass die Druckerei keine Dateien der neuesten Version annimmt, weil ihre Software nicht aktualisiert ist. Dies sind zwei Gründe, warum Sie einfach PDF-Dateien liefern sollten.

Beachten Sie, dass manche Dienstleister in bestimmten Programmen erzeugte Dateien nicht annehmen. Zum Beispiel wird Microsoft Publisher von vielen Druckereien nicht akzeptiert. In solchen Fällen sollten Sie eine PDF-Datei Ihres Jobs liefern.

Anlieferung

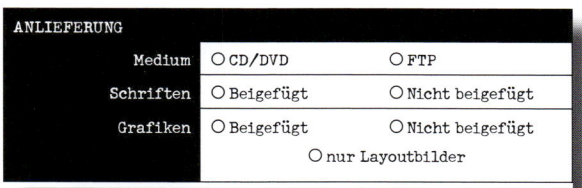

Die Druckerei möchte eventuell wissen, wie Sie die Datei anliefern. Zum Beispiel möchte man nicht nach einer CD-ROM suchen, wenn die Datei in Wirklichkeit auf elektronischem Weg übermittelt wurde.

Die Druckereimitarbeiter müssen außerdem wissen, ob Sie Schriften mit Ihrer nativen Datei liefern. Wenn ja, muss jemand diese Schriften in das System laden. Lesen Sie die Lizenz, die mit den Schriften geliefert wurde. Wenn Sie dies dürfen, schicken Sie die Dateien mit der Datei. Wenn nicht, müssen Sie den Druckdienstleister benachrichtigen, dass Sie solche Schriften verwenden.

Schließlich möchte der Druckdienstleister wissen, ob Sie die Grafiken einzeln schicken oder ob Sie sie eingebettet haben, so dass sie Teil der PDF- oder nativen Datei sind.

Manche Druckereien fragen, ob Ihre Grafiken FPO-Bilder (For Position Only, Proxy-Bilder) sind, Sie also nur niedrig aufgelöste Bildversionen platziert haben. Der Druckdienstleister ersetzt Ihre FPO-Platzhalter dann durch die hoch aufgelöste Version. Dieser Workflow ist etwas altertümlich, wird aber nach wie vor für manche Kataloge genutzt.

Seiteninformationen

SEITENINFORMATIONEN				
Dateiname			Ebenen	○ Alle
Seitenbereich	○ Alle	○ Seitenbereich:	○ Ausgeben:	

Für Sie ist es wahrscheinlich klar, welche Datei Sie ausgeben möchten; aber Sie haben eventuell eine Layoutdatei, Grafiken, Illustrationen, Schriften und andere Dateien in demselben Ordner und der Druckdienstleister hat keine Ahnung, welche Datei (oder Dateien) Sie genau ausgeben möchten. Notieren Sie den exakten Dateinamen. Wenn Sie mehrere Dateien ausgeben möchten, sollten Sie ein gesondertes Formular für jede einzelne Datei ausfüllen.

Der Seitenbereich ist wichtig. Wenn Sie ein mehrseitiges Dokument haben, sollen eventuell nicht alle Seiten ausgegeben werden. Meine Meinung hierzu ist, dass Sie keine überflüssigen Seiten mit dem Job versenden sollten. Dies hält nur die Produktionsmitarbeiter auf, die genau festlegen müssen, welche Seiten gedruckt werden. Löschen Sie die nicht benötigten Seiten.

Auch wenn Ihr Dokument Ebenen enthält, die nicht gedruckt werden sollen, löschen Sie diese Ebenen, bevor Sie den Job an die Druckerei liefern. Ich wünschte, ich könnte ein Dokument mit mehreren Ebenen an die Druckerei schicken und sie bitten, einfach die entsprechenden Ebenen ein- bzw. auszuschalten. Ich kann mich jedoch nicht darauf verlassen, dass die Mitarbeiter meinen Anweisungen exakt folgen. Mehrere Dateiversionen mit den jeweils benötigten Ebenen sind viel sicherer.

Ausgabedetails

AUSGABEDETAILS				
Seitengröße	○ A4	○ A3	○ A5	○ Benutzerdefiniert
Auflösung DPI	○ 600	○ 1200	○ 1800	○ 2400
Rasterweite LPI	○ 85	○ 150	○ 175	○ Andere

Ab hier spezifizieren Sie Ihren Druckjob. Die Seitengröße ist klar. Denken Sie daran, dass damit die Größe der beschnittenen Seite gemeint ist.

Auflösung (dpi) und Rasterweite (lpi)

Erinnern Sie sich bitte an unsere Abhandlung der **Auflösung (dpi)** und der **Rasterfrequenz (lpi)** in Kapitel 6. Denken Sie daran, dass es viele verschiedene Rasterfrequenzen gibt. Für manche Auflösungen sind jedoch nicht alle Rasterfrequenzen verfügbar. Besprechen Sie sich mit Ihrem Druckdienstleister, wenn Sie beim Ausfüllen dieses Formularteils unsicher sind.

Detailangaben zu den Separationen (Farben)

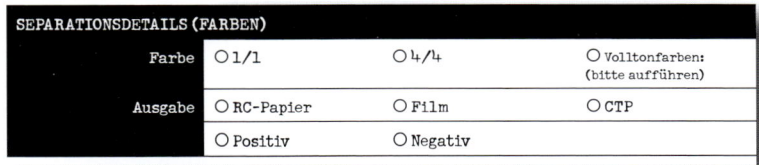

Hier geben Sie die Anzahl und Art der Farben in Ihrem Dokument an.

Farbe

1/1 bedeutet, dass beide Seiten schwarz bedruckt werden; **1/0**, dass die Vorderseite schwarz bedruckt wird, die Rückseite leer ist. **4/4-farbig** bedeutet, dass beide Seiten farbig bedruckt werden; **4/0**-farbig, dass eine Seite farbig bedruckt wird, die Rückseite unbedruckt ist. Bei **4/1**-farbig ist die Vorderseite farbig, die Rückseite schwarz. Wenn Sie Volltonfarben wünschen, müssen Sie dies angeben und auch genau mitteilen, welche Farben Sie auf den einzelnen Platten wünschen.

Ausgabe

Das **Ausgabemedium** ist das Material, das der Druckdienstleister Ihnen liefern soll. Zum Beispiel soll Ihr Job gegebenenfalls auf Spezialpapier ausgegeben werden, wenn Sie ihn in einer anderen Druckerei reproduzieren lassen möchten.

RC-Papier: RC steht für *Resin Coated*. RC-Papier gleicht Fotopapier. Es ergibt ein sehr konsistentes Schwarz und knackige Kanten. Es ist wunderbar. Viele lokale Zeitschriften und Zeitungen akzeptieren Schwarzweiß-Anzeigen auf RC-Papier.

Filmausgabe: Reprofilm sieht wie ein Bogen Klarsichtfolie aus. Vierfarbjobs wurden bis vor einigen Jahren fast immer auf Film ausgegeben. Jede Farbe hat ihren eigenen separaten Film, so dass ein Vierfarbjob (CMYK) auf vier Filmen pro Seite ausgegeben wird; dies sind die Separationen. Nur wenige Druckdienstleister verwenden heute noch Film. (Wenn Sie dies auf einem Bestellformular sehen, ist es eventuell nur ein Überbleibsel aus früheren Zeiten.) Wenn Sie Film wählen, müssen Sie eventuell festlegen, ob Sie ihn positiv oder negativ wünschen und ob sich die Emulsion oben oder unten befinden soll (siehe unten).

CTP: CTP steht für Computer-to-plate. Bei diesem Verfahren fällt der Schritt mit dem RC-Papier bzw. dem Film weg und die Platte wird direkt erzeugt. Ein anderer Ausdruck hierfür ist Direct-to-plate.

Positiv oder negativ

Film ist grundsätzlich transparent, bis er belichtet wurde. Filme werden als **Negativ-** oder **Positiv**bild belichtet – die weißen Bereiche Ihres Dokuments sind im Negativfilm schwarz; die schwarzen Bereiche des Dokuments sind transparent. Je nachdem, wie die Platten für die Druckmaschine hergestellt werden, benötigt die Druckerei Negative oder Positive.

Emulsionsschicht oben oder unten

Die **Emulsionsschicht** ist die Oberfläche des Films, die die Chemikalien enthält, mit denen das Bild erzeugt wird. Weil Reprofilm grundsätzlich transparent ist und von beiden Seiten betrachtet werden kann, ist die Emulsion die einzige Möglichkeit, um festzustellen, wo „vorne" ist. Die Emulsion ist die stumpfe Seite; die andere Seite des Films ist glänzend. Fragen Sie Ihren Druckdienstleister, welche Seite er bevorzugt.

PRODUKTIONSDETAILS					
Marken	○ Schnitt-tmarken	○ Beschnitt-zugabemarken	○ Passermarken	○ Farbbalken	○ Seiteninfo
Überfüllung	○ Zugewiesen	○ InRIP	Beschnitt hinzufügen	○ Nein	○ Ja

Produktionsdetails

Der Begriff **Druckermarken** beschreibt die unterschiedlichen Marken-arten und Informationen, die außerhalb des tatsächlichen Bildbereichs gedruckt werden. Diese Marken werden auf den übergroßen Film bzw. das übergroße Papier ausgegeben, befinden sich aber außerhalb des im fertigen Produkt sichtbaren Bereichs. Die wichtigsten Marken sind die Schnitt- und Passermarken.

Schnittmarken

Der Druckdienstleister gibt Ihren Job nicht auf DIN-A-4-Papier aus. Er verwendet für die Ausgabe Papierrollen, Film oder Druckplatten, die viel größer sind als die endgültige Größe Ihres Druckwerks. Damit sich fest-stellen lässt, wo die Papierkanten sein sollen, werden Schnittmarken an die Ecken gesetzt.

Eine Seite mit Schnittmarken, Passermarken, Farbbalken und Seiteninformationen. Wie Sie sehen, war es schon spät, als ich diese Illustration erstellte.

Es ist nicht notwendig, die Schnittmarken selbst einzuzeichnen, wenn die Größe Ihres Dokuments der Größe der fertig beschnittenen Seite entspricht. Wenn Ihr fertiges Dokument 210 x 297 mm groß sein soll und Sie ein 210 x 297 mm großes Dokument in Ihrem Seitenlayout-Programm erstellt haben, dann werden die Schnittmarken automatisch an die richtige Stelle gesetzt. Sie teilen dem Druckdienstleister einfach mit, dass Sie Schnittmarken wünschen. Wenn Ihr Dokument aber 210 x 297 mm groß sein soll und die Layoutseite 216 x 303 mm groß ist, dann erscheinen die Schnittmarken an den Ecken der 216 x 303 mm. Sie müssten die Schnittmarken dann von Hand an der richtigen Stelle einzeichnen. Das ist der Grund, warum es wichtig ist, dass die Seitengröße im Layoutprogramm der fertig beschnittenen Seite entspricht.

Passermarken

Beim Mehrfarbdruck müssen die einzelnen Auszüge exakt ausgerichtet werden. Passermarken sehen wie Fadenkreuze aus (siehe Abbildung auf der vorigen Seite). Alle vier Auszüge werden übereinander gelegt und kleine Nadeln werden durch den Mittelpunkt der Marken gestochen, um sicherzustellen, dass alle Teile korrekt und exakt ausgerichtet sind. Bei manchen Anwendungsprogrammen können Sie entscheiden, ob die Passermarken zwischen den Schnittmarken zentriert werden sollen oder nicht. Ihre Druckerei kann Ihnen sagen, welche Einstellung sie bevorzugt.

Farbbalken

Farbbalken sind Rechtecke in unterschiedlichen Prozentsätzen verschiedener Farben. Auf der Druckmaschine werden damit die korrekten Prozentsätze der Farben in der Datei beurteilt.

Seiteninformation

Die Seiteninformation ist eine Textzeile mit dem Namen der Datei, dem Druckdatum usw. Im Fall einer PDF-Datei lesen Sie hier ab, wann das Dokument erzeugt wurde. Ohne die Seiteninformationen könnte man die einzelnen Filme nur schwer zuordnen.

Überfüllung

Falls Sie in seltenen Fällen Ihr Dokument selbst überfüllen, können Sie dies hier anmerken. Die Alternative zum eigenhändigen Anlegen der Überfüllungen besteht darin, dass der Dienstleister die Überfüllungen als Teil des Druckvorgangs erzeugt. Man spricht dann von **inRIP**-Überfüllung.

Ich hoffe, es ist in Kapitel 16 deutlich geworden: **Sie sollten keinesfalls selbst Überfüllungen anwenden**. Wirklich nicht!

Beschnittzugabe hinzufügen

In Kapitel 4 habe ich Ihnen erklärt, warum Sie Ihrem Dokument eine Beschnittzugabe hinzufügen sollten. Diese Angabe im Auftragsformular teilt der Druckerei einfach mit, dass Sie die Beschnittzugabe vergessen haben und dass die Druckerei diese hinzufügen soll.

Proof-Details

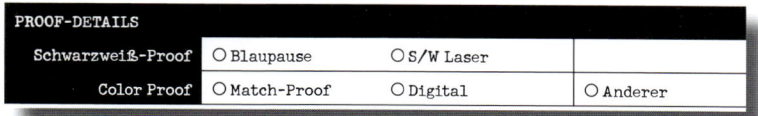

Gegebenenfalls fordern Sie einen Farbproof an. Der Unterschied zwischen verschiedenen Proof-Arten ist detailliert in Kapitel 20 beschrieben.

Details zur Lieferung

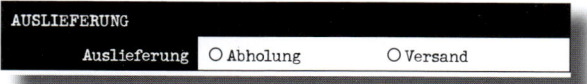

Ganz einfach: Die Druckerei muss wissen, ob Sie das fertige Produkt selbst abholen oder ob Sie es zugesandt bekommen möchten. Im letzteren Fall benötigt man Ihre Adresse. Sie können auch um einen Anruf bitten, wenn der Auftrag fertig ist.

Ausgabe-Projekt

Erzeugen Sie ein einfaches Layout und liefern Sie es einer Druckerei. Füllen Sie das Auftragsformular aus. Verstehen Sie alles? Wenn nicht, stellen Sie Fragen.

Preflight und Proof

Wenn Sie erst nach dem Druck von 20.000 Exemplaren Ihres Projekts bemerken, dass die Hauptüberschrift von einem Tippfehler verunziert wird, dass der Text in der aktuellen Punktgröße nicht lesbar oder die Produktfarbe falsch ist, ist das ein bisschen spät.

Der Begriff „Preflight" wurde von Chuck Weger im Jahr 1990 auf der Color-Connections-Konferenz in San Francisco geprägt. Der Begriff kommt von der Kontrollliste, anhand derer Flugzeugpiloten sicherstellen, dass ihr Flugzeug bereit für den Flug ist und nicht abstürzen wird.

Chuck verwendete den Preflight, um sicherzustellen, dass die Datei für die Ausgabe bereit war und dass sie den Druckprozessor nicht zum Absturz bringen würde. Der Begriff Preflight wurde bald zum Industriestandard, der von vielen Anwendungen verwendet wurde (Und – nein, Chuck bekommt dafür keine Tantiemen).

Ein Proof ist ein Prototyp des fertigen Produkts, der als einzelnes Exemplar gedruckt wird. Er hilft Ihnen zu beurteilen, wie Ihr fertiges Werk aussehen wird (oder aussehen soll). Für verschiedene Stadien des Jobs werden verschiedene Proof-Arten verwendet.

Es ist wichtig, genügend Zeit und Geld für einen korrekten Proof und einen korrekten Preflight in unterschiedlichen Stadien einzuplanen.

Rechtschreibung, Preise und Korrekturlesen

Ich habe Probleme mit der Rechtschreibung. Ehrlich! Ich habe bei Wörtern wie „schnellebig", „vertrauensseelig" und „Nahaufname" eine totale Denkblockade. Ich kann mir nicht merken, wie sie aussehen müssen. (Ja, ich weiß, dass ich sie hier falsch geschrieben habe. Ich wollte damit meinen Standpunkt unterstreichen. Sind Ihnen die Fehler aufgefallen?) Aus diesem Grund ist es sehr wichtig, dass sie so viel wie möglich tun, um Fehler zu finden, bevor der Job fertig ist.

Rechtschreibprüfung

Wenn die von Ihnen verwendete Anwendung über eine Rechtschreibprüfung verfügt, sollten Sie diese verwenden. Eine Rechtschreibprüfung durchsucht Ihr Dokument nach Wörtern, die sie nicht kennt. Das bedeutet aber nicht, dass die Rechtschreibprüfung alle Schreibfehler findet. Ein Beispiel:

Main man viel Häute vom bot ins mehr. Er zitterte vor Kelte.

Das ist der blanke Unsinn. Aber keine Rechtschreibprüfung würde dies bemerken, weil es alle Wörter tatsächlich gibt. Eine Rechtschreibprüfung kann nur Wörter finden, die sie nicht erkennt. Existierende Wörter an der falschen Stelle findet sie nicht.

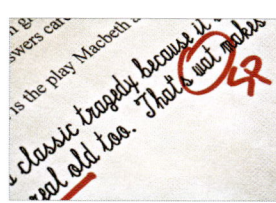

Aus diesem Grund ist es wichtig, dass Sie so viel Zeit einplanen, dass Sie Ihren Job an einen Korrekturleser übergeben können, der sicherstellt, dass Sie alles richtig geschrieben haben.

Preise

Ein falsch geschriebenes Wort ist peinlich. Ein falsch angegebener Preis kostet Sie oder Ihren Auftraggeber durch ärgerliche Kunden viel Geld. Wenn Ihr Projekt Preisinformationen enthält, müssen mindestens zwei unterschiedliche Leute diese Preise prüfen, *bevor* der Job an den Druckdienstleister geht.

Das Korrekturlesen

Es gibt Möglichkeiten, den Korrekturvorgang zu automatisieren. Beispielsweise habe ich Automatismen in meinem Seitenlayout-Programm, die meine Dokumente auf doppelte Leerzeichen zwischen Wörtern durchgehen. Aber Sie können sich nicht vollständig auf Automatismen verlassen. Vielmehr müssen Sie ausreichend Zeit einplanen, um Ihr Projekt regelrecht Korrektur lesen zu lassen. Suchen Sie sich einen Korrektor. Das sind sehr schlaue Leute, die wissen, wo die Kommas sitzen sollen. Sie haben auch unglaublich scharfe Augen und können erkennen, wo ein kurzer Bindestrich statt eines längeren Gedankenstrichs eingefügt wurde.

Preflight

Okay – auch wenn Sie wissen, dass die Wörter und Texte korrekt sind, müssen Sie trotzdem noch nach Produktionsfehlern suchen. Vielleicht soll Ihr Job in Volltonfarben gedruckt werden und es darf sich keine Prozessfarbe einschleichen. Oder Sie möchten sicherstellen, dass alle Bilder die richtige Auflösung und den richtigen Farbmodus haben.

Bei einer einseitigen Anzeige ist es ziemlich einfach, alle Seitenelemente zu prüfen. Stellen Sie sich aber ein langes Dokument mit Hunderten von Elementen und Bildern vor. Diese Elemente möchten Sie natürlich nicht alle einzeln prüfen.

Preflight-Funktionen

Einmal erklärte ich einer Kursteilnehmerin, dass es unmöglich sei, weißen 4-Punkt-Text auf einem schwarzen Bereich eines Fotos zu lesen. Sie antwortete: „Warum konnte ich das dann in meiner Software tun?"

Die meisten Seitenlayout-Programme enthalten eine Preflight-Funktion, mit der Sie verschiedene Elemente im Dokument prüfen können. Aber nicht alle Preflight-Funktionen überprüfen Texte, die so klein sind, dass sie nicht mehr lesbar sind.

In der Vergangenheit wurde der Preflight normalerweise durchgeführt, bevor eine Datei das Haus verließ und an den Druckdienstleister ging. Man führte den Preflight-Befehl aus und erhielt dann eine Liste mit allen fehlenden Farben, Bildern mit falschen Farben und anderen Problemen.

Eine tolle Funktion von InDesign ab Version CS4 ist jedoch der Live-Preflight. Sie müssen nicht mehr warten, bis Sie mit der Arbeit fertig sind. Der Live-Preflight prüft Ihr Dokument vielmehr kontinuierlich auf Fehler und zeigt eine grüne Markierung, wenn alles in Ordnung ist, und eine rote, wenn er Probleme findet.

In QuarkXPress funktioniert der Preflight etwas anders. Sie können in diesem Programm eine Vorgabe einrichten, die die Datei prüft, wenn Sie sie öffnen, speichern, ausgeben (drucken) oder schließen.

Professionelle Preflight-Software

Vielleicht verwenden Sie auch Software, die überhaupt keine Preflight-Funktion enthält. Adobe Illustrator besitzt beispielsweise überhaupt keinen Preflight. In solchen Fällen sollten Sie gegebenenfalls in ein separates Preflight-Programm wie FlightCheck Designer von Markzware (**markzware.com**) investieren. Diese Anwendung prüft alle Dokument-arten einschließlich PDF-Dateien.

Proofs am Bildschirm durchführen

Ihr Monitor ist Ihr erstes Proof-Gerät. Das Bild auf dem Monitor wird manchmal **Softproof** genannt, weil hier die Software das Aussehen der Datei kontrolliert.

Sie können problemlos beurteilen, ob sich alle Elemente an der richtigen Stelle befinden; aber Sie sollten sich nicht ausschließlich auf einen Soft-proof verlassen. Hier können Sie die Farben nicht korrekt beurteilen; Sie können nicht sagen, ob die Farben auf die richtigen Platten ausgegeben werden und nicht feststellen, ob Schriften und Vektorgrafiken richtig gedruckt werden.

Text proofen

Normalerweise können Sie Text mit einem Desktop-Drucker proofen. Sie können auch eine einfache PDF-Datei erstellen, so dass Ihr Kunde die Texte auf dem Bildschirm begutachten kann.

Es könnte aber wichtig sein zu prüfen, ob die Schriftgröße der Texte zu klein für eine gute Lesbarkeit ist. Ein Desktop-Drucker bringt hier nichts. Seine Ausgabeauflösung ist so gering, dass Sie die feinen Textdetails nicht genau beurteilen können. Wenn Sie genau wissen müssen, wie Texte und Vektorillustrationen aussehen werden, sollten Sie die Dateien gegebenenfalls an einen Druckdienstleister schicken, der Ihnen hochauflösende Proofs auf RC-Papier anfertigt. Sie müssen kein komplettes Buch anliefern, sondern es genügen ein paar Testseiten. Damit erhalten Sie die beste Vorstellung davon, ob Ihre Linien so stark sind, dass sie mit Druckfarbe auf einer Druckmaschine gedruckt werden können.

Separationen proofen

Bevor Sie Ihre Dateien hinausschicken, sollten Sie wissen, wie die Farben separiert werden und ob die Datei zu viele Volltonfarben enthält. Früher druckte ich Papierseparationen von meinem Laserdrucker und prüfte die Farben auf den Seiten.

Heute ist es viel einfacher, die eingebaute Separationsvorschau in Programmen wie Acrobat Professional, Adobe Illustrator und Adobe InDesign zu nutzen. Mit nur einem Klick kann ich die Prozess- und Volltonfarben in einem Dokument ein- und ausschalten. Damit lässt sich wunderbar feststellen, ob die Farben korrekt definiert sind.

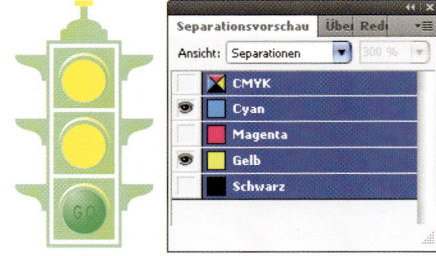

Ein Beispiel, wie Sie die Prozessfarbseparationen auf dem Bildschirm anzeigen können. Hier werden die Cyan- und die Gelbplatte gemeinsam dargestellt, während die Magenta- und die Schwarzplatte ausgeblendet sind.

Digitale Farb-Proofs

Digitale Farb-Proofs werden auf Farbdruckern wie Tintenstrahl-, Sublimations-, Thermotransfer- und Laserdruckern ausgegeben. Wie in Kapitel 2 angesprochen, hängt die Farbqualität solcher Proofs von der Art des Druckers ab.

Wenn Sie ein sehr gutes Farbmanagement-System haben, können Sie diese Ausdrucke als Vorab-Farb-Proof zur Ansicht für den Kunden verwenden, erzielen damit jedoch nie die Qualität einer Druckmaschine.

Digital-Proofs sind schnell und preiswert. In der elektronischen Datei lassen sich schnell Korrekturen durchführen. Weil sie jedoch nicht aus Filmseparationen erstellt sind (wie Laminat-Proofs, die weiter hinten in diesem Kapitel behandelt werden), lassen sich mit Digital-Proofs Probleme wie Moiré-Muster oder falsche Überdrucken-Einstellungen nicht herausfinden. Sie können Ihnen auch keine Informationen über Volltonfarben liefern. Trotzdem sind sie zur Beurteilung Ihrer Arbeit hervorragend geeignet, wenn Sie nur einen Monitor und einen Schwarz-weißdrucker besitzen.

Manche Druckereien verwenden digitale Farb-Proofs als **Stand-Proofs,** also als Proofs, die der Druckerei zeigen, wie der fertige Druckbogen aussehen muss. Wenn Sie einen teuren Vierfarbdruck planen oder präzise Farben benötigen, werden Sie diese Art Proof nicht als Muster für die Farben des fertigen Jobs verwenden wollen (und die Druckerei wird dies auch nicht akzeptieren).

Overlay-Proofs

Overlay-Proofs werden von Druckereien oder Dienstleistern erstellt, indem die Farbseparationen auf einzelne Filme belichtet werden. Die Filme werden mit den CMYK-Farben, Volltonfarben oder einer Kombination daraus eingefärbt. Diese Filme werden dann übereinander montiert, so dass sich ein Gesamtbild des fertigen Jobs ergibt.

Leider ist der hierfür verwendete Film etwas gelblich, so dass die übereinander liegenden Filme die Farbe des Bildes oft verfälschen. Wenn die Farbkorrektur wichtig ist, sollten Overlay-Proofs nicht zum Proofen verwendet werden. Sie eignen sich jedoch hervorragend für die Beurteilung von Moiré-Mustern (siehe Kapitel 9) und anderen Separationsproblemen.

Wenn Sie noch nie einen Overlay-Proof gesehen haben, fragen Sie Ihre Druckerei, ob Sie sich einen alten ansehen können. Das ist die beste Lektion über den CMYK-Prozess. Sie können jeden Film und die darauf belichteten Punkte aus Cyan, Magenta, Gelb und Schwarz, über die ich in diesem Buch ständig spreche, einzeln betrachten und Sie können sehen, wie die Kombination der Punkte sämtliche Farben ergibt.

Blaupausen

Manche Druckereien erzeugen **Blaupausen,** indem sie Filmseparationen in einem einzigen fotografischen Druck kombinieren. Dabei erhält man eine einzelne Seite, die die Position aller Elemente zeigt.

Blaupausen lassen sich schneller und leichter anfertigen als Overlay-Proofs und sie kosten normalerweise weniger. Anhand einer Blaupause können Sie feststellen, ob alle Elemente richtig positioniert sind, aber nicht, ob die Punktraster stimmen oder ob es Moiré-Muster gibt. Der Vorteil einer Blaupause gegenüber einem Laserdruck ist, dass sie mit demselben Druckprozessor erzeugt wird wie die fertige Ausgabe. Auf diese Weise sieht man, ob es Probleme mit bestimmten Bildern oder nicht richtig gedruckten Farben gibt. Mit einem Laserdrucker kann man ein solches Problem möglicherweise nicht darstellen.

Für ein Projekt wie dieses Buch erstellt der Druckdienstleister Blaupausen von allen Druckbögen des Buchs (siehe Kapitel 2). Er faltet, heftet und schneidet sie und schickt dem Verlag ein komplettes Exemplar des Buchs zur Prüfung. Dieses sieht wie das echte Buch aus, nur dass es blau ist (das Papier ist tatsächlich bläulich und die Druckfarbe ist blau – wie die Blaupause eines Bauingenieurs) und jede Lage ist einzeln gebunden. Der Hersteller und mein Lektor können die Blaupause auf Position, Tippfehler, Paginierung usw. prüfen.

Laminat-Proofs

Druckereien und Dienstleister erzeugen **Laminat-Proofs** von den Filmseparationen, indem sie CMYK-Farbpulver oder Volltonfarben auf ein spezielles Trägermaterial aufbringen. Die Farbschichten werden dann laminiert. Bevor die digitale Produktion aufkam, war dies für den Kunden die erste Gelegenheit, sich ein Bild vom Job mit allen Elementen an der richtigen Position und in Farbe zu machen.

Ein Laminat-Proof ist dem fertigen Job am ähnlichsten und er bietet die größte Farbtreue, weil die Farbe von denselben Separationen erzeugt wird, aus denen die letztendlichen Druckplatten angefertigt werden. Anders als beim Overlay-Proof gibt es keine Filme, die die Farbe der Seiten beeinträchtigen.

Laminat-Proofs sind teuer und zeitaufwändig. Ihre Druckerei wird Ihnen mitteilen, dass sie Zeit und Geld wert sind. Üblicherweise werden sie nur zum Proofen teurer, vierfarbiger Jobs verwendet. Zum Beispiel könnte mein Verlag einen Laminat-Proof für das Cover dieses Buchs anfordern, aber nicht für die Innenseiten.

Manche Druckereien verwenden Laminat-Proofs als **Kontrakt-Proofs,** die zeigen, wie das fertige Druckwerk aussehen muss. Wenn es nicht aussieht wie der Kontrakt-Proof, kann der Kunde verlangen, dass der Job neu gedruckt wird (wenn das Projekt aber so wichtig ist, sollte der Kunde beim Probelauf dabei sein; (siehe nächster Abschnitt). Bei vierfarbigen Projekten verlangen viele Druckereien einen Laminat-Proof für jede Seite, selbst für ein ganzes Buch, bevor Sie den Job drucken.

Verschiedene Druckereien verwenden für ihre Laminat-Proofs verschiedene Systeme, zum Beispiel Chromalin, Matchprint oder Agfaproof. Matchprint ist so weit verbreitet, dass viele Leute einen Laminat-Proof als **Matchprint** bezeichnen, egal mit welchem System die Druckerei arbeitet.

Heute sind auch digitale Tintenstrahl-Proofverfahren in der Lage, gerasterte Kontrakt-Proofs zu erzeugen.

Andruck und Probelauf

Andrucke sind gedruckte Muster, die mit den tatsächlichen Druckplatten für den Job auf der Druckmaschine gedruckt werden. Auch das echte Papier und die echte Druckfarbe werden verwendet. Andrucke sind sehr teuer, weil die Druckmaschine komplett so eingerichtet werden muss, als wenn das gesamte Projekt gedruckt würde. Sie benötigen einen Andruck nur dann, wenn Sie eine Druckerei in einem anderen Land beauftragen. In diesem Fall sollten Sie sich genau ansehen, wie der Job aussehen wird, bevor die ganze Auflage gedruckt wird.

Große Werbeagenturen, Design-Studios und Verlage schicken häufig einen Produktioner und manchmal auch den Designer zum **Probelauf** in die Druckerei, damit sichergestellt ist, dass die gedruckten Exemplare genau wie gewünscht aussehen. Normalerweise wenden Sie die hierfür nötige Zeit nur bei einem Vierfarb-Job auf und in diesem Fall wird der Job üblicherweise auf einer Vierfarbdruckmaschine mit vier riesigen Walzen gedruckt. Ein erstaunlicher Anblick.

Beim Probelauf wird der Job auf der Druckmaschine eingerichtet und für den Druck der Auflage bereitgemacht. Dann startet die Maschine. Während die Bögen aus der Druckmaschine kommen, betrachtet der Produktioner und/oder Designer die Bögen unter einem farbkorrigierten Licht. Wenn die Farbe nicht ganz stimmt, kann der Anlagenbediener einige Knöpfe auf einem Schaltpult drücken und den Fluss der Druckfarbe so anpassen, dass sie den Wünschen des Gestalters und dem Aussehen des Laminat-Proofs entspricht. Vielleicht soll der Sonnenuntergang etwas mehr Rot enthalten oder die Gesichter sollen weniger blau sein – der Druckereimitarbeiter passt dies an. Wenn alle mit der Farbe, der Passgenauigkeit und sämtlichen Details zufrieden sind, unterzeichnet der Designer einen perfekten Bogen, um sein Einverständnis anzuzeigen. Der Druck der restlichen Auflage wird überwacht, so dass er mit der unterzeichneten Seite übereinstimmt.

Computer-to-plate-Proof

Im **Computer-to-plate**-Verfahren, das in Kapitel 3 erwähnt wurde, fällt die Erstellung der Separationen auf Film weg. Das bedeutet, dass es keine Blaupausen, Overlay-Proofs oder Laminat-Proofs gibt. Der Dienstleister kann aber digitale Prepress-Proofs anfertigen, die sich von herkömmlichen Blaupausen unterscheiden, aber denselben Zweck erfüllen.

Wenn Sie die Farben prüfen möchten, fertigen Sie einen digitalen Farb-Proof an, bevor Ihr Job Computer-to-plate gedruckt wird oder Sie verlangen von der Druckerei einen elektronischen Prepress-Farb-Proof. Die Farben des Digital-Proofs sind denen des fertigen Produkts wahrscheinlich nicht so ähnlich wie das bei einem Laminat-Proof der Fall ist, aber zumindest erhalten Sie eine gute Vorstellung davon, was Sie erwarten können.

Film und Platten korrigieren

Was passiert, wenn Sie einen Fehler finden, die Filme oder Platten aber schon erstellt sind? Was ist, wenn Sie eine falsche Telefonnummer oder einen falsch geschriebenen Kundennamen finden oder wenn Sie vielleicht den Preis ändern möchten? Kann man da noch etwas machen? Ja, der Dienstleister kann kleinere Änderungen am Film oder an der Platte vornehmen.

Wenn Sie einen Fehler entdecken, nachdem der Film oder die Platte angefertigt wurden, sprechen Sie mit Ihrer Druckerei. Je nach der Art und Position des Fehlers auf der Seite kann die Druckerei gegebenenfalls noch eine Änderung vornehmen. Wenn das nicht möglich ist, müssen Sie die Korrektur in Ihrer elektronischen Datei vornehmen und sie erneut anliefern. Rechnen Sie damit, dass dies etwas kostet.

Und nach dem Druck?

Was ist, wenn der ganze Job gedruckt ist und Sie dann einen Fehler entdecken? Es ist ganz unmöglich, dann noch etwas zu ändern, oder? Das geht wirklich nicht. Es hängt davon ab, wie wichtig der Fehler ist. Wenn Sie beispielsweise 5.000 Exemplare eines Buchs drucken, binden und schneiden lassen und dann entdecken, dass Sie eine Zeile Text auf dem Cover vergessen haben, können Sie in der Druckerei Aufkleber anfertigen lassen. Diese klebt dann jemand von Hand auf die Cover. Das ist teuer, aber es ist möglich und es kommt Sie günstiger, als wenn Sie das ganze Buch neu drucken lassen müssten. Was glauben Sie, woher ich das weiß? Denken Sie etwa, dass mir das mit einem meiner Bücher passiert ist?

Sie haben sicherlich schon Veröffentlichungen mit einem kleinen „Errata"-Einleger gesehen, der nach dem Druck entdeckte Fehler erläutert. Wenn Sie über besondere Marketing-Kompetenzen verfügen, können Sie die Welt davon überzeugen, dass die Auflage mit den Fehlern ein Sammlerstück mit einem Wert von vielen tausend Euro ist.

Und ich bin sicher, dass Sie irgendwo in diesem Buch einen Tippfehler finden. Sie werden aber nie herausfinden, welches der Tippfehler und welches der absichtliche Fehler ist.

Preflight-Checkliste

Glückwunsch, Sie haben das ganze Buch durchgearbeitet und sind bereit, Ihren Job zur professionellen Ausgabe wegzugeben! Natürlich möchten Sie nicht mitten in der Nacht einen Telefonanruf vom Dienstleister bekommen, weil ein Bild fehlt. Oder die Schriften falsch formatiert sind. Oder der Farbauftrag zu hoch ist. Und sind Sie sicher, dass Sie alle Farben als Prozess- und nicht als Volltonfarben definiert haben? Dass die Auflösung korrekt ist? Könnte sich der Umbruch geändert haben? Sind die Druckerschriften beigefügt? Und ...? *Stopp!* Man muss zu viel auf einmal beachten!

Sie müssen das nicht alles im Kopf haben. Dieses Kapitel enthält eine Checkliste, die Ihnen hilft, Ihren Job ordnungsgemäß abzuarbeiten, und sicherstellt, dass alles korrekt ist, bevor Sie ihn an die Druckerei senden.

Ihre Preflight-Checkliste

Anhand der Checkliste auf den folgenden Seiten können Sie sicherstellen, dass Ihr Job korrekt gedruckt wird. Sie enthält auch leere Zeilen, damit Sie Ihre eigenen Notizen hinzufügen können. Sie dürfen diese Liste fotokopieren und können sie dann für jeden Job nutzen.

Mit OPT gekennzeichnete Punkte sind optional. Sie führen nicht automatisch dazu, dass der Job falsch gedruckt wird, aber sie könnten den Druckereimitarbeiter, der Ihre Dateien öffnet, irritieren. Stellen Sie am besten sicher, dass sich diese Elemente nicht in Ihrer Datei bzw. auf Ihrem Datenträger befinden. Dann riskieren Sie keinen Anruf mit den entsprechenden Fragen.

Zu liefernde Materialien

_____ Native Dateien, Bilder und Schriften auf dem Datenträger

_____ Platzierte Bilder befinden sich in demselben Ordner wie die Dateien, in denen diese Bilder verwendet werden.

_____ Entfernen Sie alle überflüssigen Dateien (zum Beispiel alte Dateien, Bilder, Schriften usw.) vom Datenträger.   OPT

_____ Bericht des Befehls „Für Ausgabe sammeln" bzw. „Verpacken"

_____ Formular mit Ausgabespezifikationen

_____ Ausdruck der fertigen Datei

_____ Proofs mit Notizen für Farb-Jobs

_____ Telefonnummer der Kontaktperson auf dem Etikett des Datenträgers

_____

_____

_____

Seitenlayoutdatei

_____ Seitengröße ist korrekt

_____ Keine Leerseiten im Dokument außer den absichtlichen Vakatseiten   OPT

_____ Seitennummern sind korrekt

_____ Nicht verwendete Farben sind gelöscht   OPT

_____ Nicht verwendete Stilvorlagen und Formate sind gelöscht   OPT

_____ Elemente auf der Arbeitsfläche sind gelöscht   OPT

_____ Kein Übersatztext   OPT

_____ Seite ist korrekt eingerichtet

_____ Keine Elemente sind auf „nichtdruckend" gesetzt   OPT

_____ Beschnittzugabe ist, falls erforderlich, angelegt

_____

_____

_____

Farben

_____ Farbanzahl stimmt mit den Papierseparationen oder der Separationsvorschau überein

_____ Der Farbauftrag keiner Farbe ist höher als 300 Prozent (sprechen Sie sich bezüglich des Farbauftrags mit dem Druckdienstleister oder dem Verlag ab)

_____ Volltonfarben sind korrekt benannt

_____ Aussparungen sind korrekt

_____ Keine Grafiken im Dokument sind in der „Passermarken"-Farbe angelegt

_____ Alle Volltonfarben wurden für einen Vierfarb-Job in Prozessfarben konvertiert

Verknüpfte oder eingefügte Bilder

_____ Keine Bilder sind als „fehlend" aufgeführt

_____ Alle RGB-Bilder wurden in CMYK konvertiert
oder
Der Druckdienstleister konvertiert die RGB-Bilder in CMYK (erkundigen sie sich diesbezüglich!)

_____ Graustufen- und Farbbilder haben die korrekte Auflösung (2 x Rasterfrequenz = _____)
300 ist die gängigste Auflösung

_____ Kein Bild wurde so stark vergrößert, dass die effektive Auflösung zu niedrig ist

_____ Strichgrafiken wurden nicht als Graustufenbild, sondern als 1-Bit-Bild gescannt

_____ Strichgrafiken haben die richtige Auflösung (bis 1200 ppi)

_____ Vektorgrafiken wurden nicht so stark verkleinert, dass ihre Bestandteile zu klein geworden sind

_____ Auf nicht verwendeten Musterseiten befinden sich keine Bilder   OPT

Text und Konturen

Kleine Schriftgrade sind nicht mit Farbtönen gefärbt (erfragen Sie in der Druckerei die Anforderungen für farbige Schrift)

Dünne Linien sind nicht mit Farbtönen gefärbt (erfragen Sie in der Druckerei die Anforderungen für farbige Linien)

Keine Schriften werden als „fehlend" aufgelistet

Wenn die Schriften nicht in die PDF-Datei eingebettet wurden, wurde eine Notiz beigefügt, welche Schriften für den Druck notwendig sind.

Glossar

Es kann ein wenig respekteinflößend sein, Ihre Designs in eine gedruckte Form zu überführen. Und womöglich fühlen Sie sich auch ein wenig deplatziert, wenn Druckereiexperten und Produktionsmanager Ihnen mit all ihren Fachbegriffen kommen.

Das nachfolgende Glossar stammt aus dem Benutzerhandbuch von Markzwares FlightCheck Professional. Es deckt große Teile des in diesem Buch behandelten Materials ab und enthält auch einige weiterführende Themen, mit denen Sie in Berührung kommen könnten. Der Hersteller Markzware hat mir freundlicherweise die Erlaubnis erteilt, das Glossar hier für Sie abzudrucken.

1-Bit-Bild

Siehe Bitmap-Bild.

Absoluter Pfad

Beschreibung des Speicherorts einer bestimmten Computerdatei unter genauer Angabe der einzelnen Unterordner. *Siehe auch relativer Pfad.*

Additive Farbe

Farbmodell für Computermonitore, Filmprojektoren und das menschliche Auge, bei dem das Mischen der Primärfarben (Rot, Grün und Blau) die Farbe Weiß ergibt. Auch „Lichtfarben" genannt. *Siehe auch RGB; subtraktive Farbe.*

Alphakanal

Ein zusätzlicher Datenkanal. In Anwendungen für die Bildbearbeitung werden Alphakanäle gewöhnlich zum Speichern von 8-Bit-Graustufen- und Vektorinformationen zu Masken, Freistellerpfaden und Schmuckfarben verwendet.

Anschnitt

Bildüberschuss (normalerweise ein Pica-Punkt oder Viertelzoll) außerhalb des festgelegten Druckbereichs für mechanischen Spielraum beim Beschneidungsprozess.

APR

Abkürzung für „Automatic Picture Replacement". DCS- und OPI- ähnliche Workflow-Technik, bei der Grafikdesigner mit niedrigauflösenden Bildern arbeiten können, die dann für die Druckplattenherstellung automatisch durch hochauflösende Bildversionen ersetzt werden.

ASCII-Daten

Abkürzung für „American Standard Code for Information Interchange". Standardmethode, bei der Text in numerischen Daten dargestellt wird. Ursprünglich war diese Methode für Teletype- und Linotype-Maschinen entwickelt worden. Der Originalzeichensatz besteht aus 128 Zeichen und wurde in den 80er Jahren auf 256 Zeichen erweitert. Diese beiden Sätze werden auch als 7-Bit- und 8-Bit-Daten bezeichnet. In den meisten Fällen beziehen sich „ASCII-Daten" auch heute noch auf den ursprünglichen 7-Bit-Zeichensatz.

Attribute

PostScript-Bezeichnung für spezifische Manipulationen, die auf den Text angewendet werden können, um ausgewählte Zeichen kursiv, fett, unterstrichen, hervorgehoben, schattiert, kondensiert, erweitert oder durchgestrichen darzustellen. Aufgrund zweier potenzieller Probleme werden PostScript-Attribute nicht beim Desktop-Publishing angewendet: Nicht alle RIPs können die Attribute ausgeben und die RIPs, bei denen die Ausgabe möglich ist, erstellen unattraktive „Imitationen" der Buchstaben in fett und kursiv, falls eine bestimmte Druckerschrift fehlt.

Auflösung

Maß für die Detailgenauigkeit eines Bildes. Die Auflösung kann auf verschiedene Weise ausgedrückt werden: Bei Rasterdateien durch die Anzahl der Pixel des Bildes, bei Computerbildschirmen durch die Anzahl der Pixel pro Zoll (ppi), bei Laserdruckern durch die Anzahl der Punkte pro Zoll (DPI), bei Scannern durch die Anzahl der Pixel pro Zoll (ppi) und bei Rastern durch die Anzahl der Zeilen mit Rasterpunkten pro Zoll (lpi).

Aufrasterung

Vorgang, bei dem von einer Seitenbeschreibungssprache beschriebene Inhalte (Text, Grafik, Bild) in ein bestimmtes Rastermuster (Rasterbild) konvertiert werden, womit das Bild einer Seite auf der Druckplatte dargestellt wird.

Ausgleichen

Anpassung des Abstands zwischen bestimmten Buchstabenpaaren, wie z. B. „A" und „V", zur Optimierung der Textdarstellung.

Ausnahmewörterbuch

Datei in Textverarbeitungs- und DTP-Programmen, die Wörter enthält, die nicht mit den gewöhnlichen Algorithmen zur Silbentrennung der Anwendung übereinstimmen.

Ausrichtung

Siehe Querformat und Hochformat.

Beschneiden

Vorgang, bei dem der Bildbereich genau definiert wird, der auf der Druckseite erscheinen soll. Ähnlich wie das Ausschneiden eines gewünschten Bildbereichs mit einer Schere.

Beschnittgröße

Größe des gedruckten Dokuments nach Ausschnitt aus dem Druckbogen, aber vor Falz- oder Bindeprozessen. Die Beschnittgröße sollte in der Regel der Größe eines Dokuments entsprechen.

Bézierkurven

PostScript-Methode für die Bestimmung des Kurvenverlaufs von Vektorpfaden. (Der Name stammt vom französischen Maschinenbauingenieur Pierre Bézier, der in den 70er Jahren den Ansatz für computergestütztes Zeichnen entwickelte.) In DTP-Anwendungen können diese Kurven an den Kontrollstellen und Griffen mit Ziehpunkten erkannt werden.

Bildschirmschrift

Eine Schriftart, die als Bitmap in einer oder mehreren spezifischen Punktgrößen dargestellt ist. Diese Schrift wird für die Anzeige auf Computermonitoren verwendet.

Binärdaten

Daten, die alle acht Bits pro Byte verwenden, im Gegensatz zu Daten, die nur sieben dieser Bits verwenden. Die Unterscheidung war früher wichtiger als heute, denn viele der ersten Computernetzwerke verwendeten das achte Bit als Fehlerkontrolle und konnten daher nur 7-Bit- oder ASCII-Daten handhaben.

Bitmap

(1) Elektronische Darstellung einer Seite durch eine Reihe von Bits (binäre Ziffern mit dem Wert „0" oder „1"), die als schwarze oder weiße Punkte ausgegeben werden. (2) Elektronische Darstellung eines Bildes durch eine Reihe von Bits oder Pixeln.

Bitmap-Bild

(1) Schwarzweiß-Rasterbild; Strichgrafik. (2) Rasterbild in Schwarzweiß, Graustufen oder Farbe.

Bitmap-Schrift

Siehe Bildschirmschrift.

Blindprobe

Eine Blindprobe ist ein Muster, das in Größe, Format und Papier identisch mit der endgültigen Druckausgabe ist. Eine Blindprobe wird verwendet, um der Abteilung für Bogenmontage das Seitenlayout zu demonstrieren.

Bogenseiten

Siehe Doppelseiten.

CMYK

Abkürzung für Cyan, Magenta, Gelb (Yellow) und Schwarz (Black), die Druckfarben, die beim Vierfarbdruck verwendet werden. Nach der Farbtheorie ergibt das Mischen der ersten drei Druckfarben die Farbe Schwarz. Schwarz wird aber auch dafür benötigt, physische Mängel, wie z. B. im Hinblick auf die gesamte Farbdichte, auszugleichen.

CPU

Abkürzung für „Central Processing Unit". Teil eines Computers, der die meisten Systemaktivitäten steuert, einschließlich aller arithmetischen Berechnungen und Vergleiche. Die CPU extrahiert Anweisungen aus dem Speicher und führt diese aus.

CT

Abkürzung für „Coninuous tone" (Halbton); Graustufen-Komponente von Bilddateien im Scitex-Format. *Siehe auch LW.*

DCS

Abkürzung für „Desktop Color Separation", eine Methode zur Integration von Farbseparationen in DTP-Dateien, bei der ein Bild durch fünf Dateien wiedergegeben wird: die hochauflösenden C-, M-, Y- und K-Druckplatten und eine niedrigauflösende Datei in Composite-Farbe, die von der DTP-Anwendung verwendet wird. Die neuere Spezifikation dieser Methode „DCS2" speichert die Separationen in einer einzigen Datei und unterstützt Schmuckfarben. Heute veraltet.

Doppelseiten

Wenn die linke und die rechte Seite sich beim Layout gegenüberliegen, spricht man von einer Doppelseite oder auch von einem Doppelbogen. Außerdem können Dokumente mit mehreren Seiten in aufeinanderfolgenden Einzelseiten oder in der Ausschießreihenfolge angezeigt werden.

dpi

Abkürzung für „dots per inch" (Punkte pro Zoll). Maßeinheit für die digitale Auflösung eines Rasterbildes, Computermonitors oder einer Druckseite. Geräte können verschiedene horizontale und vertikale Auflösungen haben.

Druckerschrift

Eine Schriftart, die in Vektordaten beschrieben wird und von PostScript-Druckern für den Textdruck verwendet wird.

Duplex-Bild

Halbton-Bild in zwei Farben, das aus einer einfarbigen Fotografie (oder einem anderen Halbton-Bild) erstellt wird, indem man die Graustufenwerte in zwei verschiedenen Druckfarben anwendet.

Ebenen

Stufen bzw. Niveaus eines Dokuments. Der Benutzer kann so in verschiedenen Teilen eines Dokuments arbeiten, ohne die anderen Teile des gleichen Dokuments zu ändern. Die Ebenen eines Dokuments können so aus- oder eingeblendet werden.

Effektive Auflösung

Auflösung, in der ein Rasterbild gedruckt wird. Die reale Auflösung des Bildes geteilt durch den Vergrößerungs- oder Verkleinerungsfaktor, mit dem es ausgegeben wird. Eine Bildausgabe von 72 dpi mit einem Faktor von 25 % hätte demnach eine effektive Auflösung von 288 dpi.

Eingebettete Datei

Datei, deren Daten vollständig in eine andere Datei eingeschlossen sind. Das Gegenteil einer verlinkten Datei.

Eingebettete Schrift

Schrift, die in einem Dokument gespeichert ist (normalerweise in einer PDF- oder EPS-Datei) und nur von dem Dokument, nicht aber vom Betriebssystem oder anderweitig genutzt werden kann.

Eingebundenes Bild

Eine Bilddatei, die in eine andere Bilddatei platziert wurde. Wenn ein eingebundenes Bild eingebettet ist, kann das gesamte Bild problemlos ausgedruckt werden. Wenn das Bild nur verlinkt ist, geht es möglicherweise verloren, wenn die Datei gedruckt wird.

EPS

Abkürzung für „Encapsulated PostScript" (eingekapseltes PostScript), ein Dateiformat, das sowohl Text- und Bilddateien enthalten kann und das zwischen den meisten Betriebssystemen und in den meisten DTP-Anwendungen ausgetauscht werden kann.

Farbseparation

Ergebnis der Filterung eines Farbbildes in seine Primärkomponenten zum farbigen Drucken nur mit den vier Prozessfarben. *Siehe Prozessfarben.*

Färbung

Effekt, wenn einem Farbton die Farbe Weiß hinzugefügt oder ein Halbtonraster auf einen Volltonbereich angewendet wird.

Font

Der komplette Zeichensatz einer Schriftart. Jede Schrift ist einzigartig in Bezug auf Gewichtung, Schriftschnitt und manchmal auch Größe.

FPO

Abkürzung für „For Position Only". Normalerweise ein niedrigauflösendes Rasterbild, das als Platzhalter dient und für die Druckausgaben durch eine hochauflösende Version ersetzt wird.

Freistellerpfad

Eine Maske, die auf eine bestimmte Grafik angewendet und normalerweise mit dieser gespeichert wird; sie deckt ungewollte Bildbereiche ab. Ein Freistellerpfad kann ein einfacher quadratischer Bildrahmen sein oder eine komplizierte Aussparung, die durch Vektordaten beschrieben wird.

Gesamtfarbauftrag

Die gesamte Farbmenge auf einem Druckbogen. Die Farbdichte wird normalerweise am dunkelsten Schatten eines Bildes gemessen und ist beim Farbdruck besonders wichtig. Je nach Papier, Druckmaschine und Formel der Druckfarben kann ein Druckbogen maximal zwischen 260 % und 340 % Farbdichte aufweisen, d. h. ein Objekt, das in allen vier Skalenfarben bei maximaler Stärke (gesamte Farbdichte von 400 %) gedruckt wird, würde die physischen Grenzen aller bekannten Offset-Verfahren überschreiten und das Bedienpersonal der Druckmaschine vor Probleme stellen.

GIF

Abkürzung für „Graphic Interchange Format". Eine Gruppe Dateiformate, die in erster Linie für den plattformübergreifenden Austausch von Rasterbildern entwickelt wurde. Das Format eignet sich für die Ansicht von Bildern auf dem Monitor, aber nicht für den Akzidenzdruck.

Gradient

Gradueller Wechsel von einer Tonstufe in eine andere, z. B. der Farbverlauf von Schwarz nach Weiß. Auch Abstufung, Gefälle, Farbverlauf oder Vignette genannt.

Graustufe

Bezeichnung für die Beschreibung von Rasterbildern aus verschiedenen Tonstufen oder Grautönen, im Gegensatz zur Strichgrafik. Wenn ein Graustufenbild ausgegeben wird, sind die Grautöne meistens in schwarzweiße Raster verschiedener Größe konvertiert, um die Annäherung an die einzelnen Farbtöne zu erreichen.

Ground Controls

Benutzerdefinierte Voreinstellungen in FlightCheck, nach denen die Anwendung spezifische Objekte als potenzielle Probleme identifiziert.

Haarlinie

Linie in klassischen Druckverfahren, die einen Viertelpunkt stark ist. PostScript definiert eine Haarlinie allerdings als Strich mit einer Stärke von einem Gerätepixel. Wenn ein Gerät eine Ausgabe von 2540 Pixeln/Zoll hat, wie das beim Akzidenzdruck der Fall ist, ist ein derartiger Strich praktisch unsichtbar.

Hintergrundfarbe

In einer DTP-Anwendung wird die Farbe, mit der ein Objekt ausgefüllt ist, als Hintergrundfarbe bezeichnet. Alle Objekte außer Linien haben Hintergrundfarben. Bisher entstanden durch Elemente, für die keine Hintergrundfarbe eingestellt wurde, Schwierigkeiten bei der Ausgabe, insbesondere, wenn es sich um das unterste Element auf der Seite handelte.

Hochformat

Die Ausrichtung eines Bildes, bei dem die Höhe die Breite übersteigt. *Siehe auch Querformat.*

Hybridnetzwerk

Computernetzwerk, das aus mehr als einer Plattform oder mehr als einem Betriebssystem besteht.

ICC-Profil

Abkürzung für „International Color Consortium", ein branchenweiter Ausschuss, der die Standards für Farbmanagement festlegt. Diese Profile beschreiben mathematisch, wie sich bestimmte Geräte bei der Farbausgabe verhalten. Dadurch soll eine standardisierte Farbzuordnung zwischen allen Eingabe-, Anzeige- und Ausgabegeräten in jeglicher Kombination gewährleistet werden.

Imagesetter

Gerät, mit dem interpretierter und in Rasterformat wiedergegebener PostScript-Code aufgenommen und in Bildern auf Papier, Film oder Druckplatte ausgegeben wird.

InDesign

Seitenlayout-Anwendung von Adobe Systems Inc zur Erstellung von druckfertigen Publikationen.

Indizierte Farben

Ein Farbsystem, das Informationen aus einer Datei oder einer Software als Verweis auf eine Farbreferenztabelle verwendet, anstatt eine Farbe direkt zu bestimmen. Eine Farbe, die aus einer 24-Bit-Palette bestimmt, aber in einem 8-Bit-System angezeigt wird, ist eine indizierte Farbe. Indizierte Farben sind nicht für den Akzidenzdruck geeignet.

Interpolation

Ein Algorithmus, der von Anwendungen verwendet wird, mit denen Rasterbilder zur Vergrößerung bearbeitet werden. Mit diesem Algorithmus werden neue Pixel hinzugefügt, die den Originalpixeln ähneln, aber nicht identisch sind, d. h. die Farbe und Tonalität der neuen Pixel wird von den danebenliegenden Pixeln interpoliert.

JDF

Abkürzung für „Job Definition Format", ein elektronisches Jobticket, das zusammen mit PDF- und anderen Dateien in automatischen digitalen Workflows verwendet wird, um vorhersehbare und einheitliche Ausgabeergebnisse zu gewährleisten.

JPEG

Abkürzung für „Joint Photographic Experts Group", der branchenweite Ausschuss, welche dieses Dateiformat entwickelt. Technisch wird das Format auch JFIF genannt. Dabei handelt es sich um eine Methode, mit der Rasterdaten in Dateien komprimiert werden, die wesentlich kleiner als die Originaldateien sind. Bei diesem Vorgang gehen einige Farbinformationen verloren, die für die Wahrnehmung als unwesentlich betrachtet werden. Die wiederholte Anwendung von JPEG-Algorithmen auf eine Datei führt allerdings zu sichtbaren Mängeln und zur Verschlechterung der Bildqualität.

Komplexer Pfad

Wenn in einem Vektorbild übermäßig viele Kontrollstellen vorhanden sind, wird der PostScript-Interpreter entweder blockiert oder das Bild kann nicht wiedergegeben werden. Innerhalb des Bildbearbeitungsprogramms kann der Pfad vereinfacht werden, indem unnötige Kontrollstellen entfernt werden oder der PostScript-Interpreter so eingestellt wird, dass er die komplexen Pfade in kleinere Einheiten aufteilt.

Komprimierung

Verringerung der Dateigröße zum Speichern oder Übertragen. Softwareanwendungen wie Win-Zip, StuffIt und Compact Pro werden üblicherweise für die Dateikomprimierung verwendet, ohne dass die Bildqualität verloren geht.

Kontur

Maske, die auf eine Grafikarbeit gezeichnet oder gelegt wird und die Größe sowie die Position einer Illustration oder eines Halbtonbildes anzeigt.

Kurvennäherung

PostScript gibt Kurven in Form einer Reihe von Segmenten aus geraden Linien aus. Eine Kurve mit der Kurvennäherung „0" wurde mit den kürzesten Segmenten erstellt. Je mehr der ganzzahlige Wert der Kurvennäherung angehoben wird, desto schneller kann die Kurve wiedergegeben werden, allerdings unter Einbußungen bei der Genauigkeit.

L*a*b-Farbe

Ein Farbmodell und internationaler Richtstandard, bei dem jede Farbe nach ihrer Leuchtdichte (L), ihrer Position auf der Grün-Rot-Achse (a) und ihrer Position auf der Blau-Gelb-Achse (b) bestimmt wird. L*a*b-Farben verfügen über ein breiteres Farbspektrum als RGB- und CMYK-Modelle und können ohne Ausgabeprofil verwendet werden. Zu Ehren der Commission Internationale d'Éclairage werden diese Farben auch CIE L*a*b-Farben genannt.

Lichter

Die hellsten Bereiche eines Fotos oder einer Illustration. Die anderen Bereiche werden als Mitteltöne und Tiefen bezeichnet.

Ligatur

Buchstaben, die miteinander verbunden sind und zusammen eine Buchstabeneinheit bilden, wie z. B. in „OE" und „fi".

LPI

Abkürzung für „lines per inch" (Zeilen pro Zoll); man spricht auch von „Rasterabstand". Einheit für die Abmessung von Rasterfrequenzen. Je feiner die Lineatur (d. h. je höher der lpi-Wert), desto mehr Details des Originalbildes können beibehalten werden.

LW

Die Abkürzung steht für „Line Work" (Strichgrafik). *Siehe auch CT.*

Maske

Mit einer Maske können Sie Bereiche eines Bildes isolieren und schützen, während Sie den Rest des Bildes bearbeiten, durch Farbveränderungen, Filter oder andere Effekte. Wenn Sie Bereiche eines Bildes zur Bearbeitung auswählen, sind die nicht gewählten Bereiche „maskiert", d. h. sie können nicht bearbeitet werden. Masken können auch für komplexe Bearbeitungsvorgänge genutzt werden, wie die stufenweise Anwendung von Farb- oder Filtereffekten in einem Bild.

Masterseite

Eine Vorlage, die für die Erstellung von einheitlichen Seiten im ganzen Dokument verwendet werden kann. Alle Elemente auf der Masterseite erscheinen auch auf Seiten, die auf der Masterseite basieren.

Miniaturansichten

Darstellung eines Bildes oder Seitenlayouts im Kleinformat. In den meisten Anwendungen für Seitenlayout können komplette Seiten im Miniaturformat angezeigt und auch direkt von diesen Anwendungen gedruckt werden.

Mitteltöne

Bildbereiche, die in der Mitte des Tonwertumfangs angesiedelt sind, also weder Lichter noch Tiefen sind.

Moiré-Effekt

Ergebnis der Übereinanderlagerung zweier Raster oder gleichabständiger Muster, häufig mit sichtbaren Defekten. Moiré-Effekte treten bei mehrfarbigen und erneut gerasterten (d. h. von einem vorherigen Ausdruck anstatt von dem Halbton-Original entnommenen) Raster auf.

Monochromes Bild

Andere Bezeichnung für Strichgrafik. Das Bild besteht aus einer einzigen Farbe ohne Farbflächen oder Verläufe. In der Fotografie sind Graustufen-Halbtonbilder gemeint.

Montagefläche

Bereich außerhalb der Bearbeitungsseite, wo Objekte gespeichert werden können, die noch nicht im Dokument platziert sind.

Montierte Vorlagenform

Bogen aus formbeständigem, in der Regel gelbem Kunststoff, der normalerweise in der herkömmlichen Lithografie verwendet wird. Filmnegative oder -positive werden vor der Druckplattenherstellung in Vorlagenformen kombiniert (montiert). Mithilfe der Vorlagenform wird der Film dann auf die Druckplatten belichtet (gebrannt).

OpenType-Schrift

Plattformübergreifende Spezifikation, die Unicode und andere Innovationen einschließt.

OPI

Abkürzung für „Open Prepress Interface". Eine Erweiterung von PostScript, mit der Grafikdesigner bei der Produktion von DTP-Dateien niedrigauflösende FPO-Bilder verwenden können, die automatisch durch hochauflösende Versionen derselben Bilder ersetzt werden, wenn die Dateien für den Akzidenzdruck ausgegeben werden. Wird manchmal auch PostScript-5 genannt. Andere Methoden mit demselben Ergebnis sind DCS und APR.

Papierabstand

Option bei vielen Druckertreibern, mit der der Abstand zwischen zwei Seiten bei der Ausgabe auf Papierrollen oder Film eingestellt werden kann.

Papier-Offset

Option bei vielen Druckertreibern, mit der der leere Bereich auf der linken Seite des Ausgabematerials erweitert werden kann.

Passermarken

Zielpunkte, die im Mehrfarbdruck für die Positionierung der Seite zur fehlerfreien Registrierung verwendet werden. Die Markierungen sind normalerweise in Form von Kreuzen oder Kreisen in der Registrierungsfarbe außerhalb der Arbeitsfläche gedruckt.

PDF

Abkürzung in Adobe Acrobat für „Portable Document Format". In QuarkXPress auch Abkürzung für „Printer Description File".

PICT

Früher häufig verwendetes Format unter Macintosh zum Speichern von Farb- und Graustufen-Vorschaubildern von EPS-Dateien. Dieses Format eignet sich für die Anwendung auf System-ebene, aber nicht für den Akzidenzdruck.

Pixel

Der Ausdruck ist eine Verkürzung von „Picture Element" (Bildelement), der kleinsten Einheit eines Rasterbildes. Ein Monochrom-Pixel, entweder schwarz oder weiß, wird von einem einzigen Bit und ein Pixel in 256 Graustufenwerten wird von einem ganzen Byte beschrieben.

Sandees Katze heißt Pixel.

Pixeltiefe

Die in einem Pixel enthaltene Menge an Informationen. 1 Bit ist nur schwarz-weiß, 8 Bit ent-halten 256 Graustufenwerte, 24 Bit enthalten drei Kanäle (entweder RGB oder L*a*b) mit je 256 Werten usw.

Plug-In

Ein Hilfsprogramm, das die Funktionalität von größeren Anwendungen erweitert.

PNG

Abkürzung für „Portable Network Graphics". Ein Format für Rasterbilder, welches das GIF-For-mat ersetzen soll.

Postflighting

Bezeichnet den Analysevorgang von interpretierten oder verarbeiteten Dateien (wie z. B. Post-Script, PDF, DCS2, TIFF/IT und voll gerasterten Daten) zur Qualitätskontrolle im Workflow der digitalen Druckvorstufe.

PostScript

Eine Seitenbeschreibungssprache. PostScript wurde 1985 von Adobe Systems Inc. eingeführt, mit dem Ziel, eine höhere, geräteunabhängige Programmiersprache für die Steuerung einer Vielzahl von Ausgabegeräten bereitzustellen. Seitdem ist PostScript die Standardsprache für Desktop-Drucker und Imagesetter.

PostScript Typ-1-Schrift

Schrift auf der Basis von zwei Dateien: eine Druckerschrift, die Zeichen in Form von Vektoren beschreibt, und eine Bildschirmschrift, die für alle Zeilen eine Bitmap in einer oder mehreren Punktgrößen enthält.

PostScript-Farbmanagement

Eine ältere Technologie, die Adobe Systems für geräteunabhängiges Farbmanagement auf der Basis von PostScript einführte. Später wurde diese Technologie durch ICC-Profile ersetzt. Die beiden Methoden sollten nicht gleichzeitig verwendet werden.

PPD

Abkürzung für „PostScript Printer Description". Eine Datei mit Informationen zu den spezifischen Funktionalitäten eines PostScript-Druckers.

ppi

Die Abkürzung steht für „pixels per inch" (Pixel pro Zoll), eine Maßeinheit für die Auflösung von Rasterbildern.

Preflighting

Die Prüfung, Verifizierung und Validierung von DTP-Dokumenten vor der Versendung zur RIP-Ausgabe.

Prozessfarbe

Eine Farbdruckmethode, bei der die vier Druckfarben Cyan, Magenta, Gelb und Schwarz übereinander gelagert werden.

Prozesssteuerung

Systematische Messung und regelmäßige Korrektur von Abweichungen für eine einheitliche Qualität.

Quadtone

Eine Druckmethode, bei der Graustufenbilder in vier Farben gedruckt werden, um einen größeren Tonwertumfang oder einen Einfärbeffekt zu erzielen.

QuarkXPress

Seitenlayout-Anwendung von Quark Inc. zur Erstellung von Publikationen.

Querformat

Die Ausrichtung eines Bildes, bei der die Breite die Höhe übersteigt. Man spricht von Querformat, weil die Bilder seitlich gekippt werden müssen, damit sie auf die Seite eines normalen Buches passen. *Siehe auch Hochformat.*

Randvorgaben

In den meisten DTP-Anwendungen kann der Benutzer die Arbeitsfläche einer Seite festlegen, indem er die Größe aller vier Ränder bestimmt.

Rasterbild

(1) Von einem RIP produzierte Datei mit 1-Bit-Pixeln. (2) Ein Bild, das aus Pixeln und nicht aus Vektoren besteht.

Raster Image Processor (RIP)

Gerät, das ein digitales Bild von einer Druckplatte herstellt, indem aus einer Reihe von Anweisungen die Bitmap aller Texte und Grafiken errechnet wird. Dabei sind PostScript-Anweisungen der Industriestandard. Es wurden bisher drei Hauptversionen von PostScript veröffentlicht (Level 1, Level 2 und PostScript 3), die in der Regel in die RIP-Hardware integriert sind und damit den RIP auf eine bestimmte PostScript-Ebene festlegen.

Rasterton

Ein Rasterbild mit Tonwerten oder ein Graustufenbild. Bild, das von einer Druckmaschine reproduziert wird, indem der Original-Halbton oder die Original-Graustufen in Muster aus Punkten unterschiedlicher Größe aufgebrochen werden. Helle Bereiche des Originalbildes werden in kleinen, dunkle Bereiche in großen Punkten gedruckt.

Rasterwinkel

Richtung der Zeilen oder Punktreihen in einem Halbtonbild. Beim Mehrfarbdruck entsteht durch die Überlagerung des Halbtonrasters einer Farbe durch das Raster einer anderen Farbe ein Moiré-Effekt. Durch die Verwendung optimaler Rasterwinkel, kann der Moiré-Effekt minimiert werden.

Rasterzelle

Beschreibt im Digitaldruck den Bereich eines einzelnen Rasterpunkts mit 100 % Druckfarbe. In einem Halbton mit 100 Zeilen z. B. hat jede Zelle eine Oberfläche von 1/4 mm x 1/4 mm. Wird dieses Raster von einem 2000-dpi-Drucker ausgegeben, enthält jede Rasterzelle 400 Geräte-Pixel (20 x 20 Pixel).

Registrierung

Die richtige Positionierung eines Bildes, insbesondere wenn eine Farbe auf oder dicht neben einer anderen Farbe gedruckt werden soll.

Registrierungsfarbe

Farbe, die aus allen Farben erstellt wird, die bei einem Mehrfarbdruck verwendet werden.

Reine 7-Bit-Daten

Daten mit einem numerischen Wert zwischen 0 und 127. Das Gegenteil von binären Daten.

Relativer Pfad

Angabeform des Speicherortes einer Datei innerhalb der Struktur des Datenträgers. Dabei wird der Pfad vom lokalen Verzeichnis aus abwärts beschrieben. Unter Macintosh steht dabei das Symbol „:" für das lokale Verzeichnis und „::" für das übergeordnete Verzeichnis. Unter Windows werden jeweils die Symbole „\" und „..\" verwendet. *Siehe auch absoluter Pfad.*

RGB

Abkürzung für die additiven Primärfarben Rot, Grün und Blau. RGB ist ein Standard-Farbmodell für Monitore und Fernseher. Dieses Farbmodell sollte vermieden werden, wenn das erstellte Dokument gedruckt werden soll. In diesem Fall wird das CMYK-Modell verwendet.

RIP

Siehe Raster Image Processor.

S&B

Abkürzung für „Silbentrennung & Blocksatz". Ein klassischer typografischer Prozess, bei dem die Art des Zeilenendes bestimmt wird. Wenn das letzte Wort einer Zeile nicht in die Zeile passt, wird es gebrochen (in Silben getrennt) und der überschüssige Freiraum auf die gesamte Zeile verteilt (Ausschluss). Auf dem Computer wird dieser Vorgang von komplexen Algorithmen gesteuert und von einem Ausnahmewörterbuch unterstützt.

Schmuckfarbe

Eine andere Druckfarbe, die häufig zusätzlich zu den vier Prozessfarben vorliegt. Ferner eine Farbe, die auch in dieser bestimmten Farbe gedruckt wird und keine Kombination der Prozessfarben ist. Jede Schmuckfarbe benötigt daher ihre eigene Druckplatte.

Schnittmarken

Striche in Haarlinienstärke außerhalb der Arbeitsfläche, die markieren, wo die fertige Druckausgabe aus dem Druckbogen ausgeschnitten werden soll.

Seitenschema

In DTP-Anwendungen schematische Wiedergabe einer Seite mit den Konturen verschiedener Grafikelemente.

Separation

Siehe Farbseparation.

Standard

Der Ausdruck bezeichnet die Einstellungen und Funktionen der Hardware und Software, die automatisch verwendet werden, außer der Benutzer macht andere Angaben.

Stilvorlage

Eine Reihe von Formatierungsattributen, die auf Absätze, eine Gruppe von Zeichen oder Seitenelemente angewendet werden. Jeder Attributsatz wird als „Tag" gespeichert, d. h. als Zeichenfolge aus alphanumerischen Daten, die gewöhnlich von der WYSIWYG-Anzeige der DTP-Anwendung verborgen werden.

Streifenbildung

Ein Defekt, auch Banding genannt, der bei der digitalen Ausgabe verursacht wird, wenn ein Gradient verschiedene Tonstufen oder Streifen aufweist, anstatt eines harmonischen Farbwechsels. Dieser Defekt war in PostScript Level 1 ausgeprägter als in nachfolgenden Anwendungen, kann aber immer noch bei einigen Großformatausgaben vorkommen.

Strichgrafik

Bild ohne Tonwerte, so dass es als Bitmap oder Schwarzweiß-Datei dargestellt werden kann. Das Gegenteil von Halbton.

Substrat

Das Material, auf das die Druckfarbe, der Toner oder das Pigment aufgetragen werden. Das am häufigsten verwendete Substrat ist Papier. Andere Materialien sind Etiketten, Kunststoffe, synthetisches Papier und Projektorfolien.

Subtraktive Farbe

Farbmodell für Papierdruckfarben, bei dem das Entfernen der Primärfarben (Cyan, Magenta und Gelb) die Farbe Weiß ergibt. Diese Farben werden auch „reflektive Farben" genannt. *Siehe auch CMYK; additive Farbe.*

SVG

Abkürzung für „Scalable Vector Graphics" (skalierbare Vektorgrafiken). Ein plattformübergreifendes- Format für Vektorbilder, das sowohl für Webbrowser als auch für Desktop-Publishing verwendet werden kann.

Textumfluss

Setzen des Textes, so dass er ein Bild oder ein Grafikelement auf einer Seite umfließt. Auch Textumlauf genannt.

Textverbindung

Methode, bei der ein Text in einem einzigen Fluss durch bestimmte Seiten oder Textrahmen verläuft. Textrahmen können in beliebiger Reihenfolge verbunden werden, wodurch der Text von einem Rahmen in den anderen laufen kann.

Tiefen

Dunkelste Bildbereiche. *Siehe auch Lichter, Mitteltöne.*

TIFF

Abkürzung für „Tagged Image File Format" (genormtes Format für Bilddateien). Häufig verwendetes, plattformübergreifendes Bildformat für Pixel-Bilddaten, welches in Schwarzweiß-, Graustufen- und Farbbildern verwendet wird.

TIFF/IT

Abkürzung für „Tagged Image File Format for Image Technology". Ein internationaler Standard ISO 12639, der auf der TIFF-Spezifikation basiert und eingeführt wurde, um ganze Seiten mit Rasterdaten zu übertragen.

Triplex-Bild

Eine Druckmethode, bei der Graustufen-Bilder in drei Farben gedruckt werden, um ein breiteres Farbspektrum oder einen Einfärbeffekt zu erzielen.

TrueType-Schrift

Ein Schriftformat, bei dem die Informationen für die Textanzeige auf einem Monitor und die Informationen zum Drucken auf einem Ausgabegerät in einer einzigen Datei kombiniert werden. TrueType verwendet für die Kurvendarstellung andere mathematische Gleichungen als PostScript und enthält daher mehr Kontrollpunkte, als vom alten PostScript Level 1 verarbeitet werden können.

Typ-1-Schrift

Siehe PostScript Type-1-Schrift.

Überdrucken

Drucktechnik, auch „Auf-" oder „Eindrucken" genannt, bei der ein Druckelement über ein anderes Element gedruckt wird, ohne das darunterliegende Element auszusparen. Bei dieser Technik werden transparente und semitransparente Farben verwendet, da diese Farben sich mit den darunterliegenden Farben vermischen und neue Farben bilden. Der Ausdruck wird auch beim Zeitschriftendruck und im Maschinensaal verwendet, allerdings mit einer anderen Bedeutung.

Überfüllung

Der Ausdruck bezieht sich umgangssprachlich auf die Vergrößerung (Verteilung) oder die Verkleinerung (Drosselung) eines Farbbereichs, so dass dieser die Nachbarfarben geringfügig überlappt. Das Verfahren dient dazu, leere Flächen auf dem Druckbogen zu vermeiden, die sich etwas außerhalb der Registrierung befinden.

Unterteilung

Drucken einer Datei in Abschnitten auf mehrere verschiedene Papierbögen, die anschließend wie ein Mosaik zusammengesetzt werden müssen, wie bei der Herstellung von Werbeplakaten.

Vektorbild

Ein Bild, das in mathematischen Punkt- und Kurvenwerten beschrieben wird. Vektorbilder können als Graustufenbilder oder Strichgrafiken dargestellt werden, aber da sie über keine inhärente Auflösung verfügen, können sie ohne Einbußen bei der Bildqualität vergrößert werden. *Siehe auch Bézierkurven.*

Verlinkte Datei

Datei, deren Daten in die Ausgabe einer anderen Datei integriert werden sollen, wobei es sich aber um separate Dateien handelt. Die Hauptdatei beinhaltet entweder einen relativen oder absoluten Verweis auf die Hilfsdatei, dessen Pfad zum Zeitpunkt der Ausgabe korrekt sein muss, wenn die verlinkte Datei fehlerfrei gedruckt werden soll.

Vignette

(1) Ein Bild, das nicht in einen festen Rahmen eingeschlossen ist. (2) Ein Gradient.

Workflow

Allgemeine Bezeichnung für die einzelnen Arbeitsschritte der Hardware und Software im Rahmen der Produktion von Digitaldrucken und deren Zusammenwirken.

WYSIWYG

Abkürzung für „What You See Is What You Get". Eine Fähigkeit, Informationen exakt so auf einem Bildschirm anzuzeigen, wie sie später gedruckt oder geplottet mit einem Ausgabegerät aussehen.

XPress-Voreinstellungen

Zusammenstellung von benutzerdefinierten Einstellungen für die Erstellung und Bearbeitung eines QuarkXPress-Dokuments. Diese Voreinstellungen sind in das Dokument eingebettet, so dass sie auch von anderen Computern verwendet werden können und nicht nur von dem Computer, auf dem das Dokument erstellt wurde.

XTension

Hilfsprogramm, Tool oder Plug-In zur Erweiterung der Funktionalität von QuarkXPress. ID2Q von Markzware ist so ein XTension-Programm.

Zeilendurchschuss

Vertikaler Abstand zwischen zwei Textzeilen. Computergrafiken drücken diesen Abstand normalerweise in Punkten oder aber in Prozent des verwendeten Schriftgrades aus.

▶ INDEX

16er-Bogen, Erläuterung, 6–7

1-Bit-Rasterbilder, Auflösung, 91–92

288 und 300 ppi, 95

35-mm-Fotos, 167–168

4-farbiges Schwarz, 135–136

72 ppi

    für Webgrafiken, 117

    und 75 ppi, 95

8-Bit-Modus, Graustufen, 71

A

Abgabetermin für Projekte, 3

Absatzabstand, 51

Absoluter Pfad, Definition, 267

Acrobat Distiller, PDF-Dateien erzeugen, 224–225

Acrobat-Begriffe, Glossar, 222

Acrobat-Dateien. *Siehe* PDF (Portable Document Format)-Dateien

Acrobat-Versionen, 222–223

Additive Farbe. *Siehe auch* RGB (Rot, Grün, Blau)-Farbmodus

    Definition, 267

    RGB, 72

Adobe Acrobat. *Siehe* Acrobat-Versionen; PDF (Portable Document Format)-Dateien

Adobe Bridge, Kontaktabzüge, 168

Agenturfotos
 Alphakanäle, 193
 Auflösungen, 192
 aus dem Web herunterladen, 197
 Auswahlpfade verwenden, 193
 Farbmodi, 193
 Geschichte, 190–191
 kaufen, 191
 Lizenzierung, 196
 Modelverträge, 196–197

Alphakanal, Definition, 266

Amerikanische Flagge, Illustration, 128–129

Anschnitt
 Definition, 267
 festlegen, 242–243

Anwendungen
 an Druckereien liefern, 214
 Bildbearbeitungsprogramme, 55–58
 Präsentationsprogramme, 54–55
 Seitenlayout-Programme, 61–65
 Tabellenkalkulationsprogramme, 53–54
 Textverarbeitungsprogramme, 50–52
 Vektorgrafikprogramme, 58–60
 Zusammenfassung, 67

Anzeigen, Dateivorbereitung, 218

Anzeigenbeispiel, 3

ASCII (American Stundard Code for Information Interchange)-Daten, Definition, 267

Auflösung. *Siehe auch* Druckauflösung
 ändern, 92–95
 Bildauflösung im Vergleich zur Ausgabeauflösung, 87
 Definition, 268
 effektive, 270
 für 1-Bit-Rasterbilder, 91–92
 für Bilder wählen, 83–85
 für Desktop-Drucker, 23
 für Monitore wählen, 82–83

für PDF-Dateien einstellen, 229

für Spezialdrucker, 90–91

in Ausgabespezifikationen, 239

in der Scanner-Software einstellen, 180

tatsächliche, 266

übertriebene vermeiden, 97

und Pixel, 81

und Rasterweite, 88–90

von Agenturfotos, 192

von Digitalkameras, 164–165

von Druckern, 85

von Scannern, 173–174

von Vektorgrafiken, 99–100

Auflösungsregeln brechen, 89

Ausdrucke an Druckereien liefern, 214–215

Ausgabeauflösung

im Vergleich zu Bildauflösung, 87

Übersicht, 85

Ausgabedetails, 238–239

Ausgabemedium, Separationen festlegen, 239

Ausgabespezifikationen. *Siehe auch* Druckdienstleister

Ausgabe, 243

Ausgabedetails, 238–239

festlegen, 213

Formular ausfüllen, 235–236

Jobdetails, 244–245

Kundeninformation, 236

Lieferoptionen, 237

Lieferungsdetails, 243

Produktionsdetails, 240–243

Proof-Details, 243

Seiteninformation, 238

Separationen (Farben), 239–240

Ausrichtung, 271–272

Ausrichtung. *Siehe* Querformat; Hochformat

Ausschießen

Dateien, 217

Seiten, 7–8

B

Beschneidungen, Definition, 268

Beschnittzugabe im Seitenlayoutprogramm berücksichtigen, 61–62

Bézierkurven

    Definition, 268

    Verwendung in Vektorgrafiken, 101

Bikubisch glatter, Beispiel, 96

Bildauflösung

    auf der Grundlage der Rasterfrequenz einstellen, 88

    und Ausgabeauflösung, 87

    wählen, 83–85

Bildbände, Rasterfrequenz und Auflösung, 90

Bildbände, Rasterweite und Auflösung, 90

Bildbearbeitungsprogramme

    beurteilen, 67

    im Vergleich zu Vektorgrafikprogrammen, 58

    verwenden, 55–58

Bilder. *Siehe auch* Farbbilder; Graustufenbilder; Rasterbilder; Vektorgrafiken

    Bitmap-, 268

    einfarbige, 276

    im RGB-Modus, 78

    Neuberechnung, 96

    Proxy-, 94

    Skalierung, 94

    vergrößern, 57

Bildschirmschriften

    Definition, 268

    Verwendung, 201

Bildsensoren, Arten, 165–166

Binärdaten, Definition, 269

Bindung

Bitmap, Definition, 69, 269

Bitmap-Bild, Definition, 269

Bitmap-Farbmodus

    Bittiefe, 80

    Erläuterung, 69–70

    Farbanzahl, 80

    Kanäle, 80

Bitmap-Schrift. *Siehe* Bildschirm-Schriften

Bittiefe

    Bitmap-Farbmodus, 80

    CMYK-Farbmodus, 80

    Erläuterung, 68–69

    Graustufen-Farbmodus, 80

    Indizierte Farben, 80

    RGB-Farbmodus, 80

    Scanner, 173

    Verhältnis zur Dateigröße, 80

Blaupausen, 258

Blitzer, Definition, 235

BMP (Windows Bitmap)-Dateien, 116

Bodenfliesen. *Siehe* Küchenboden-Vergleich

Bridge für Kontaktabzug nutzen, 168

Broschüren ausschießen, 8

Budget für Projekte festlegen, 2–3, 44–45

Banding, Definition, 281

C

Cantor, Eddie, 185

Cartoons scannen, 72–73

CCD (charged coupling device), 165–166

CCITT-Optionen bei der PDF-Komprimierung, 230–231

Central Processing Unit (CPU), Definition, 269

Charged Coupling Device (CCD), 165–166

CIE (Commission International d'Éclairage) L*a*b, Erläuterung, 274

Clipart

    Dateiformate für, 194

    Geschichte, 190–191

    kaufen, 191

    Lizenzvereinbarungen, 196

    mit vollständigen Objekten, 194–195

    Qualität, 194

    verschachtelte Gruppen, 195

CMOS (complementary metal oxide semiconductor), 166

CMYK (Cyan, Magenta, Yellow, Black)-Farbmodus. *Siehe auch*
Prozessfarben
Bittiefe, 80
Definition, 269
Farbanzahl, 80
Farben wählen, 77
Farbkanäle, 76
Kanäle, 80
Übersicht, 75–76
und RGB-Modus, 74, 76
Commission International d'Éclairage (CIE) L*a*b, Erläuterung, 274
Consumer-Digitalkameras, Funktionen, 163–164
Copyshop und Druckerei, 34
Copyshop, Rasterweite und Auflösung, 90
CPU (Central Processing Unit), Definition, 269
CTP (Computer-to-plate). *Siehe auch* Direct-to-plate-Proof, 42, 240
Cyan, Magenta, Gelb, Schwarz (CMYK). *Siehe* CMYK
Cyan-Auszug, Rastwerwinkel, 132

D

Dateien
ausschießen, 217
einbetten, 270
für Anzeigen, 218
verknüpfen, 275
Dateiformate
Auswahl, 120–121
BMP (Windows), 116
DCS (Desktop Color Separation), 116
für professionelle Digitalkameras, 162
GIF (Graphical Interchange Format), 117
JPEG (Joint Photographic Experts Group), 118–119
native, 111–112
nicht native, 112–113
PDF (Portable Document Format), 119–120
PICT (Macintosh), 116
PNG (Portable Network Graphic), 117–118
PostScript, 120
TIFF (Tagged Image File Format), 113–115
WMF (Windows), 117

Dateigrößen
    im Verhältnis zur Bittiefe, 69, 80
    und Komprimierung, 166–167
    Vektorgrafiken, 100
Dateitypen, mit Druckereien diskutieren, 43
DCS (Desktop Color Separation)-Dateien, Verwendung, 116
Deadline für Projekte bestimmen, 3
Desktop-Drucker. *Siehe auch* Drucker
    Auflösung, 23
    Definition, 22
    Druckbereiche, 24–25
    Geschwindigkeit, 25
    Papiereinzug, 25
    Papiergrößen, 24
Diagramme in Computerprogrammen, 67
Diagramme und Schaubilder, Vektorgrafiken, 59
Diascanner, 176–177
Digitalbilder betrachten und sortieren, 167–168
Digitale Farbproofs verwenden, 256–257
Digitaler Farbdruck, 42
Digitalkameras
    Auflösung, 164–165
    Consumer-, 162–163
    Fotos übertragen, 160
    Funktionen, 159–160
    Handykameras, 164
    professionelle, 160–162
    Prosumer, 163
Direct-to-plate-Proof, 260. *Siehe auch* CPT (Computer-to-plate)
Distiller
    Neuberechnung, 229
    PDF-Dateien erzeugen, 224–225
    verglichen mit dem Export-Befehl, 225
Dreifarbdruck, 152

Druck

    Bedeutung von, 211

    Begrifflichkeiten, 211

    beidseitiger, 6

    Definition, 33

    Dreifarbdruck, 152

    Einfarbdruck, 150–151

    High-Fidelity-Druck, 153–154

    im Vergleich zum Vervielfältigen, 33

    Sechsfarbdruck, 153

    Vierfarbdruck, 152

    Zweifarbdruck, 151

Druckauflösung, Überlegungen zur Rasterweite, 86–90. *Siehe auch* Auflösung

Druckbereich bei Desktop-Druckern, 24–25

Druckbögen

    Definition, 7–8

    Überlegungen, 6–7

Druckdienstleister. *Siehe auch* Ausgabespezifikationen

    Dateien anliefern, 216

    Datenträger, 215

    finden, 213

    online, 35

    Übersicht, 212–213

Drucker. *Siehe auch* Desktop-Drucker

    Auflösung, 90–91

    Ausgabeauflösung of, 85

    Bedeutung, 27, 211

    Terminvorbereitung, 43–44

Druckereien

    Begrifflichkeiten, 211

    Dateien zusammenstellen, 215

    finden, 42–44

    große Druckereien, 35

    im Vergleich zu Copyshops, 34

    kleine Druckereien, 34

    Materialien liefern, 213–216

Druckereiinhaber, Begriff, 211

Druckerschriften

    Definition, 279

    Verwendung, 201

Druckertypen

    Filmrecorder, 27

    Laserbelichter, 27

    Laserdrucker, 27

    Spezialdrucker, 27–28

    Sublimationsdrucker, 27

    Tintenstrahldrucker, 27

Druckfachbegriffe verwenden, 211

Druckfarbe, Kosten, 26

Druckfarben. *Siehe auch* Prozessfarben

    im Einfarbdruck, 150–151

    im Zweifarbdruck, 151

Druckkosten reduzieren, 44–45

Drucklauf, Erläuterung, 10

Druckmarken, Erläuterung, 240–241

Druckmaschine

    benötigte Materialien, 36

    Geschwindigkeit, 36

    im Vergleich zum Kopierer, 36

    Qualität, 36

Druckmaschine, Begrifflichkeiten, 211

Druckplatten verwenden, 128

Drucktechniken

    auswählen, 4–5

    Buchdruck, 37–38

    Digitaler Farbdruck, 42

    Direct-to-plate, 42

    Flexografie, 38

    Lichtdruck,, 41

    Offsetdruck, 40

    Siebdruck, 40–41

    Stahlstich, 39

    Thermografie, 39

    Tiefdruck, 38

Duplex-Bilder
    Definition, 270
    Graustufenbilder als Duplex drucken, 146
    Photoshop, 147
    Pseudo-, 147–148

E

Ebenen, Definition, 270
Effektive Auflösung, Definition, 270
Ein- oder Zweifarbdruck, Kosten, 44
Ein-Bit-Bild. *Siehe* Bitmap-Bild
Einfarbdruck, 150–151. *Siehe auch* Farben
Einfärben von Fotos, 145
Einfärben von Text, 205
Eingebettete Datei, Definition, 270
Eingebettete Schrift, Definition, 271
Einzugsscanner, 175
Emulsionsschicht, 240
Endnoten, 52
Entrastern gedruckter Vorlagen, 186–187
EPS (Encapsulated PostScript)-Format
    Agenturfotos, 194
    Definition, 271
    Pixel und Vektor, 115–116
Excel-Tabellenblätter. *Siehe* Tabellenkalkulationsprogramm

F

Falze, Anzahl bestimmen, 9
Farbabstimmung mit Volltonfarben, 140
Farbauszüge anzeigen, 155
Farbbalken definieren, 241–242
Farbbilder. *Siehe auch* Graustufenbilder; Bilder
    Auflösung bestimmen, 91
    Druckauflösung, 86–90
Farbddruck
    mit drei Farben, 152
    mit einer Farbe, 150–151
    mit sechs Farben, 153
    mit vier Farben, 152
    mit zwei Farben, 151

Farben. *Siehe auch* Einfarbdruck; Prozessfarben; Volltonfarben;
Zweifarbdruck
    „Pufferzonen" erstellen, 246
    additive, 266
    als Punktmuster, 131
    am Monitor/auf der gedruckten Seite, 77, 143
    Anzahl bestimmen, 10–11
    Bittiefe, 68–69
    Hintergrund-, 267
    im Bitmap-Farbmodus, 80
    im CMYK-Farbmodus, 80
    im Graustufenmodus, 80
    im Modus Indizierte Farbe, 80
    im RGB-Modus, 80
    in CMYK, 77
    in Graustufen konvertieren, 78–79
    in RGB, 74–75
    in RGB-Kanälen, 73–74
    in Separationen, 131
    indizierte, 273
    Passerungenauigkeiten, 235
    subtraktive, 282
    überdrucken, 247–248
    Überfüllung, 246
    verfügbare Anzahl, 70
    Volltonfarben und Prozessfarben, 146
    zur Vermeidung von Überfüllungen trennen, 246–247
Farbige Strichgrafiken scannen, 184–185
Farbkanäle
    Alpha, 266
    bearbeiten, 79
    Erläuterung, 73–74
    im Bitmap-Modus, 80
    im CMYK-Modus, 76, 80
    im Graustufenmodus, 80
    im Modus Indizierte Farbe, 80
    im RGB-Modus, 80
    und Druckplatten, 129

Farbmodi
> Bitmap, 69–70
> CMYK (Cyan, Magenta, Yellow, Schwarz), 75–77
> Einstellung in der Scanner-Software, 180–181
> Farbtiefe, 80
> Graustufen, 71–73
> Index, 78
> von Agenturbildern, 193

Farbmusterbücher verwenden, 77

Farbseparationen. *Siehe auch* Überfüllung
> am Bildschirm, 154–155
> Ausgabespezifikationen, 239–240
> Definition, 271
> Farben darstellen, 131
> Papier, 154
> Proof, 256
> Übersicht, 128–129

Farbtintenstrahldrucker
> Auflösung von Grafiken, 91
> Vor- und Nachteile, 27

Farbtöne
> aus Volltonfarben, 144
> Graustufenbilder, 145
> Prozessfarben, 133–134

Farbüberfüllung. *Siehe* Überfüllungen

Fehlende Pixel
> finden und beheben, 95–97
> schärfen, 96–97

Fehler nach dem Druck, 260–261

Fett-Befehl, 203

File Transfer Protocol (FTP), Verwendung, 216

Film und Platten, 260–261

Filmausgabe, 240

Flachbettscanner
> Funktionen, 175–176
> Werte, 174

Flagge, amerikanische, Illustration, 128–129

Flexografie, 38

Fliesen. *Siehe* Küchenboden-Vergleich

FlightCheck-Designer-Website, 255

Fluoreszierende Effekte mit Volltonfarben, 141

Formatierung, 52

Fotokopieren. *Siehe* Kopieren

Fotos

    4-Farb-Schwarz, 135–136

    Daten von Digitalkameras übertragen, 160

    einfärben, 145

    einfügen, 52

    Funktionen in Anwendungen, 67

FPO (For Position Only), Definition, 94, 271

Fragen

    an den Kunden, 4

    vor dem Projektstart, 2–3

Freie ClipArt, Erläuterung, 196

FTP (File Transfer Protocol), Verwendung, 216

Für Ausgabe sammeln, 215

Fußnoten, 52

G

Gamut, 74

Gedruckte Bilder entrastern, 186–187

Gedruckte Bilder scannen, 186

Gedruckte Graustufenbilder scannen, 185–186. *Siehe auch*
  Graustufenbilder

Gedruckte Projekte

    Art festlegen, 2

    beginnen, 2–3

Gedruckte Strichgrafiken scannen, 183–184

Gegenüberliegende Seiten, Definition, 270

Geld. *Siehe* Budget

Geschützte Agenturfotos, Erläuterung, 196

Geschwindigkeit von Desktop-Druckern, 25

Gestrichenes Papier, Verwendung, 14

GIF (Graphic Interchange Format)

    Definition, 271

    Verwendung, 117

Grafiken und Diagramme, Vektorgrafiken, 59

Grafiken, 52
  Verwendung, 11–12
Grafikfunktionen
  im Layoutprogramm, 63–64
  in Textverarbeitungsprogrammen, 52
Grau
  Abstufungen, 71
  in Schwarz oder Weiß konvertieren, 70
Graustufe, Definition, 272
Graustufenbilder. *Siehe auch* Farbbilder; Bilder
  Auflösung bestimmen, 91
  Druckauflösung, 86–90
  einfärben, 145
  Farbbilder konvertieren, 78–79
  Prozessfarben hinzufügen, 147
  RGB konvertieren, 79
  RGB-Bilder konvertieren, 165
Graustufenfotos als Duplexbilder drucken, 146
Graustufenmodus
  Bittiefe, 80
  Farbanzahl, 80
  Kanäle, 80
  scannen, 71–73
Grafikdateien, an Druckereien liefern, 214

H

Haarlinienregel, Definition, 207, 272
Halbton, 269
Handykamera, Funktionen, 164
Hartpostpapier, Gewicht, 14
Hexachrom-Hifi-Druck, 153
Hifi-Druck, 153–154
High-Fidelity-Druck, 153–154
Himmel und Wolken, Auflösung, 90
Hintergrundfarbe, Definition, 272
Hints für Schriften, 206
Hochformat, Definition, 272
Hochglanzmagazine, Rasterfrequenz und Auflösung, 90

Hochqualitative Bildbände, Rasterfrequenz und Auflösung, 90
Hohe Auflösung, 95
Handscanner, 175

I

ICC (International Color Consortium)-Profile, Definition, 273
InDesign
    Beschreibung, 272
    Live-Preflight-Funktion, 255
Indizes, 52
Indizierte Farben
    Bittiefe, 80
    Erläuterung, 78, 273
    Farbanzahl, 80
    Kanäle, 80
Interpolation, Definition, 273

J

Jaws PDF Creator, Funktionen, 226
JDF (Job Definition Format), Definition, 273
Jobdetails, 244–245
Jobtyp bestimmen, 4
JPEG (Joint Photographic Experts Group)-Format
    Agenturfotos, 194
    Definition, 273
    Verwendung, 118–119
JPEG-Komprimierung bei PDF-Dateien, 229–230

K

K (Schwarz)-Platte, Erläuterung, 128
Kapitälchen, 52
    zuweisen, 204–205
Karten, Vektorgrafiken verwenden, 60
Key-Farbe, Schwarzauszug, 128
Komplexer Pfad, Definition, 274
Komprimierung
    Dateigrößen, 166–167
    Definition, 274
    Optionen für PDF-Dateien, 228–231
    starke oder schwache, 119
    Verwendung mit TIFF-Dateien, 114

Kontaktabzüge, 167–168

Kontraktproofs
    digitale Farbproofs, 257
    Laminatproofs, 259

Konturen, Text konvertieren, 205–207

Kopien, Anzahl bestimmen, 10

Kopieren
    benötigte Materialien, 36
    Geschwindigkeit, 36
    im Vergleich zum Druck, 36
    Qualität, 36
    Vorteile, 36

Kopierer, Rasterweite und Auflösung, 90

Küchenboden-Vergleich
    Bildauflösung, 83–84
    Bitmap-Modus, 69
    CMYK-Modus, 76
    Fliesenfarben, 71
    Indizierte Farben, 78
    RGB-Modus, 73
    skalierte Pixel, 92–93

Kundeninformationen, 236

Kursiv, Verwendung, 203

Kurven (Vektoren) im Vergleich zu Punkten (Rasterbildern), 82

Kurven für Duplexbilder festlegen, 147

L

L*a*b-Farbe, Definition, 274

Laminat-Proofs, Verwendung durch Druckereien, 258–259

Laserbelichter
    Auflösung für 1-Bit-Rasterbilder, 92
    Verwendung, 212
    Vor- und Nachteile, 27

Laserdrucker
    Rasterfrequenz und Auflösung, 90
    Vor- und Nachteile, 27

Layouts
    für Druckdienstleister, 243
    Vektorgrafiken platzieren, 104

Leerraum zwischen Absätzen, 52

Leuchtkästen, Verwendung, 167–168

Lichtdruckverfahren, 41

Lichter, Definition, 274

Lichtquelle, Auswirkungen auf CMYK-Farbmodell, 75

Lieferbedingungen festlegen, 237, 243

Ligaturen, Definition, 274

Linienstärke, Einstellung, 208

Listen, Projektvorbereitung, 19–21

Logos, 67

    Vektorgrafiken, 59–60

Lotus 1-2-3. *Siehe* Tabellenkalkulationsprogramm

LPI (Linien pro Zoll)

    Definition, 275

    im Verhältnis zur Druckauflösung, 86–87

Lupe, Rasterweite prüfen, 87

M

Mac OS X, PDF-Dateien erzeugen, 225–226

Magenta-Auszug, Rasterwinkel, 132

Markenzeichen (®), Verwendung, 206–207

Masken, Definition, 275

Megabyte im Vergleich zu Megapixel, 165

Megapixel

    fehlende, 164

    und Megabytes, 165

Mischdruckfarbentechnik mit Volltonfarben, 144

Mitteltöne, Definition, 275

Modelverträge, Anforderungen, 196–197

Moiré-Muster

    bei gescannten und gedruckten Grafiken vermeiden,
      185–186

    Definition, 275

    vermeiden, 132

    Vorkommen, 131

Monitorauflösung, wählen, 82–83

Monitore
> als Proof-Geräte, 255
> Entwicklung, 70
> Pixel, 82
Monochromes Bild, Definition, 275
Musterwiederholung mit Vektorgrafiken, 60

N

Native Dateien an Druckerei liefern, 214
Native Dateiformate, Photoshop und Vektorformate, 111–112
Neal, Brad, 102
Negativ oder Positiv, 240
Neuberechnung, 95
> von Pixeln, 93
Nicht-native Dateien importieren, 113
Nicht-native Dateiformate verwenden, 112–113
Niedrige Auflösung, 95
Nuance PDF Converter, Funktionen, 226
Nummerierte Listen, 52

O

Objektive, Arten, 161
OCR (Optical Character Recognition) Software mit Scannern
> verwenden, 177–178
Offsetdruck, 40
Offsetdruck, Rasterfrequenz und Auflösung für, 90
Offsetdruckverfahren, 40
Online-Druckdienst, 35
OpenType-Schriften
> Definition, 276
> Verwendung, 202–203
OPI (Open Prepress Interface), Definition, 276
Overlay-Proofs, 257

P

Papier
> beidseitig bedrucken, 6
> Deckkraft, 15
> Dicke, 15
> Helligkeit, 15

Passerungenauigkeit, 235

Recycling-, 15

Stärke, 15

Papiereinzug, 25

Papierfarbe, 13, 151

Papier-Finish, Überlegungen, 14

Papiergewicht, Überlegungen, 14–15

Papiergrößen

bei Desktop-Druckern, 24

festlegen, 5–6

vor und nach dem Falzen, 5–6

Papierkosten, Überlegungen, 26

Papierseparationen verwenden, 154

Passer, Erläuterung, 136

Passermarken

Definition, 276

festlegen, 241–242

Passerprobleme mit Volltonfarben vermeiden, 141

Passerungenauigkeiten

Bedeutung, 235

vermeiden, 247

Vorkommen, 245

PDF (Portable Document Format)-Dateien

am Mac erstellen, 225–226

Definition, 276

Export- und Speicheroptionen nutzen, 225

für die Ausgabe weitergeben, 217–218

Komprimierung, 224

mit Anwendungen erstellen, 225

mit Distiller erstellen, 224–225

Portabilität, 223–224

Software von Drittanbietern, 226–227

Verwendung, 119–120

Vorteile, 224

PDF-Einstellungen

allgemeine Einstellungen, 227–228

Auflösungseinstellungen, 229

JPEG-Komprimierung, 229–230

Komprimierungsoptionen, 228–231

Marken und Anschnitt, 231

Neuberechnung, 229

Schriften, 231–232

Sicherheit, 233

Voreinstellungen, 227

wählen, 232

PDF-Elemente, nicht druckbare, 233

PDF-Versionen, 222–223

PDF-Vorschau, Verfügbarkeit, 112

Pergament-Finish, Erläuterung, 14

Pfade

absolute, 266

komplexe, 269

relative, 280

Photoshop, Duplexbilder, 147

Photoshop-Dateien (native), Verwendung, 111–112

PICT (Macintosh)

Definition, 277

Übersicht, 116

Pixel

„Kosten", 84–85

am Monitor, 82

Auflösung, 81

Bildauflösung, 83–84

Definition, 70, 277

finden und reparieren, 95–97

hinzufügen, 93–94

Neuberechnung, 93

schärfen, 96–97

skalieren, 92–93

und Punkte, 91

Pixeltiefe

Beziehung zur Dateigröße, 80

Definition, 278

Erläuterung, 68–69

im Bitmap-Farbmodus, 80

im CMYK-Farbmodus, 80

im Graustufen-Modus, 80

im Modus Indizierte Farbe, 80

im RGB-Farbmodus, 80

von Scannern, 173

Plastikkammbindung, Beschreibung, 16

Platten

bei der Flexografie, 38

beim Direct-to-plate-Druck, 42

beim Stahlstich, 39

gemeinsame Platten zur Vermeidung von Überfüllung, 248

im Buchdruck, 37

im Offsetdruck, 40

im Tiefdruck, 38

Platten und Farbkanäle, 129

Platten und Film korrigieren, 260–261

Plug-In, Definition, 277

PMT (Photomultiplier Tubes) in Scannern, 172

PNG (Portable Network Graphic)-Format

Definition, 277

Verwendung, 117–118

Positiv oder Negativ, 240

Postflight, Definition, 277

PostScript-Format

Definition, 277

Verwendung, 120

PostScript-Schriften, Verwendung, 201

PostScript-Type 1-Schrift, Definition, 277

PowerPoint, Verwendung, 54–55

PPD (PostScript Printer Description), Definition, 278

PPI (pixels per inch)

Definition, 279

DPI (dots per inch), 23, 85

von Webgrafiken, 117

PPM (Seiten pro Minute) bei Druckern, 25

Prägung, Erläuterung, 142

Präsentationsprogramme

beurteilen, 67

verwenden, 54–55

Präzise Illustrationen, Vektorgrafiken, 60

Preflight

    Definition, 278

    Einstellungen, 254–255

    Software, 255

Preflight-Checkliste

    benötigte Materialien, 263

    Farben, 264

    platzierte oder eingefügte Bilder, 265

    Seitenlayout, 264

    Text und Konturen, 265

Preise prüfen, 253

Probelauf, Erläuterung, 259–260

Produktillustrationen, Vektorgrafiken, 102

Produktionsdetails festlegen, 240–243

Professionelle Digitalkameras, Funktionen, 160–162

Programme. *Siehe* Anwendungen

Projekte. *Siehe* Jobart; Druckprojekte

Projektvorbereitung, 19–21

Proof

    Blaupause, 258

    digitaler Farb-Proof, 256–257

    Direct-to-plate, 260

    Laminat-Proof, 258–259

    Overlay-Proof, 257

    Separationen, 256

    Text, 255–256

    verwenden, 259–260

Proof-Details festlegen, 243

Prosumer-Kameras, Funktionen, 163

Proxy-Bilder verwenden, 94

Prozessdruckfarben. *Siehe auch* Druckfarben

    Verwendung im Vierfarbdruck, 152

    Verwendung, 134

Prozessfarbdruck, Definition, 11

Prozessfarben. *Siehe auch* CMYK (Cyan, Magenta, Gelb, Schwarz)-
 Farbmodus; Farben; Volltonfarben
  CMYK-Farben, 75, 125
  definieren, 126–127
  Definition, 278
  Diagramm, 126
  Druck, 127
  Farbtöne, 133–134
  Graustufenbilder, 147
  im Vergleich zu Volltonfarben, 146
Prozessschwarz vertiefen, 134–135
Punkte (Rasterbilder)
  dpi (dots per inch) im Vergleich zu ppi (pixels per
   inch), 23, 85
  im Vergleich zu Pixeln, 91
  Tintenstrahl- und Laserdrucker, 85
  und Kurven (Vektorgrafiken), 82
Punktmuster, 131

Q

QuarkXPress, Beschreibung, 279
Querformat, Definition, 278

R

Raster Image Processor (RIP), Definition, 279–280
Rasterbilder (Punkte) im Vergleich zu Vektorbildern (Kurven), 82
Rasterbilder. *Siehe auch* Bilder
  Definition, 279
  im Vergleich zu Vektorgrafiken, 98
  scannen und vergrößern, 94
  vergrößern, 93
  verkleinern, 95
Rasterfrequenz, 89
  Auflösung bestimmen, 91
  Auflösung, 90
  Bildauflösung festlegen, 88
  Formel, 88
  Überlegungen, 239
  zum Entrastern, 186
Rasterlose Drucktechniken, 41

Rasterwinkel
    Definition, 279
    wählen, 132–133
RC (resin coated)-Papier, 239
Rechtschreibprüfung, Verwendung, 253
Recycling-Papier, Verwendung, 15
Redaktionsprogramme und Layoutprogramme, 63
Relativer Pfad, Definition, 280
RGB (Rot, Grün, Blau)-Farbmodus. *Siehe auch* Additive Farbe
    beim Prozessfarbdruck vermeiden, 127
    beim Scannen, 172–173
    Bilder in RGB belassen, 78
    Bittiefe, 80
    Definition, 280
    Farbanzahl, 80
    Farben wählen, 74–75
    im Vergleich zu CMYK, 74
    im Vergleich zu Graustufenbildern, 72
    im Vergleich zum CMYK-Modus, 76
    in Graustufen konvertieren, 79
    Kanäle, 80
    Übersicht, 73–74
RGB-Bilder in Graustufen konvertieren, 165
Ringbindung, Beschreibung, 16
RIP (Raster Image Processor), Definition, 279–280
Rot, Grün, Blau (RGB). *Siehe* RGB (Rot, Grün, Blau)-Farbmodus

S

S&B (Silbentrennung und Blocksatz), Definition, 280
Scannen
    Cartoons, 72–73
    farbige Strichgrafiken, 184–185
    gedruckte Strichgrafiken, 183–184
    gedruckte Farbgrafiken, 185–186
    gedruckte Graustufengrafiken, 185–186
    glänzende und transparente Grafiken, 173
    Graustufenbilder, 71–72
    mit „zusätzlicher" Auflösung, 94

Rasterbilder vergrößern, 94

Rechtliches, 187

RGB-Mode, 73–74

Vorbereitung, 178–179

Bittiefe, 173

Einzugsscanner, 175

Flachbettscanner, 175–176

Handscanner, 175

horizontale Richtung, 173

OCR-Software, 177–178

optische Auflösung, 173–174

RGB, 172–173

Trommelscanner, 177

vertikale Richtung, 173

Scanner-Software

Auflösung einstellen, 180

Farbmodus einstellen, 180–181

Kontrast und Farbe, 182

Schärfung, 181–182

Skalierung beim Scannen, 181

Schärfen

Anwendung, 96–97

Scanner-Software, 181–182

Schnittmarken

Definition, 269

festlegen, 241–242

Schrifteffekte, Verwendung in Vektorgrafiken, 59

Schriften

an Druckerei liefern, 214

Drucker, 279

eingebettete, 270

Fettschnitt zuweisen, 203

für PDF-Dateien, 231–232

Installation über das Betriebssystem, 65

konvertieren, 206–207

Kursivschnitt zuweisen, 203

Teileinbettung, 232

Schriften formatieren
       Erläuterung, 203
       Kapitälchen, 204–205
       Konflikte, 204
       korrekte Verwendung, 204
       Teileinbettung, 204–205
Schriftformate
       OpenType, 202–203
       TrueType, 202
       Type 1, 201
Schriftverwaltungssoftware verwenden, 66
Schwarz
       Graustufen in Schwarz konvertieren, 70
       Punktmuster, 131
       warmes und kühles Schwarz, 135
Schwarz (K)-Platte, Erläuterung, 128
Schwarze Prozessfarbe, vertiefen, 134–135
Schwarzplatte, Rasterwinkel, 132
Schwarzweiß, Erläuterung, 239–240
Schwarzweißbilder. *Siehe* Graustufenbilder
Sechsfarbdruck, 153
Seiten
       Anzahl festlegen, 6–8
       Ausschießen, 7–8
       Falz, 8
       gefalzte, 6
       gegenüberliegende, 270
       Musterseiten, 275
Seiten pro Minute (PPM) bei Druckern, 25
Seiteninformation, 238, 241–242
Seitenlayout-Programme
       Anschnitt, 61–62
       beurteilen, 67
       Fehlannahmen, 64–65
       Funktionen, 59
       Grafiken drehen, 64–65
       Grafiken skalieren, 64
       Grafiken verkleinern, 64
       Grafikfarben ändern, 65

Grafikfunktionen, 63–64

Textfunktionen, 62–63

Vektorgrafiken, 104

Seitenschema, Definition, 280

Sensoren, Arten, 165–166

Separationen. *Siehe* Farbseparationen; Überfüllungen

Separationsdetails in Ausgabespezifikationen, 239–240

Siebdruck, 40–41

Silbentrennung und Blocksatz (S&B), Definition, 271–272

Skalieren

Bilder, 94

Vektorkonturen, 208

SLR (Single Lens Reflex)-Kameras, Funktionen, 160–161

Software. *Siehe* Anwendungen

Spezialdrucker, Auflösung, 90–91

Spezialeffekte mit Volltonfarben, 140

Spiralbindung, Beschreibung, 16–17

Stahlstich, 39

Streifenbildung, Definition, 281

Strichgrafiken

Definition, 281

scannen, 183–185

Studiokameras, 162

Sublimationsdrucker, Vor- und Nachteile, 27

Substrat, Definition, 13, 281

Subtraktive Farbe, Definition, 281

Subtraktives Farbmodell, CMYK, 75. *Siehe auch* Additives Farbmodell

Symmetrische Illustrationen, Verwendung von Vektorgrafiken, 60

T

Tabellen

in Anwendungen, 67

Verwendung, 52

Tabellenkalkulationsprogramme

beurteilen, 67

Verwendung, 53–54

Tabstopps, zwischen Spalten einfügen, 50

Technische Illustrationen

    Anwendungen, 67

    Verwendung von Vektorgrafiken, 60

Teileinbettung von Schriften, 232

Text

    färben, 205

    in Konturen konvertieren, 205–207

    in Pfade konvertieren, 206–207

    proofen, 255–256

Textfunktionen in Seitenlayout-Programmen, 62–63

Texthandhabung in verschiedenen Anwendungen, 67

Textverarbeitungsprogramme

    beurteilen, 67

    Funktionen, 50–51

Textverbindung, Definition, 281

Thermografie-Drucktechnik, 39

Tiefdruck, 38

Tiefenschärfe, 162

TIFF (Tagged Image File Format)

    Agenturfotos in, 194

    Definition, 282

    Verwendung, 113–115

TIFF/IT (Tagged Image File for Image Technology), 283

Toner, Kosten, 26

Transparente Grafiken scannen, 173

Transparenz für weiße Formen, 103–104

Treppeneffekt

    bei Vektorgrafiken, 104–105

    mit der Option Bikubisch Glatter vermeiden, 96

Triplex, Definition, 282

Trommelscanner, 177

TrueType-Schriften

    Definition, 282

    Fehlannahmen, 201

    Verwendung, 202

Type 1-Schriften

    Definition, 282

    Verwendung, 201

U

Überdrucken
        Definition, 282
        Volltonfarben, 144–145
        zur Vermeidung von Überfüllungen, 247–248
Überfüllung. *Siehe auch* Farbseparationen
        Definition, 282
        Erläuterung, 245
        Farben, 246
        festlegen, 242
        Technik, 216
        Übersicht, 245
        vermeiden, 246–248
        Verhältnis zu Volltonfarben, 144
        Verhältnis zu Weiß, 137
        Verwendung, 248–249
        Zweck, 248
Ungestrichenes Papier, Verwendung, 14
Ungültige Farben
        Erläuterung, 74
        vermeiden, 127
Unscharfmaskierung
        in Scannersoftware, 181–182
        Verwendung, 96–97

V

Vektorbilder. *Siehe auch* Bilder
        Definition, 283
        im Vergleich zu Rasterbildern, 98
Vektordateien (native), Verwendung, 112
Vektorgrafiken, 100
        anzeigen, 104–105
        Arten, 98–99
        Bearbeitung, 101
        Einschränkungen, 102
        im Layout platzieren, 104
        im Web, 104
        Lernkurve, 101
        Produktillustrationen, 102

transparente und deckende Formen, 103–104

Vorschau, 104–105

Vorteile, 99–101

Vektorgrafikprogramme

beurteilen, 67

Verwendung, 58–60

Vektorkurven

im Vergleich zu Rasterpunkten, 82

skalieren, 208

Vektorprogramme, EPS-Dateien speichern, 115

Verlinkte Datei, Definition, 283

Verlustbehaftete Komprimierung

Erläuterung, 114

JPEG-Format, 118

Verlustfreie Komprimierung, Erläuterung, 114

Verschlussgeschwindigkeit, 161

Vierfarbdruck, 75, 152

Vignette, Definition, 283

Volltonfarbdruck, Definition, 11

Volltonfarbeffekte

Farbtöne, 144

Mischdruckfarben, 144

Überdrucken, 144–145

Volltonfarben. *Siehe auch* Farben; Prozessfarben

abdunkeln, 144

benennen, 143

Definition, 139

Farbabgleich, 140

festlegen, 142–143

Fotos einfärben, 145

für die Ausgabe definieren, 151

Geld sparen, 140

im Vergleich zu Prozessfarben, 146

Leuchteffekte, 141

Passerprobleme vermeiden, 141

Spezialeffekte, 140

und „unbunte" Farben, 141–142

Verwendung im Sechsfarbdruck, 153

Verwendung im Vierfarbdruck, 152

Verwendungsrichtlinien, 143–144

Vorschau von Vektorgrafiken, 104

W

Warnock, John, 223

Warnsymbol für Farben außerhalb des CMYK-Gamut, 74–75

Web, Druckdienstleister, 35

Webgrafiken, Auflösung, 117

Websites

Agenturfotos, 191

Clipart, 191

FlightCheck Designer, 255

PDF-Software von Drittanwendern, 226

Preflight-Checkliste, 262

Weger, Chuck, 252

Weichgezeichnete Bilder optimieren, 96–97

Weiß

definieren, 136–137

Grau in Weiß konvertieren, 70

Weiße Formen, Transparenz, 103–104

Wiederholende Muster, Verwendung Vektorgrafiken, 60

Windows Bitmap (BMP)-Dateien, Verwendung, 116

Wire-O-Bindung, Beschreibung, 17

Witkowski, Trish, 9

WMF (Windows Metafile)-Dateien, Verwendung, 117

Wolken und Himmel, Auflösung, 90

Workflow, Definition, 283

WYSIWYG, Definition, 283

X

XTension, Definition, 283

Z

Zeichenfunktionen in Textverarbeitungsprogrammen, 52

Zeilendurchschuss, Definition, 283

Zeitschriften, Rasterweite und Auflösung, 90

Zeitung, Rasterfrequenz und Auflösung, 90

Zwei- im Vergleich zum Einfarbdruck, Kosten, 44

Zweifarbddruck, 151. *Siehe auch* Farben

THE SIGN OF EXCELLENCE

In der Welt des digitalen Designs hat sich in den letzten 20 Jahren enorm viel verändert. Nicht geändert hat sich die Tatsache, dass es immer mehr Menschen gibt, die Seiten gestalten möchten und keine formale Ausbildung dafür genossen haben.

Hier setzt die erfahrene Dozentin Robin Williams an und liefert in ihrem typisch eingängigen Schreibstil exzellente Gestaltungshilfen, die auch in Sachen Design völlig Unbedarfte souverän nachvollziehen und auf eigene Gestaltungsaufgaben anwenden können. Sie legt das Gewicht auf die Grundprinzipien guter Gestaltung und wer ihre Rezepte nachvollzieht, produziert sofort Seiten, die jeder gerne lesen möchte.

Robin Williams
ISBN 978-3-8273-2707-9
24.95 EUR [D]

www.addison-wesley.de